백점 수학 무료 스마트러닝

첫째 QR코드 스캔하여 1초 만에 바로 강의 시청

둘째 최적화된 강의 커리큘럼으로 학습 효과 UP!

❶ 단원별 핵심 개념 강의로 빈틈없는 개념 완성

❷ 응용 학습 문제 풀이 강의로 실력 향상

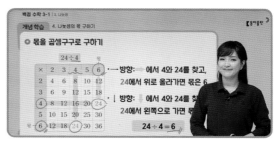

#백점 #초등수학 #무료

백점 초등수학 6학년 강의 목록

구분	개념 강의	교재 쪽수	문제 강의	교재 쪽수
1. 분수의 나눗셈	몫이 1보다 작은 (자연수)÷(자연수)	6	□ 안에 들어갈 수 있는 자연수 구하기	24
	몫이 1보다 큰 (자연수)÷(자연수)	7	몫이 가장 큰(작은) 나눗셈식 만들기	25
	분자가 자연수의 배수인 (분수)÷(자연수)	8	바르게 계산한 몫 구하기	26
	분자가 자연수의 배수가 아닌 (분수)÷(자연수)	9	색칠한 도형의 둘레 구하기	27
	분자가 자연수의 배수인 (대분수)÷(자연수)	10	가로수 사이의 간격 구하기	28
	분자가 자연수의 배수가 아닌 (대분수)÷(자연수)	11	도형에서 모르는 길이 구하기	29
2. 각기둥과 각뿔	각기둥	36	입체도형의 이름 알아보기	54
	각기둥의 이름과 구성 요소	37	모든 모서리의 길이의 합 구하기	55
	각기둥의 전개도	38	나누어 만든 입체도형의 구성 요소의 수 비교하기	56
	각기둥의 전개도 그리기	39	밑면의 모양이 같은 각기둥(각뿔)의 구성 요소 수 구하기	57
	각뿔	40	구성 요소 수의 합으로 각기둥(각뿔)의 이름 구하기	58
	각뿔의 이름과 구성 요소	41	전개도를 접어서 만든 각기둥의 밑면의 한 변의 길이 구하기	59
3. 소수의 나눗셈	몫이 1보다 큰 (소수)÷(자연수) (1)	66	몫이 가장 큰(작은) 나눗셈식 만들기	84
	몫이 1보다 큰 (소수)÷(자연수) (2)	67	□ 안에 들어갈 수 있는 소수 구하기	85
	몫이 1보다 작은 (소수)÷(자연수)	68	나눗셈식 완성하기	86
	소수점 아래 0을 내려 계산해야 하는 (소수)÷(자연수)	69	넓이가 같은 도형에서 한 변의 길이 구하기	87
	몫의 소수 첫째 자리에 0이 있는 (소수)÷(자연수)	70	수직선에 나타낸 수 구하기	88
	(자연수)÷(자연수), 몫의 소수점 위치 확인하기	71	빨라지는(늦어지는) 시간 구하기	89
4. 비와 비율	두 수 비교하기	96	도형의 길이의 비 구하기	108
	비	97	비율을 이용하여 비교하는 양 구하기	109
	비율	98	물건 한 개의 할인율 구하기	110
	백분율	99	길이를 늘이거나 줄인 도형의 넓이 구하기	111
5. 여러 가지 그래프	그림그래프로 나타내기	118	그래프에서 항목의 수 구하기	130
	띠그래프	119	평균을 이용하여 그림그래프 완성하기	131
	원그래프	120	항목 사이의 관계를 이용하여 모르는 항목의 수 구하기	132
	여러 가지 그래프 비교하기	121	두 그래프를 이용하여 모르는 항목의 수 구하기	133
6. 직육면체의 부피와 겉넓이	직육면체의 부피 비교	140	직육면체의 부피를 알 때 겉넓이 구하기	152
	1 cm³, 직육면체의 부피 구하기	141	쌓을 수 있는 상자의 수 구하기	153
	1 m³	142	물속에 넣은 물건의 부피 구하기	154
	직육면체의 겉넓이	143	복잡한 입체도형의 부피 구하기	155

백점 수학
초등수학 6학년
학습 계획표

학습 계획표를 따라
차근차근 수학 공부를
시작해 보세요.
백점 수학과 함께라면
수학 공부, 어렵지 않습니다.

단원	교재 쪽수	학습한 날			단원	교재 쪽수	학습한 날		
1. 분수의 나눗셈	6~11쪽	1일차	월	일	4. 비와 비율	96~99쪽	19일차	월	일
	12~17쪽	2일차	월	일		100~103쪽	20일차	월	일
	18~23쪽	3일차	월	일		104~107쪽	21일차	월	일
	24~26쪽	4일차	월	일		108~109쪽	22일차	월	일
	27~29쪽	5일차	월	일		110~111쪽	23일차	월	일
	30~33쪽	6일차	월	일		112~115쪽	24일차	월	일
2. 각기둥과 각뿔	36~41쪽	7일차	월	일	5. 여러 가지 그래프	118~121쪽	25일차	월	일
	42~47쪽	8일차	월	일		122~125쪽	26일차	월	일
	48~53쪽	9일차	월	일		126~129쪽	27일차	월	일
	54~56쪽	10일차	월	일		130~131쪽	28일차	월	일
	57~59쪽	11일차	월	일		132~133쪽	29일차	월	일
	60~63쪽	12일차	월	일		134~137쪽	30일차	월	일
3. 소수의 나눗셈	66~71쪽	13일차	월	일	6. 직육면체의 부피와 겉넓이	140~143쪽	31일차	월	일
	72~77쪽	14일차	월	일		144~147쪽	32일차	월	일
	78~83쪽	15일차	월	일		148~151쪽	33일차	월	일
	84~86쪽	16일차	월	일		152~153쪽	34일차	월	일
	87~89쪽	17일차	월	일		154~155쪽	35일차	월	일
	90~93쪽	18일차	월	일		156~159쪽	36일차	월	일

백점

BOOK 1 개념북

수학 6·1

구성과 특징

BOOK ❶ 개념북   문제를 통한 3단계 개념 학습

초등수학에서 가장 중요한 **개념 이해**와 **응용력 높이기**, 두 마리 토끼를 잡을 수 있도록 구성하였습니다.
개념 학습에서는 한 단원의 개념을 끊김없이 한번에 익힐 수 있도록 4~6개의 개념으로 제시하여 드릴형
문제와 함께 빠르고 쉽게 학습할 수 있습니다. **문제 학습**에서는 개념별로 다양한 유형의 문제를 제시하여
개념 이해 정도를 확인하고 실력을 다질 수 있습니다. **응용 학습**에서는 각 단원의 개념과 이전 학습의 개념이
통합된 문제까지 해결할 수 있도록 자주 제시되는 주제별로 문제를 구성하여 응용력을 높일 수 있습니다.

1 개념 학습	**2** 문제 학습
핵심 개념과 드릴형 문제로 쉽고 빠르게 개념을 익힐 수 있습니다. QR을 통해 원리 이해를 돕는 **개념 강의**가 제공됩니다.	**교과서 공통 핵심 문제**로 여러 출판사의 핵심 유형 문제를 풀면서 실력을 쌓을 수 있습니다.

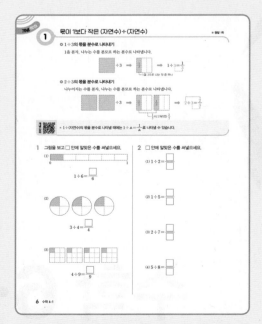

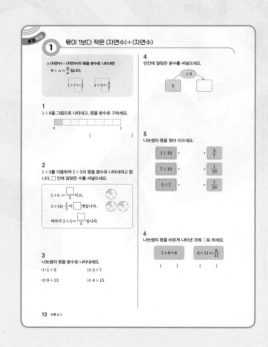

3 응용 학습

응용력을 높일 수 있는 문제를 유형
으로 묶어 구성하여 실력을 쌓을 수
있습니다. QR을 통해 **문제 풀이
강의**가 제공됩니다.

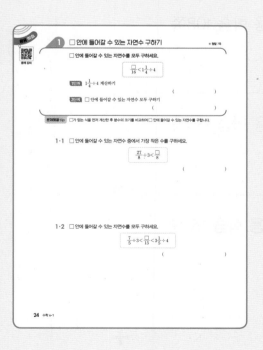

BOOK ② 평가북

학교 시험에 딱 맞춘 평가대비

단원 평가

단원 학습의 성취도를 확인하는 단원 평가에 대비할
수 있도록 기본/심화 2가지 수준의 평가로 구성하였
습니다.

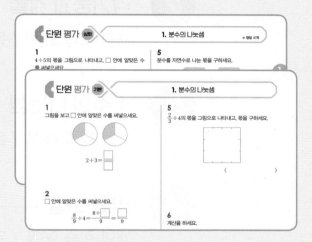

수행 평가

수시로 치러지는 수행 평가에 대비할 수 있도록 주제별
로 구성하였습니다.

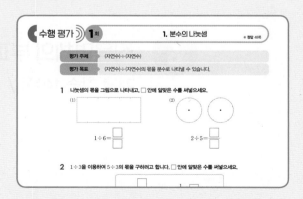

차례

1 분수의 나눗셈 —————————— 5쪽

개념 학습 6쪽 / 문제 학습 12쪽 / 응용 학습 24쪽

2 각기둥과 각뿔 —————————— 35쪽

개념 학습 36쪽 / 문제 학습 42쪽 / 응용 학습 54쪽

3 소수의 나눗셈 —————————— 65쪽

개념 학습 66쪽 / 문제 학습 72쪽 / 응용 학습 84쪽

4 비와 비율 —————————————— 95쪽

개념 학습 96쪽 / 문제 학습 100쪽 / 응용 학습 108쪽

5 여러 가지 그래프 ————————— 117쪽

개념 학습 118쪽 / 문제 학습 122쪽 / 응용 학습 130쪽

6 직육면체의 부피와 겉넓이 ——————— 139쪽

개념 학습 140쪽 / 문제 학습 144쪽 / 응용 학습 152쪽

1 분수의 나눗셈

▶ 학습을 완료하면 V표를 하면서 학습 진도를 체크해요.

	개념학습						문제 학습
백점 쪽수	6	7	8	9	10	11	12
확인							

	문제학습						
백점 쪽수	13	14	15	16	17	18	19
확인							

	문제학습				응용학습		
백점 쪽수	20	21	22	23	24	25	26
확인							

	응용학습			단원평가			
백점 쪽수	27	28	29	30	31	32	33
확인							

① 몫이 1보다 작은 (자연수)÷(자연수)

◉ **1÷3의 몫을 분수로 나타내기**

1을 분자, 나누는 수를 분모로 하는 분수로 나타냅니다.

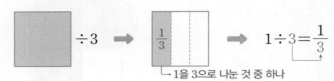

1을 3으로 나눈 것 중 하나

◉ **2÷3의 몫을 분수로 나타내기**

나누어지는 수를 분자, 나누는 수를 분모로 하는 분수로 나타냅니다.

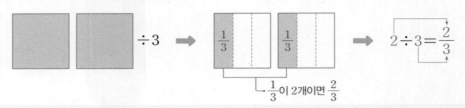

$\frac{1}{3}$이 2개이면 $\frac{2}{3}$

> 개념 강의
>
> ● 1÷(자연수)의 몫을 분수로 나타낼 때에는 1÷▲ = $\frac{1}{▲}$ 로 나타낼 수 있습니다.

---

1 그림을 보고 □ 안에 알맞은 수를 써넣으세요.

(1)

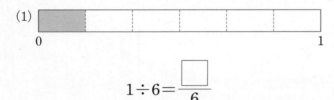

$$1 \div 6 = \frac{\boxed{}}{6}$$

(2)

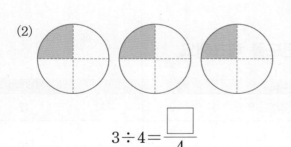

$$3 \div 4 = \frac{\boxed{}}{4}$$

(3)

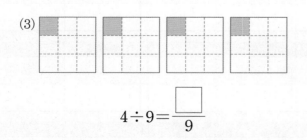

$$4 \div 9 = \frac{\boxed{}}{9}$$

2 □ 안에 알맞은 수를 써넣으세요.

(1) $1 \div 2 = \dfrac{\boxed{}}{\boxed{}}$

(2) $1 \div 5 = \dfrac{\boxed{}}{\boxed{}}$

(3) $2 \div 7 = \dfrac{\boxed{}}{\boxed{}}$

(4) $5 \div 8 = \dfrac{\boxed{}}{\boxed{}}$

● 4÷3의 몫을 분수로 나타내기

방법1 몫과 나머지 이용하기

몫: 1

나머지 1을 3으로 나눈 값

$$4 \div 3 = 1 \cdots 1 \implies 4 \div 3 = 1\frac{1}{3}$$

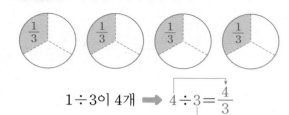

방법2 1÷(자연수) 이용하기

$1 \div 3$이 4개 $\implies 4 \div 3 = \frac{4}{3}$

개념 강의

● (자연수)÷(자연수)의 몫을 분수로 나타낼 때에는 ●÷▲ = $\frac{●}{▲}$ 로 나타낼 수 있습니다.

1 그림을 보고 □ 안에 알맞은 수를 써넣으세요.

(1)
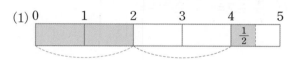

$$5 \div 2 = \boxed{} \cdots \boxed{} \implies 5 \div 2 = \boxed{}\frac{\boxed{}}{2}$$

(2)
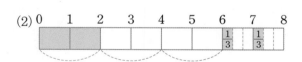

$$8 \div 3 = \boxed{} \cdots \boxed{} \implies 8 \div 3 = \boxed{}\frac{\boxed{}}{3}$$

(3)
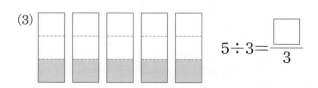

$$5 \div 3 = \frac{\boxed{}}{3}$$

(4)
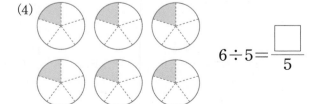

$$6 \div 5 = \frac{\boxed{}}{5}$$

2 □ 안에 알맞은 수를 써넣으세요.

(1) $7 \div 4 = \dfrac{\boxed{}}{\boxed{}}$

(2) $9 \div 5 = \dfrac{\boxed{}}{\boxed{}}$

(3) $11 \div 6 = \dfrac{\boxed{}}{\boxed{}}$

(4) $10 \div 7 = \dfrac{\boxed{}}{\boxed{}}$

3 분자가 자연수의 배수인 (분수)÷(자연수)

● $\frac{6}{7} \div 2$의 계산 방법

분자가 자연수의 배수일 때에는 분자를 자연수로 나누어 계산합니다.

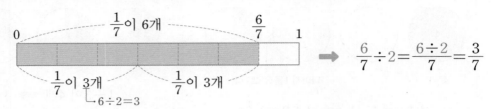

$$\frac{6}{7} \div 2 = \frac{6 \div 2}{7} = \frac{3}{7}$$

● ●가 ▲의 배수이면 $\dfrac{\bullet}{\blacksquare} \div \blacktriangle = \dfrac{\bullet \div \blacktriangle}{\blacksquare}$ 로 구할 수 있습니다.

---

1 그림을 보고 □ 안에 알맞은 수를 써넣으세요.

(1)
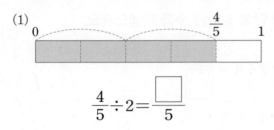

$$\frac{4}{5} \div 2 = \frac{\square}{5}$$

(2)
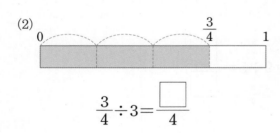

$$\frac{3}{4} \div 3 = \frac{\square}{4}$$

(3)
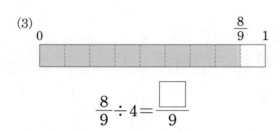

$$\frac{8}{9} \div 4 = \frac{\square}{9}$$

(4)
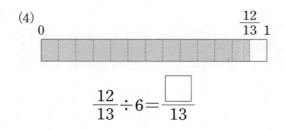

$$\frac{12}{13} \div 6 = \frac{\square}{13}$$

---

2 □ 안에 알맞은 수를 써넣으세요.

(1) $\dfrac{4}{7} \div 2 = \dfrac{4 \div \square}{7} = \dfrac{\square}{\square}$

(2) $\dfrac{9}{10} \div 3 = \dfrac{9 \div \square}{10} = \dfrac{\square}{\square}$

(3) $\dfrac{8}{15} \div 2 = \dfrac{8 \div \square}{15} = \dfrac{\square}{\square}$

(4) $\dfrac{10}{11} \div 5 = \dfrac{10 \div \square}{11} = \dfrac{\square}{\square}$

(5) $\dfrac{24}{25} \div 8 = \dfrac{24 \div \square}{25} = \dfrac{\square}{\square}$

4 분자가 자연수의 배수가 아닌 (분수)÷(자연수)

● 정답 1쪽

○ $\dfrac{5}{6} \div 3$의 계산 방법

방법1 크기가 같은 분수 중에서 분자가 자연수의 배수인 수로 바꾸어 계산하기

$$\frac{5}{6} \div 3 = \frac{5 \times 3}{6 \times 3} \div 3 = \frac{15}{18} \div 3 = \frac{15}{18} \div 3 = \frac{15 \div 3}{18} = \frac{5}{18}$$

분모와 분자에 0이 아닌 같은 수를 곱해도 분수의 크기는 같아요.

방법2 분수의 곱셈으로 나타내어 계산하기

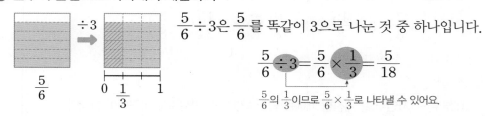

$\dfrac{5}{6} \div 3$은 $\dfrac{5}{6}$를 똑같이 3으로 나눈 것 중 하나입니다.

$$\frac{5}{6} \div 3 = \frac{5}{6} \times \frac{1}{3} = \frac{5}{18}$$

$\dfrac{5}{6}$의 $\dfrac{1}{3}$이므로 $\dfrac{5}{6} \times \dfrac{1}{3}$로 나타낼 수 있어요.

 ● ♠ ÷ ▲의 몫은 ♠를 똑같이 ▲로 나눈 것 중 하나이므로 ♠ ÷ ▲ = ♠ × $\dfrac{1}{▲}$로 나타낼 수 있습니다.

---

1 $\dfrac{2}{5} \div 3$을 계산하려고 합니다. □ 안에 알맞은 수를 써넣으세요.

(1)
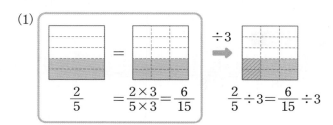

$\dfrac{2}{5} = \dfrac{2 \times 3}{5 \times 3} = \dfrac{6}{15}$

$\dfrac{2}{5} \div 3 = \dfrac{6}{15} \div 3$

$$\frac{2}{5} \div 3 = \frac{\square}{15} \div 3 = \frac{\square \div 3}{15} = \frac{\square}{15}$$

(2)
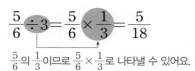

$$\frac{2}{5} \div 3 = \frac{2}{5} \times \frac{\square}{\square} = \frac{\square}{15}$$

2 $\dfrac{7}{9} \div 4$를 두 가지 방법으로 계산하세요.

방법1

$$\frac{7}{9} \div 4 = \frac{\square}{36} \div 4 = \frac{\square \div 4}{36} = \frac{\square}{\square}$$

방법2

$$\frac{7}{9} \div 4 = \frac{7}{9} \times \frac{\square}{\square} = \frac{\square}{\square}$$

3 $\dfrac{4}{3} \div 5$를 두 가지 방법으로 계산하세요.

방법1

$$\frac{4}{3} \div 5 = \frac{\square}{15} \div 5 = \frac{\square \div 5}{15} = \frac{\square}{\square}$$

방법2

$$\frac{4}{3} \div 5 = \frac{4}{3} \times \frac{\square}{\square} = \frac{\square}{\square}$$

5 분자가 자연수의 배수인 (대분수)÷(자연수)

● $1\dfrac{7}{8} \div 3$의 계산 방법

방법 1 대분수를 가분수로 바꾼 다음 분자를 자연수로 나누어 계산하기

$$1\frac{7}{8} \div 3 = \frac{15}{8} \div 3 = \frac{15 \div 3}{8} = \frac{5}{8}$$

대분수 → 가분수

방법 2 대분수를 가분수로 바꾼 다음 분수의 곱셈으로 나타내어 계산하기

$$1\frac{7}{8} \div 3 = \frac{15}{8} \div 3 = \frac{15}{8} \times \frac{1}{3} = \frac{15}{24}\left(=\frac{5}{8}\right)$$

대분수 → 가분수

 개념 강의

● (대분수)÷(자연수)를 계산할 때에는 먼저 대분수를 가분수로 바꾸어야 합니다. ➡ $1\frac{7}{8} \div 3 = 1\frac{7}{8} \times \frac{1}{3} = 1\frac{7}{24}$

---

1 $1\dfrac{1}{2} \div 3$을 계산하려고 합니다. ☐ 안에 알맞은 수를 써넣으세요.

(1)
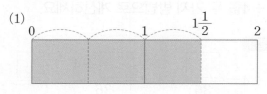

$$1\frac{1}{2} \div 3 = \frac{\boxed{}}{2} \div 3$$

$$= \frac{\boxed{} \div 3}{2} = \frac{\boxed{}}{2}$$

(2)
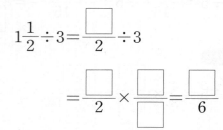

$$1\frac{1}{2} \div 3 = \frac{\boxed{}}{2} \div 3$$

$$= \frac{\boxed{}}{2} \times \frac{\boxed{}}{\boxed{}} = \frac{\boxed{}}{6}$$

---

2 $3\dfrac{1}{8} \div 5$를 두 가지 방법으로 계산하세요.

방법 1

$$3\frac{1}{8} \div 5 = \frac{\boxed{}}{8} \div 5 = \frac{\boxed{} \div 5}{8} = \frac{\boxed{}}{\boxed{}}$$

방법 2

$$3\frac{1}{8} \div 5 = \frac{\boxed{}}{8} \times \frac{\boxed{}}{\boxed{}} = \frac{\boxed{}}{\boxed{}}$$

---

3 $2\dfrac{2}{5} \div 3$을 두 가지 방법으로 계산하세요.

방법 1

$$2\frac{2}{5} \div 3 = \frac{\boxed{}}{5} \div 3 = \frac{\boxed{} \div 3}{5} = \frac{\boxed{}}{\boxed{}}$$

방법 2

$$2\frac{2}{5} \div 3 = \frac{\boxed{}}{5} \times \frac{\boxed{}}{\boxed{}} = \frac{\boxed{}}{\boxed{}}$$

---

6 분자가 자연수의 배수가 아닌 (대분수)÷(자연수)

○ $2\frac{2}{3} \div 3$의 계산 방법

방법1 대분수를 가분수로 바꾼 다음 크기가 같은 분수 중에서 분자가 자연수의 배수인 수로 바꾸어 계산하기

$$2\frac{2}{3} \div 3 = \frac{8}{3} \div 3 = \frac{8 \times 3}{3 \times 3} \div 3 = \frac{24}{9} \div 3 = \frac{24 \div 3}{9} = \frac{8}{9}$$

방법2 대분수를 가분수로 바꾼 다음 분수의 곱셈으로 나타내어 계산하기

$$2\frac{2}{3} \div 3 = \frac{8}{3} \div 3 = \frac{8}{3} \times \frac{1}{3} = \frac{8}{9}$$

 개념 강의

● 분수의 분자가 자연수로 나누어떨어질 때에는 분자를 자연수로 나누어 계산하는 것이 편리하고, 자연수로 나누어떨어지지 않을 때에는 분수의 곱셈으로 나타내어 계산하는 것이 편리합니다.

1 $1\frac{1}{3} \div 3$을 계산하려고 합니다. □ 안에 알맞은 수를 써넣으세요.

(1)
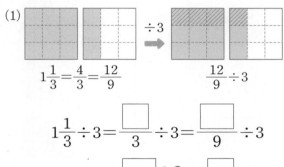

$$1\frac{1}{3} = \frac{4}{3} = \frac{12}{9}$$ $$\frac{12}{9} \div 3$$

$$1\frac{1}{3} \div 3 = \frac{\boxed{}}{3} \div 3 = \frac{\boxed{}}{9} \div 3$$

$$= \frac{\boxed{} \div 3}{9} = \frac{\boxed{}}{9}$$

(2)
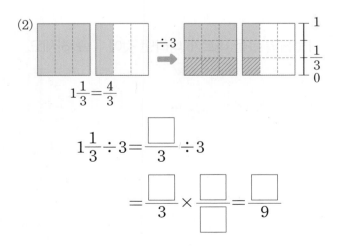

$$1\frac{1}{3} = \frac{4}{3}$$

$$1\frac{1}{3} \div 3 = \frac{\boxed{}}{3} \div 3$$

$$= \frac{\boxed{}}{3} \times \frac{\boxed{}}{\boxed{}} = \frac{\boxed{}}{9}$$

2 $2\frac{1}{4} \div 7$을 두 가지 방법으로 계산하세요.

방법1

$$2\frac{1}{4} \div 7 = \frac{\boxed{}}{4} \div 7 = \frac{\boxed{}}{28} \div 7$$

$$= \frac{\boxed{} \div 7}{28} = \frac{\boxed{}}{\boxed{}}$$

방법2

$$2\frac{1}{4} \div 7 = \frac{\boxed{}}{4} \div 7 = \frac{\boxed{}}{4} \times \frac{\boxed{}}{\boxed{}} = \frac{\boxed{}}{\boxed{}}$$

3 $1\frac{1}{6} \div 4$를 두 가지 방법으로 계산하세요.

방법1

$$1\frac{1}{6} \div 4 = \frac{\boxed{}}{6} \div 4 = \frac{\boxed{}}{24} \div 4$$

$$= \frac{\boxed{} \div 4}{24} = \frac{\boxed{}}{\boxed{}}$$

방법2

$$1\frac{1}{6} \div 4 = \frac{\boxed{}}{6} \div 4 = \frac{\boxed{}}{6} \times \frac{\boxed{}}{\boxed{}} = \frac{\boxed{}}{\boxed{}}$$

몫이 1보다 작은 (자연수)÷(자연수)

▶ (자연수)÷(자연수)의 몫을 분수로 나타내면

● ÷ ▲ = $\frac{●}{▲}$ 입니다.

$$1 \div 7 = \frac{1}{7} \qquad 4 \div 5 = \frac{4}{5}$$

1

1÷8을 그림으로 나타내고, 몫을 분수로 구하세요.

0   1

(   )

2

1÷5를 이용하여 2÷5의 몫을 분수로 나타내려고 합니다. □ 안에 알맞은 수를 써넣으세요.

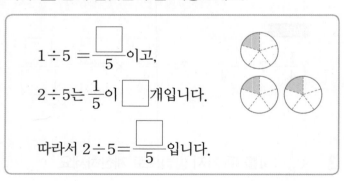

$1 \div 5 = \dfrac{\square}{5}$ 이고,

$2 \div 5$는 $\dfrac{1}{5}$이 $\square$개입니다.

따라서 $2 \div 5 = \dfrac{\square}{5}$입니다.

3

나눗셈의 몫을 분수로 나타내세요.

(1) 1÷9   (2) 3÷7

(3) 9÷13   (4) 4÷15

4

빈칸에 알맞은 분수를 써넣으세요.

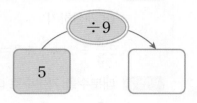

5

나눗셈의 몫을 찾아 이으세요.

1÷10	•	•	$\frac{5}{7}$
7÷10	•	•	$\frac{1}{10}$
5÷7	•	•	$\frac{7}{10}$

6

나눗셈의 몫을 바르게 나타낸 것에 ○표 하세요.

$1 \div 6 = 6$	$6 \div 11 = \frac{6}{11}$
( )	( )

7

$7 \div 15$의 몫을 분수로 나타낸 것입니다. 잘못된 곳을 찾아 바르게 계산하세요.

$$7 \div 15 = \frac{15}{7}$$

➡ $7 \div 15 =$ □

8 ➕ 10종 교과서

나눗셈의 몫의 크기를 비교하여 ○ 안에 >, =, <를 알맞게 써넣으세요.

$6 \div 7$ ○ $7 \div 8$

9 ➕ 10종 교과서

밀가루 $3\,\mathrm{kg}$을 봉지 5개에 남김없이 똑같이 나누어 담으려고 합니다. 봉지 한 개에 몇 kg씩 담아야 하는지 분수로 나타내세요.

( )

10

㉠에 알맞은 자연수를 구하세요.

$$3 \div ㉠ = \frac{3}{8}$$

( )

11

물 $1\,\mathrm{L}$는 병 3개에, 물 $2\,\mathrm{L}$는 병 5개에 남김없이 똑같이 나누어 담으려고 합니다. 나누어 담는 병의 모양과 크기가 같다면 가와 나 중 물이 더 많이 들어 있는 병은 무엇일까요?

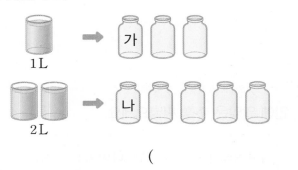

( )

12

수 카드 중에서 한 장을 골라 몫이 가장 큰 나눗셈식이 되도록 □ 안에 써넣고, 몫을 분수로 나타내세요.

4 7 9 ➡ $1 \div$ □

( )

2 몫이 1보다 큰 (자연수)÷(자연수)

> 몫이 1보다 큰 (자연수)÷(자연수)는 나눗셈의 몫과 나머지를 이용하거나 1÷(자연수)를 이용하여 구할 수 있습니다.

- $7 \div 2 = 3 \cdots 1$
  ➡ $7 \div 2 = 3\frac{1}{2}$

- $7 \div 2 = \frac{7}{2}$

1

$5 \div 4$를 그림으로 나타내고, 몫을 구하세요.

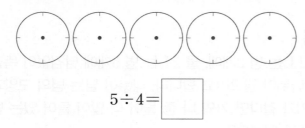

$$5 \div 4 = \boxed{}$$

2

□ 안에 알맞은 수를 써넣으세요.

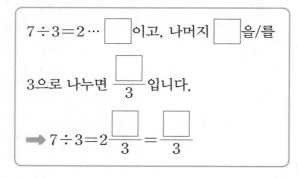

$7 \div 3 = 2 \cdots \boxed{}$이고, 나머지 $\boxed{}$을/를

3으로 나누면 $\dfrac{\boxed{}}{3}$입니다.

➡ $7 \div 3 = 2\dfrac{\boxed{}}{3} = \dfrac{\boxed{}}{3}$

3

나눗셈의 몫을 분수로 나타내세요.

(1) $7 \div 5$

(2) $11 \div 9$

(3) $17 \div 7$

(4) $25 \div 11$

4

□ 안에 알맞은 분수를 써넣으세요.

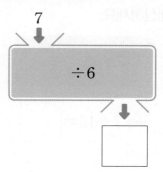

5

큰 수를 작은 수로 나눈 몫을 분수로 나타내세요.

| 6 | 13 |

( )

6 ➕ 10종 교과서

나눗셈의 몫이 1보다 큰 것을 찾아 기호를 쓰세요.

| ㉠ $5 \div 9$ | ㉡ $7 \div 12$ |
| ㉢ $8 \div 11$ | ㉣ $13 \div 9$ |

( )

7

선을 따라 내려가서 만나는 곳에 나눗셈의 몫을 대분수로 써넣으세요.

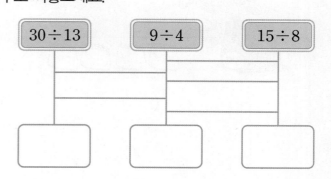

8

리본 8 m를 5명이 똑같이 나누어 가졌습니다. 한 사람이 가진 리본은 몇 m인지 분수로 나타내세요.

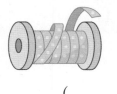

( )

9

둘레가 17 cm인 정육각형이 있습니다. 이 정육각형의 한 변의 길이는 몇 cm인지 분수로 나타내세요.

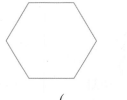

( )

10

■에 알맞은 수를 구하세요.

$$■÷5=2\frac{1}{5}$$

( )

11 ➕ 10종 교과서

□ 안에 들어갈 수 있는 자연수를 모두 구하세요.

$$14÷3>□$$

( )

12

세 가지 색 물감을 각각 $\frac{5}{3}$ mL씩 섞어 새로운 색의 물감을 만들었습니다. 이 물감을 지수와 현기 두 사람이 남김없이 똑같이 나누어 사용했다면 지수가 사용한 물감의 양은 몇 mL인지 분수로 나타내세요.

( )

13

지혜네 모둠과 준서네 모둠은 텃밭을 가꾸기로 했습니다. 고추를 심을 텃밭이 더 넓은 모둠은 누구의 모둠인지 이름을 쓰세요.

우리 모둠의 텃밭은 15 m² 야. 상추, 감자, 방울토마토, 고추를 똑같은 넓이로 심기로 했어.

지혜

우리 모둠의 텃밭은 11 m² 야. 고구마, 오이, 고추를 똑같은 넓이로 심기로 했어.

준서

( )

3 분자가 자연수의 배수인 (분수)÷(자연수)

> 분자가 자연수의 배수일 때에는 분자를 자연수로 나누어 계산합니다.

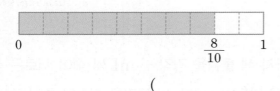

$$\frac{4}{9} \div 2 = \frac{4 \div 2}{9} = \frac{2}{9}$$

1

$\frac{8}{10} \div 4$의 몫을 그림을 이용하여 구하세요.

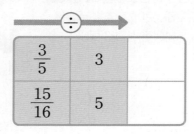

0                          $\frac{8}{10}$ 1

(   )

2

계산을 하세요.

(1) $\frac{5}{8} \div 5$

(2) $\frac{9}{14} \div 3$

(3) $\frac{6}{13} \div 3$

(4) $\frac{32}{35} \div 8$

3

빈칸에 알맞은 분수를 써넣으세요.

÷	
$\frac{3}{5}$	3
$\frac{15}{16}$	5

4

분수를 자연수로 나눈 몫을 구하세요.

| $\frac{10}{11}$ | 2 |

(   )

5

계산을 바르게 한 사람의 이름을 쓰세요.

$\frac{14}{16} \div 2 = \frac{7}{16}$

$\frac{6}{10} \div 2 = \frac{6}{5}$

수지   태우

(   )

6

㉠÷㉡의 몫을 구하세요.

㉠ $\frac{12}{25} \div 3$ ㉡ 2

(   )

7

나눗셈의 몫이 더 큰 것의 기호를 쓰세요.

$$ ㉠ \frac{6}{10} \div 3 \qquad ㉡ \frac{4}{8} \div 2 $$

(　　　　　　　　)

8

강우네 집에서 미술관까지의 거리는 강우네 집에서 박물관까지의 거리의 몇 배인지 구하세요.

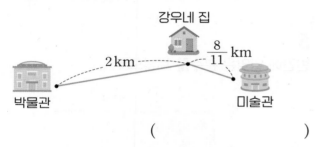

(　　　　　　　　)

9 ➕ 10종 교과서

끈 $\frac{21}{25}$ m를 겹치지 않게 모두 사용하여 정삼각형 모양을 한 개 만들었습니다. 만든 정삼각형 모양의 한 변의 길이는 몇 m인지 구하세요.

(　　　　　　　　)

10 ➕ 10종 교과서

수직선에서 ㉠이 나타내는 분수를 3으로 나눈 몫을 구하세요.

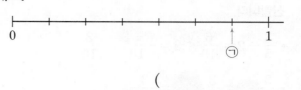

(　　　　　　　　)

11

점토 $\frac{5}{6}$ kg 중에서 $\frac{1}{6}$ kg은 바닥을 만드는 데 사용하고, 남은 점토는 4명이 똑같이 나누어 가졌습니다. 한 사람이 가진 점토는 몇 kg인지 구하세요.

(　　　　　　　　)

12

수 카드 중에서 2장을 한 번씩만 사용하여 가장 큰 진분수를 만들었습니다. 만든 진분수를 남은 수 카드의 수로 나눈 몫을 구하세요.

(　　　　　　　　)

4 분자가 자연수의 배수가 아닌 (분수)÷(자연수)

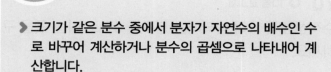

> 크기가 같은 분수 중에서 분자가 자연수의 배수인 수로 바꾸어 계산하거나 분수의 곱셈으로 나타내어 계산합니다.
>
> • $\dfrac{3}{5} \div 2 = \dfrac{6}{10} \div 2 = \dfrac{6 \div 2}{10} = \dfrac{3}{10}$
>
> • $\dfrac{3}{5} \div 2 = \dfrac{3}{5} \times \dfrac{1}{2} = \dfrac{3}{10}$

1

$\dfrac{1}{4} \div 3$을 그림으로 나타내고, 몫을 구하세요.

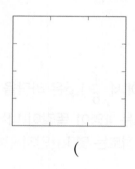

(   )

2

계산을 하세요.

(1) $\dfrac{5}{6} \div 2$ (2) $\dfrac{7}{8} \div 4$

(3) $\dfrac{12}{7} \div 10$ (4) $\dfrac{7}{3} \div 2$

3

㉠＋㉡＋㉢을 구하세요.

$$\dfrac{2}{5} \div 3 = \dfrac{2 \times 3}{5 \times ㉠} \div 3 = \dfrac{6 \div 3}{㉡} = \dfrac{㉢}{15}$$

(   )

4

관계있는 것끼리 이으세요.

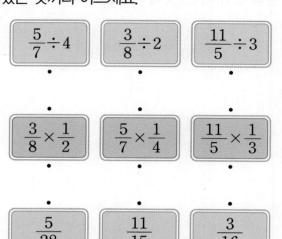

5

빈칸에 알맞은 분수를 써넣으세요.

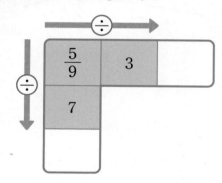

6

나눗셈의 몫이 다른 하나에 ○표 하세요.

$\dfrac{3}{7} \div 4$	$\dfrac{4}{13} \div 3$	$\dfrac{3}{14} \div 2$

(   )   (   )   (   )

1 단원

7

빈칸에 알맞은 분수를 써넣으세요.

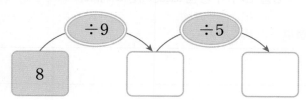

8 ➕ 10종 교과서

나눗셈의 몫이 가장 큰 것을 찾아 기호를 쓰세요.

$$㉠\ \frac{7}{15} \div 2 \qquad ㉡\ \frac{1}{5} \div 6 \qquad ㉢\ \frac{4}{3} \div 10$$

(   )

9

민재가 집에서 학교까지 일정한 빠르기로 걸어가는 데 6분이 걸렸습니다. 민재가 1분 동안 간 거리는 몇 km 인지 구하세요.

민재네 집 ―― $\frac{3}{8}$ km ―― 학교

(   )

10

□ 안에 알맞은 기약분수를 구하세요.

$$□ \times 6 = \frac{16}{13}$$

(   )

11 ➕ 10종 교과서

다음 평행사변형의 넓이가 $\frac{9}{4}$ cm²이고, 밑변의 길이가 2 cm일 때 높이는 몇 cm인지 구하세요.

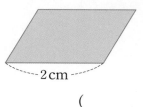

2 cm

(   )

12

수정과 $\frac{24}{25}$ L를 병 3개에 똑같이 나누어 담은 후 병 1개에 들어 있는 수정과를 3명이 똑같이 나누어 마시려고 합니다. 한 명이 마시는 수정과는 몇 L인지 구하세요.

(   )

문제 학습

5 분자가 자연수의 배수인 (대분수)÷(자연수)

> 대분수를 가분수로 바꾼 다음 분자를 자연수로 나누어 계산하거나 분수의 곱셈으로 나타내어 계산합니다.
>
> $1\frac{1}{7} \div 4 = \frac{8}{7} \div 4 = \frac{8 \div 4}{7} = \frac{2}{7}$
>
> $1\frac{1}{7} \div 4 = \frac{8}{7} \div 4 = \frac{8}{7} \times \frac{1}{4} = \frac{8}{28}\left(= \frac{2}{7}\right)$

1
분수의 나눗셈을 분수의 곱셈으로 바르게 나타낸 것에 ○표 하세요.

$3\frac{3}{4} \div 5 = \frac{15}{4} \times 5$　（　　　）

$3\frac{3}{4} \div 5 = \frac{15}{4} \times \frac{1}{5}$　（　　　）

2
계산을 하세요.

(1) $3\frac{1}{5} \div 4$　　(2) $1\frac{3}{4} \div 7$

(3) $1\frac{5}{9} \div 2$　　(4) $2\frac{5}{8} \div 3$

3
보기 와 같은 방법으로 계산하세요.

보기
$1\frac{2}{7} \div 3 = \frac{9}{7} \div 3 = \frac{9 \div 3}{7} = \frac{3}{7}$

$2\frac{2}{5} \div 4$ _____

4
$4\frac{4}{7} \div 8$을 2가지 방법으로 계산하세요.

방법 1
_____

_____

방법 2
_____

_____

5
빈칸에 알맞은 분수를 써넣으세요.

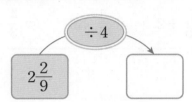

6
나눗셈의 몫이 $\frac{2}{3}$인 사람의 이름을 쓰세요.

수민　　　강우

（　　　　　　　）

7 ➕ 10종 교과서

나눗셈의 몫이 진분수인 것을 찾아 기호를 쓰세요.

$$\bigcirc\ 4\frac{1}{5}\div 3 \qquad \bigcirc\ 7\frac{1}{2}\div 5 \qquad \bigcirc\ 2\frac{2}{3}\div 4$$

(   )

8 ➕ 10종 교과서

잘못 계산한 것을 찾아 기호를 쓰세요.

$$\bigcirc\ 2\frac{1}{4}\div 3 = \frac{9}{4}\div 3 = \frac{9\div 3}{4} = \frac{3}{4}$$

$$\bigcirc\ 1\frac{1}{8}\div 3 = \frac{9}{8}\div 3 = \frac{9}{8}\times 3 = \frac{27}{8} = 3\frac{3}{8}$$

$$\bigcirc\ 2\frac{5}{11}\div 9 = \frac{27}{11}\div 9 = \frac{27\div 9}{11} = \frac{3}{11}$$

(   )

9

태우는 5일 동안 $7\frac{1}{7}$ km를 뛰었습니다. 매일 같은 거리를 뛰었다면 하루에 몇 km씩 뛰었는지 구하세요.

(   )

10

색연필의 길이를 나타낸 표입니다. 가장 긴 색연필의 길이는 가장 짧은 색연필의 길이의 몇 배인지 구하세요.

빨간색 색연필	$12\frac{1}{4}$ cm
파란색 색연필	7 cm
노란색 색연필	$\dfrac{29}{3}$ cm

(   )

11

어떤 수에 2를 곱했더니 $5\frac{1}{3}$이 되었습니다. 어떤 수를 구하세요.

(   )

12 ➕ 10종 교과서

무게가 똑같은 배 7개가 담긴 바구니의 무게는 $6\frac{1}{5}$ kg입니다. 빈 바구니의 무게가 $\frac{3}{5}$ kg이라면 배 한 개의 무게는 몇 kg인지 구하세요.

(   )

6 분자가 자연수의 배수가 아닌 (대분수)÷(자연수)

> 대분수를 가분수로 바꾼 다음 크기가 같은 분수 중에서 분자가 자연수의 배수인 수로 바꾸어 계산하거나 분수의 곱셈으로 나타내어 계산합니다.
>
> • $1\frac{4}{9} \div 2 = \frac{13}{9} \div 2 = \frac{26}{18} \div 2 = \frac{26 \div 2}{18} = \frac{13}{18}$
>
> • $1\frac{4}{9} \div 2 = \frac{13}{9} \div 2 = \frac{13}{9} \times \frac{1}{2} = \frac{13}{18}$

1

$3\frac{1}{12} \div 7$과 계산 결과가 다른 것에 ○표 하세요.

$\frac{37}{12} \times \frac{1}{7}$	$\frac{37 \times 7}{12}$
( )	( )

2

계산을 하세요.

(1) $1\frac{3}{4} \div 3$

(2) $2\frac{4}{5} \div 8$

(3) $3\frac{2}{3} \div 5$

(4) $3\frac{5}{7} \div 4$

3

보기 와 같은 방법으로 계산하세요.

보기
$$3\frac{1}{2} \div 3 = \frac{7}{2} \div 3 = \frac{21}{6} \div 3 = \frac{21 \div 3}{6} = \frac{7}{6}$$

$1\frac{3}{8} \div 7$

_____

4

□ 안에 알맞은 분수를 써넣으세요.

$4\frac{1}{5}$ ➡ [÷ 8] ➡ □

5

대분수를 자연수로 나눈 몫을 구하세요.

$3\frac{5}{6}$	7

(   )

6

나눗셈의 몫을 찾아 이으세요.

$1\frac{1}{4} \div 3$ •		• $\frac{3}{12}$
		• $\frac{5}{12}$
$2\frac{1}{6} \div 2$ •		• $\frac{13}{12}$

7

나눗셈의 몫의 크기를 비교하여 ○ 안에 >, =, <를 알맞게 써넣으세요.

$$\frac{7}{3} \div 6 \quad \bigcirc \quad 1\frac{5}{12} \div 3$$

8 ⊕ 10종 교과서

페인트 4통으로 벽면 $6\frac{3}{5}\,\mathrm{m}^2$를 칠했습니다. 페인트 한 통으로 칠한 벽면의 넓이는 몇 m^2인지 구하세요.

(   )

9 ⊕ 10종 교과서

$2\frac{5}{6} \div 5$의 계산에서 잘못된 부분을 찾아 바르게 계산하고, 잘못 계산한 이유를 쓰세요.

틀린 계산

$$2\frac{5}{6} \div 5 = 2\frac{5 \div 5}{6} = 2\frac{1}{6}$$

바른 계산

이유

10

㉠과 ㉡에 알맞은 분수의 차를 구하세요.

$$3\frac{1}{2} \div 5 = ㉠ \qquad ㉡ \times 5 = 2\frac{3}{4}$$

(   )

11

정오각형을 똑같이 5칸으로 나누어 4칸에 색칠했습니다. 정오각형의 넓이가 $23\frac{1}{4}\,\mathrm{cm}^2$일 때, 색칠한 부분의 넓이는 몇 cm^2인지 구하세요.

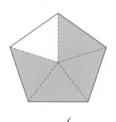

(   )

12 ⊕ 10종 교과서

길이가 $2\frac{1}{3}\,\mathrm{m}$인 철사를 겹치지 않게 모두 사용하여 크기가 같은 정사각형 모양을 2개 만들었습니다. 만든 정사각형의 한 변의 길이는 몇 m인지 구하세요.

(   )

1 □ 안에 들어갈 수 있는 자연수 구하기

● 정답 7쪽

□ 안에 들어갈 수 있는 자연수를 모두 구하세요.

$$\frac{□}{16} < 1\frac{1}{4} \div 4$$

1단계 $1\frac{1}{4} \div 4$ 계산하기

(   )

2단계 □ 안에 들어갈 수 있는 자연수 모두 구하기

(   )

문제해결 tip □가 없는 식을 먼저 계산한 후 분수의 크기를 비교하여 □ 안에 들어갈 수 있는 자연수를 구합니다.

1·1 □ 안에 들어갈 수 있는 자연수 중에서 가장 작은 수를 구하세요.

$$\frac{27}{8} \div 3 < \frac{□}{8}$$

(   )

1·2 □ 안에 들어갈 수 있는 자연수를 모두 구하세요.

$$\frac{7}{5} \div 3 < \frac{□}{15} < 3\frac{1}{5} \div 4$$

(   )

수 카드 4장을 ☐ 안에 한 번씩만 써넣어 몫이 가장 큰 (대분수)÷(자연수)의 나눗셈식을 만들고, 몫을 구하세요.

$$\boxed{3}\ \boxed{5}\ \boxed{7}\ \boxed{8} \rightarrow \boxed{}\dfrac{\boxed{}}{\boxed{}}\div\boxed{}$$

1단계 나누는 수 구하기

(   )

2단계 나누어지는 대분수 구하기

(   )

3단계 몫이 가장 큰 나눗셈식 만들고, 몫 구하기

$$\boxed{}\dfrac{\boxed{}}{\boxed{}}\div\boxed{}=\boxed{}$$

문제해결 tip 몫이 가장 큰 나눗셈식은 나누는 수는 가장 작게, 나누어지는 수는 가장 크게 하여 만들고,
몫이 가장 작은 나눗셈식은 나누는 수는 가장 크게, 나누어지는 수는 가장 작게 하여 만듭니다.

2·1 수 카드 4장을 ☐ 안에 한 번씩만 써넣어 몫이 가장 큰 (대분수)÷(자연수)의 나눗셈식을 만들고, 몫을 구하세요.

$$\boxed{2}\ \boxed{3}\ \boxed{8}\ \boxed{9} \rightarrow \boxed{}\dfrac{\boxed{}}{\boxed{}}\div\boxed{}$$

(   )

2·2 수 카드 4장을 ☐ 안에 한 번씩만 써넣어 몫이 가장 작은 (대분수)÷(자연수)의 나눗셈식을 만들고, 몫을 구하세요.

$$\boxed{1}\ \boxed{3}\ \boxed{4}\ \boxed{6} \rightarrow \boxed{}\dfrac{\boxed{}}{\boxed{}}\div\boxed{}$$

(   )

3 ## 바르게 계산한 몫 구하기

● 정답 7쪽

어떤 수를 7로 나누어야 할 것을 잘못하여 곱했더니 42가 되었습니다. 바르게 계산한 몫을 분수로 나타내세요.

1단계 어떤 수 구하기

(   )

2단계 바르게 계산한 몫을 분수로 나타내기

(   )

문제해결 tip 조건에 맞는 식을 만들고 곱셈과 나눗셈의 관계를 이용하여 어떤 수를 구합니다.

3·1 어떤 수를 4로 나누어야 할 것을 잘못하여 곱했더니 $4\frac{4}{5}$가 되었습니다. 바르게 계산한 몫을 구하세요.

(   )

3·2 어떤 수를 3으로 나누고 5를 곱해야 할 것을 잘못하여 3을 곱하고 5로 나누었더니 $\frac{9}{2}$가 되었습니다. 바르게 계산한 값을 구하세요.

(   )

오른쪽 도형은 둘레가 $\frac{3}{7}$ m인 큰 정사각형을 똑같은 정사각형 4개로 나눈 것입니다. 색칠한 정사각형의 둘레는 몇 m인지 구하세요.

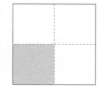

1단계 큰 정사각형의 둘레는 색칠한 정사각형의 한 변의 길이의 몇 배인지 구하기

( )

2단계 색칠한 정사각형의 한 변의 길이 구하기

( )

3단계 색칠한 정사각형의 둘레 구하기

( )

문제해결 tip 큰 정사각형의 둘레는 색칠한 정사각형의 한 변의 길이의 몇 배인지 알아봅니다.

4·1 둘레가 $5\frac{5}{11}$ cm인 큰 정삼각형을 똑같은 정삼각형 4개로 나눈 것입니다. 색칠한 정삼각형의 둘레는 몇 cm인지 구하세요.

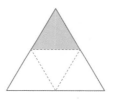

( )

4·2 둘레가 $\frac{33}{8}$ m인 직사각형을 똑같은 정사각형 4개로 나눈 것입니다. 색칠한 정사각형의 둘레는 몇 m인지 구하세요.

( )

응용 학습

문제 강의

5 가로수 사이의 간격 구하기

● 정답 8쪽

길이가 $\frac{3}{8}$ km인 도로의 한쪽에 처음부터 끝까지 같은 간격으로 가로수 10그루를 심으려고 합니다. 가로수 사이의 간격은 몇 km로 해야 하는지 구하세요. (단, 가로수의 두께는 생각하지 않습니다.)

1단계 가로수 사이의 간격은 몇 군데인지 구하기

( )

2단계 가로수 사이의 간격 구하기

( )

문제해결 tip 도로 한쪽에 처음부터 끝까지 가로수를 심을 때 (간격 수)=(가로수 수)−1입니다.

5·1 길이가 $5\frac{1}{7}$ km인 도로의 한쪽에 처음부터 끝까지 같은 간격으로 나무 13그루를 심으려고 합니다. 나무 사이의 간격은 몇 km로 해야 하는지 구하세요. (단, 나무의 두께는 생각하지 않습니다.)

( )

5·2 길이가 $8\frac{2}{3}$ km인 도로의 양쪽에 처음부터 끝까지 같은 간격으로 가로등 28개를 세우려고 합니다. 가로등 사이의 간격은 몇 km로 해야 하는지 구하세요. (단, 가로등의 두께는 생각하지 않습니다.)

( )

밑변의 길이가 $7\,\text{cm}$이고 넓이가 $\dfrac{63}{8}\,\text{cm}^2$인 삼각형이 있습니다. 이 삼각형의 높이는 몇 cm인지 구하세요.

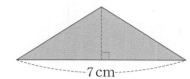

7 cm

1단계 삼각형의 높이를 ■ cm라 할 때 넓이를 구하는 식 세우기

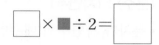

$$\boxed{} \times \blacksquare \div 2 = \boxed{}$$

2단계 삼각형의 높이 구하기

(   )

문제해결 tip 모르는 길이를 ■라 하여 넓이를 구하는 식을 세우고 거꾸로 생각하여 모르는 길이를 구합니다.

6·1 한 대각선의 길이가 $6\,\text{m}$이고 넓이가 $9\dfrac{3}{5}\,\text{m}^2$인 마름모가 있습니다. 이 마름모의 다른 대각선의 길이는 몇 m인지 구하세요.

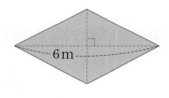

6 m

(   )

6·2 윗변의 길이가 $5\,\text{cm}$, 아랫변의 길이가 $7\,\text{cm}$이고 넓이가 $22\,\text{cm}^2$인 사다리꼴이 있습니다. 이 사다리꼴의 높이는 몇 cm인지 분수로 나타내세요.

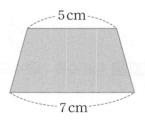

5 cm

7 cm

(   )

1 분수의 나눗셈

● 정답 9쪽

(자연수)÷(자연수)의 몫은 나누어지는 수를 분자, 나누는 수를 분모로 하는 분수로 나타냅니다.

$$\triangle \div \bullet = \dfrac{\triangle}{\bullet}$$

❶ (자연수)÷(자연수)의 몫을 분수로 나타내기

$$7 \div 8 = \dfrac{\square}{\square} \qquad 9 \div 4 = \dfrac{\square}{\square} = \square\dfrac{\square}{4}$$

- 분자가 자연수의 배수일 때에는 분자를 자연수로 나눕니다.
- 분자가 자연수의 배수가 아닐 때에는 크기가 같은 분수 중 분자가 자연수의 배수인 수로 바꾸어 계산합니다.

❷ (분수)÷(자연수)

- 분자가 자연수의 배수인 (분수)÷(자연수)

$$\dfrac{8}{5} \div 4 = \dfrac{8 \div \square}{5} = \dfrac{\square}{5}$$

- 분자가 자연수의 배수가 아닌 (분수)÷(자연수)

$$\dfrac{2}{3} \div 3 = \dfrac{\square}{9} \div 3 = \dfrac{\square \div 3}{9} = \dfrac{\square}{9}$$

분자가 3의 배수가 되도록 바꿉니다.

$\dfrac{\triangle}{\blacksquare} \div \bullet = \dfrac{\triangle}{\blacksquare} \times \dfrac{1}{\bullet}$ 로 나타낼 수 있습니다.

❸ (분수)÷(자연수)를 분수의 곱셈으로 나타내기

$$\dfrac{3}{5} \div 7 = \dfrac{3}{5} \times \dfrac{\square}{\square} = \dfrac{\square}{\square}$$

분수의 분자가 자연수로 나누어떨어질 때에는 분자를 자연수로 나누어 계산하는 것이 편리합니다.
분수의 분자가 자연수로 나누어떨어지지 않을 때에는 분수의 곱셈으로 나타내어 계산하는 것이 편리합니다.

❹ (대분수)÷(자연수)

방법 1 대분수를 가분수로 바꾼 다음 분자를 자연수로 나누어 계산하기

$$5\dfrac{1}{4} \div 7 = \dfrac{\square}{4} \div 7 = \dfrac{\square \div 7}{4} = \dfrac{\square}{4}$$

방법 2 대분수를 가분수로 바꾼 다음 분수의 곱셈으로 나타내어 계산하기

$$5\dfrac{1}{4} \div 7 = \dfrac{\square}{4} \times \dfrac{\square}{\square} = \dfrac{\square}{28}\left(=\dfrac{\square}{4}\right)$$

1

그림을 보고 나눗셈의 몫을 분수로 나타내세요.

$$1 \div 4 = \frac{\square}{\square}$$

2

$\frac{3}{5} \div 4$를 계산하려고 합니다. 그림을 보고 □ 안에 알맞은 수를 써넣으세요.

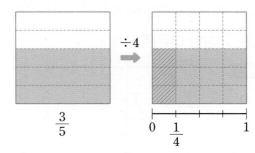

$$\frac{3}{5} \div 4 = \frac{3}{5} \times \frac{\square}{\square} = \frac{\square}{\square}$$

3

나눗셈의 몫을 분수로 나타낸 것입니다. 바르게 나타낸 것에 ○표 하세요.

$$7 \div 2 = \frac{2}{7}$$

$$8 \div 5 = \frac{8}{5}$$

(   )   (   )

4

계산을 하세요.

$$1\frac{4}{7} \div 2$$

5

보기 와 같은 방법으로 계산하세요.

보기
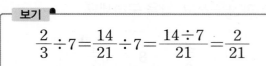
$$\frac{2}{3} \div 7 = \frac{14}{21} \div 7 = \frac{14 \div 7}{21} = \frac{2}{21}$$

$$\frac{4}{7} \div 3$$

6

빈칸에 알맞은 분수를 써넣으세요.

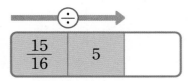

$$\frac{15}{16} \qquad 5$$

7

나눗셈의 몫을 찾아 이으세요.

$$\frac{5}{6} \div 4$$ ·

$$\frac{17}{5} \div 9$$ ·

· $$\frac{17}{45}$$

· $$\frac{6}{20}$$

· $$\frac{5}{24}$$

8

나눗셈의 몫의 크기를 비교하여 ○ 안에 >, =, <를 알맞게 써넣으세요.

$$\frac{3}{4} \div 2$$ ○ $$\frac{9}{8} \div 3$$

9 서술형

가장 작은 수를 가장 큰 수로 나눈 몫을 구하려고 합니다. 해결 과정을 쓰고, 답을 구하세요.

$$\frac{25}{6} \qquad 8 \qquad 6\frac{1}{7}$$

(   )

10

빈칸에 알맞은 분수를 써넣으세요.

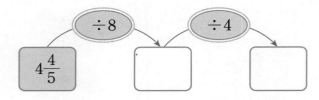

$4\frac{4}{5}$ ÷8 → □ ÷4 → □

11

주스 2 L를 5명이 똑같이 나누어 마셨습니다. 한 사람이 마신 주스는 몇 L인지 분수로 나타내세요.

(   )

12

넓이가 $4\frac{1}{4}$ cm²인 정육각형을 똑같이 6칸으로 나눈 것입니다. 색칠한 부분의 넓이는 몇 cm²인지 구하세요.

(   )

13 서술형

$\frac{7}{12} \div 3$의 계산에서 잘못된 부분을 찾아 바르게 계산하고, 잘못 계산한 이유를 쓰세요.

틀린 계산

$$\frac{7}{12} \div 3 = \frac{7}{12 \div 3} = \frac{7}{4} = 1\frac{3}{4}$$

바른 계산

이유

14

철사 $\frac{5}{9}$ m를 겹치지 않게 모두 사용하여 정오각형 모양을 한 개 만들었습니다. 만든 정오각형 모양의 한 변의 길이는 몇 m인지 구하세요.

(   )

15

□ 안에 알맞은 기약분수를 구하세요.

$$\square \times 6 = 4\frac{2}{7}$$

(   )

16

민아네 모둠과 영재네 모둠이 벽을 페인트로 칠하려고 합니다. 노란색 페인트를 칠해야 하는 벽이 더 넓은 모둠은 누구네 모둠인지 구하세요.

민아: 우리 모둠은 벽 21 m²에 파란색, 빨간색, 노란색, 초록색 페인트를 똑같은 넓이로 칠하기로 했어.

영재: 우리 모둠이 칠해야 하는 벽은 17 m²야. 주황색, 흰색, 노란색 페인트를 똑같은 넓이로 칠하기로 했어.

(   )

17

□ 안에 들어갈 수 있는 자연수를 모두 구하세요.

$$\frac{\square}{6} < 2\frac{1}{3} \div 2$$

(   )

18 서술형

무게가 똑같은 복숭아 8개가 들어 있는 상자의 무게가 $3\frac{2}{5}$ kg입니다. 빈 상자의 무게가 $\frac{3}{5}$ kg이라면 복숭아 한 개의 무게는 몇 kg인지 해결 과정을 쓰고, 답을 구하세요.

_____

_____

_____

(   )

19

수 카드 4장을 □ 안에 한 번씩만 써넣어 몫이 가장 큰 (대분수)÷(자연수)의 나눗셈식을 만들고, 몫을 구하세요.

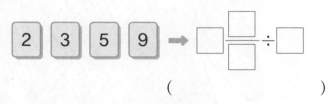

(   )

20

밑변의 길이가 7 cm이고 넓이가 $\frac{39}{5}$ cm²인 삼각형이 있습니다. 이 삼각형의 높이는 몇 cm인지 구하세요.

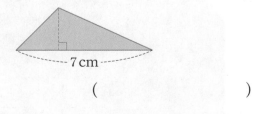

7 cm

(   )

미로를 따라 길을 찾아보세요.

● 정답 45쪽

2

각기둥과 각뿔

▶ 학습을 완료하면 ∨표를 하면서 학습 진도를 체크해요.

백점 쪽수	개념학습						문제학습
	36	37	38	39	40	41	42
확인							

백점 쪽수	문제학습						
	43	44	45	46	47	48	49
확인							

백점 쪽수	문제학습				응용학습		
	50	51	52	53	54	55	56
확인							

백점 쪽수	응용학습			단원평가			
	57	58	59	60	61	62	63
확인							

1 각기둥

● 정답 10쪽

● **각기둥**: 아래 도형과 같이 서로 평행한 두 면이 합동이고 모든 면이 다각형인 입체도형

공간에 있는 도형 중에서 위치와
모양, 길이, 폭, 두께를 가지는 도형

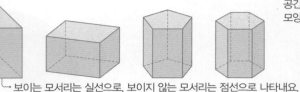

└ 보이는 모서리는 실선으로, 보이지 않는 모서리는 점선으로 나타내요.

● **각기둥의 밑면과 옆면**

• 밑면: 각기둥에서 서로 평행하고 합동인 두 면

• 옆면: 각기둥에서 두 밑면과 만나는 면 ➡

• 각기둥의 두 밑면은 나머지 면들과 모두 수직으로 만납니다.
• 각기둥의 옆면은 모두 직사각형입니다.

---

1 각기둥이면 ○표, 각기둥이 아니면 ×표 하세요.

(1)

(   )   (   )

(2)
    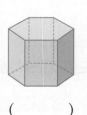

(   )   (   )

(3)

(   )   (   )

2 각기둥에서 두 밑면을 찾아 색칠하고, □ 안에 알맞은 수를 써넣으세요.

(1)
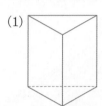

옆면은 □개입니다.

(2)
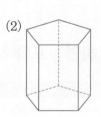

옆면은 □개입니다.

(3)
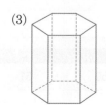

옆면은 □개입니다.

● 각기둥의 이름

각기둥은 밑면의 모양에 따라 이름이 정해집니다.

각기둥	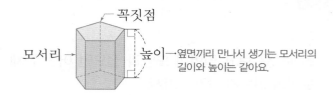			···
밑면의 모양	삼각형	사각형	오각형	···
이름	삼각기둥	사각기둥	오각기둥	···

● 각기둥의 구성 요소

• 모서리: 면과 면이 만나는 선분

• 꼭짓점: 모서리와 모서리가 만나는 점

• 높이: 두 밑면 사이의 거리

꼭짓점

모서리 →

높이 → 옆면끼리 만나서 생기는 모서리의 길이와 높이는 같아요.

도형의 이름	한 밑면의 변의 수	꼭짓점의 수	면의 수	모서리의 수
■각기둥	■개	(■×2)개	(■+2)개	(■×3)개

개념 강의

---

1 각기둥을 보고 밑면의 모양과 각기둥의 이름을 각각 쓰세요.

(1)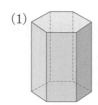

밑면의 모양 (   )

각기둥의 이름 (   )

(2)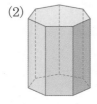

밑면의 모양 (   )

각기둥의 이름 (   )

---

2 각기둥의 겨냥도에서 모서리는 파란색 선으로, 꼭짓점은 빨간색 점으로 표시하세요.

(1)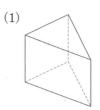

(2)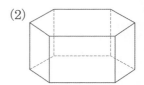

(3)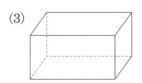

3 각기둥의 전개도

● 정답 10쪽

각기둥의 모서리를 잘라서 평면 위에 펼쳐 놓은 그림을 각기둥의 전개도라고 합니다.

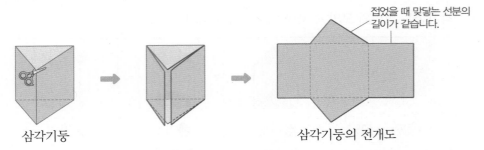

접었을 때 맞닿는 선분의 길이가 같습니다.

삼각기둥　　　삼각기둥의 전개도

개념 강의

● 각기둥의 전개도는 어느 모서리를 자르느냐에 따라 여러 가지 모양이 나올 수 있지만 전개도의 모양과 관계없이 서로 맞닿는 선분의 길이는 항상 같습니다.

---

1 전개도를 보고 밑면의 모양과 접으면 어떤 입체도형이 되는지 각각 쓰세요.

(1)

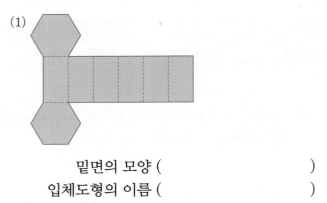

밑면의 모양 (　　　　　　　　)
입체도형의 이름 (　　　　　　　　)

(2)

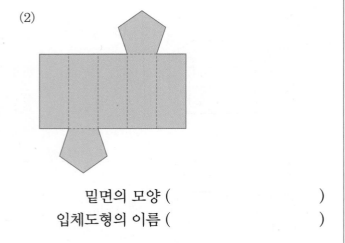

밑면의 모양 (　　　　　　　　)
입체도형의 이름 (　　　　　　　　)

2 전개도를 보고 □ 안에 알맞은 기호를 써넣으세요.

(1)

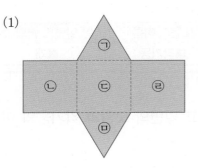

전개도를 접었을 때 한 밑면이 면 ㉠이면 다른 밑면은 면 □입니다.

(2)

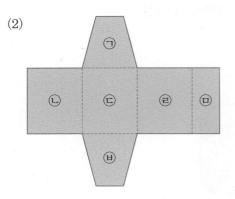

전개도를 접었을 때 한 밑면이 면 ㉠이면 다른 밑면은 면 □입니다.

---

4 각기둥의 전개도 그리기

모서리를 자르는 방법에 따라 전개도를 여러 가지 모양으로 그릴 수 있습니다.

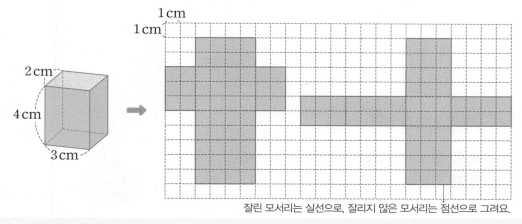

잘린 모서리는 실선으로, 잘리지 않은 모서리는 점선으로 그려요.

● 각기둥의 옆면의 수가 한 밑면의 변의 수와 같아야 하고 전개도를 접었을 때 서로 겹쳐지는 면이 없도록, 맞닿는 선분의 길이가 같도록 그려야 합니다.

---

1 다음 삼각기둥의 전개도를 완성하려고 합니다. 물음에 답하세요.

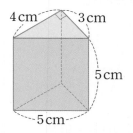

(1) 알맞은 말에 ○표 하세요.

> 각기둥의 전개도에서 옆면의 모양은 모두 (직사각형 , 직각삼각형)입니다.

(2) 전개도를 완성하세요.

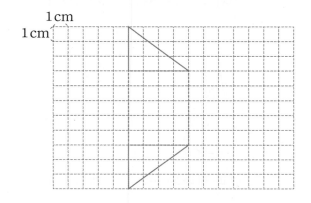

---

2 다음 사각기둥의 전개도를 완성하려고 합니다. 물음에 답하세요.

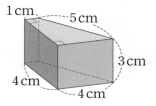

(1) 알맞은 말에 ○표 하세요.

> 전개도에서 잘린 모서리는 (실선 , 점선), 잘리지 않은 모서리는 (실선 , 점선)으로 그립니다.

(2) 전개도를 완성하세요.

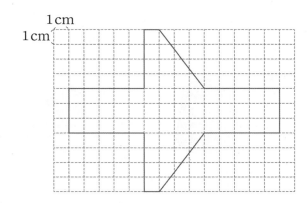

---

5 각뿔

● 정답 11쪽

○ **각뿔**: 아래 도형과 같이 <u>밑에 놓인 면이 다각형</u>이고 <u>옆으로 둘러싼 면이 모두 삼각형</u>인 입체도형

기준이 되는 면

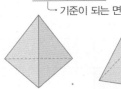

○ **각뿔의 밑면과 옆면**

• **밑면**: 면 ㄴㄷㄹㅁㅂ과 같이 밑에 놓인 면
• **옆면**: 각뿔에서 밑면과 만나는 면

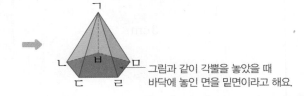

그림과 같이 각뿔을 놓았을 때
바닥에 놓인 면을 밑면이라고 해요.

 개념 강의
• 각뿔에서 밑면은 항상 1개입니다.
• 각뿔에서 옆면은 모두 삼각형이고, 옆면은 모두 한 점에서 만납니다.

---

1 각뿔이면 ○표, 각뿔이 아니면 ×표 하세요.

(1)

(   )   (   )

(2)

(   )   (   )

(3)

(   )   (   )

2 각뿔에서 밑면을 찾아 색칠하고, □ 안에 알맞은 수를 써넣으세요.

(1)

밑면과 만나는 면은 □개입니다.

(2)

밑면과 만나는 면은 □개입니다.

(3)

밑면과 만나는 면은 □개입니다.

6 각뿔의 이름과 구성 요소

○ 각뿔의 이름

각뿔은 밑면의 모양에 따라 이름이 정해집니다.

각뿔	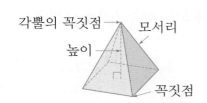			...
밑면의 모양	삼각형	사각형	오각형	...
이름	삼각뿔	사각뿔	오각뿔	...

○ 각뿔의 구성 요소

- 모서리: 면과 면이 만나는 선분
- 꼭짓점: 모서리와 모서리가 만나는 점
- 각뿔의 꼭짓점: 꼭짓점 중에서 옆면이 모두 만나는 점
- 높이: 각뿔의 꼭짓점에서 밑면에 수직인 선분의 길이

각뿔의 꼭짓점 → ← 모서리
높이 →
꼭짓점

 개념 강의

도형의 이름	밑면의 변의 수	꼭짓점의 수	면의 수	모서리의 수
■각뿔	■개	(■+1)개	(■+1)개	(■×2)개

---

1 각뿔을 보고 밑면의 모양과 각뿔의 이름을 각각 쓰세요.

(1)

밑면의 모양 (   )
각뿔의 이름 (   )

(2)

밑면의 모양 (   )
각뿔의 이름 (   )

2 각뿔의 겨냥도에서 모서리는 파란색 선으로, 꼭짓점은 빨간색 점으로 표시하세요.

(1)

(2)

(3)

① 각기둥

> 두 밑면이 서로 평행하고 합동인 다각형으로 이루어
> 진 입체도형을 각기둥이라고 합니다.

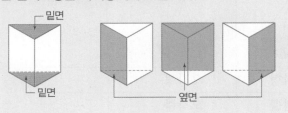

1

각기둥을 모두 찾아 기호를 쓰세요.

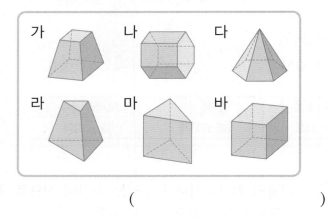

(   )

2

각기둥을 보고 □ 안에 밑면 또는 옆면을 각각 알맞게
써넣으세요.

(1)

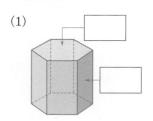

(2)

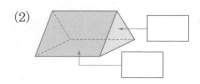

3

각기둥에서 두 밑면과 만나는 면을 모두 찾아 ○표 하
고, 두 밑면과 만나는 면은 어떤 모양인지 쓰세요.

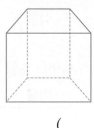

(   )

4

각기둥의 겨냥도를 완성하세요.

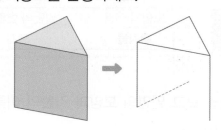

5 ➕ 10종 교과서

각기둥을 보고 밑면과 옆면을 모두 찾아 쓰세요.

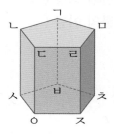

밑면	

옆면	

6

오른쪽 입체도형을 보고 바르게 말한 사람의 이름을 쓰세요.

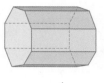

두 밑면이 다각형이 아니니까 각기둥이 아니야.

수민

두 밑면이 서로 평행하니까 각기둥이야.

준서

( )

7

각기둥에서 면 ㄱㄴㄷㄹ이 밑면일 때, 옆면이 <u>아닌</u> 것은 어느 것일까요? ( )

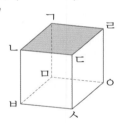

① 면 ㄴㅂㅁㄱ   ② 면 ㄷㅅㅇㄹ
③ 면 ㅁㅂㅅㅇ   ④ 면 ㄴㅂㅅㄷ
⑤ 면 ㄱㅁㅇㄹ

8

옆면이 6개인 각기둥을 찾아 기호를 쓰세요.

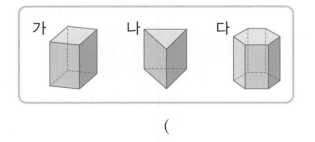

( )

9

다음 각기둥의 밑면과 옆면의 수의 차는 몇 개인지 구하세요.

( )

10 ✚ 10종 교과서

각기둥의 특징을 잘못 설명한 것을 찾아 기호를 쓰세요.

㉠ 밑면은 2개입니다.
㉡ 옆면은 모두 직사각형입니다.
㉢ 밑면과 옆면은 수직으로 만납니다.
㉣ 두 밑면은 서로 수직이고 합동입니다.

( )

11

각기둥 가와 나의 같은 점을 찾아 기호를 쓰세요.

가   나

   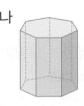

㉠ 밑면의 모양
㉡ 밑면의 수
㉢ 옆면의 수

( )

▶ 밑면이 ■각형인 각기둥의 이름은 ■각기둥입니다.

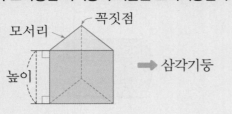

➡ 삼각기둥

1
각기둥의 이름을 쓰세요.

( )

2 ➕ 10종 교과서
보기 에서 알맞은 말을 골라 □ 안에 써넣으세요.

보기
모서리
꼭짓점
높이

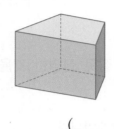

3
밑면과 옆면의 모양이 모두 다음과 같은 입체도형의 이름을 쓰세요.

	밑면	옆면
모양	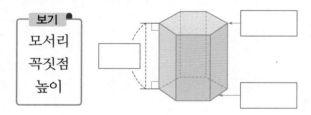	
면의 수	2개	8개

( )

[4-6] 각기둥을 보고 물음에 답하세요.

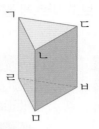

4
모서리를 모두 찾아 쓰세요.

_____

_____

5
꼭짓점을 모두 찾아 쓰세요.

_____

_____

6
각기둥의 높이를 잴 수 있는 모서리는 모두 몇 개인지 구하세요.

( )

7
각기둥의 높이는 몇 cm인지 구하세요.

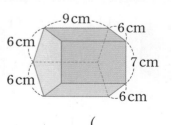

( )

[8-9] 각기둥을 보고 물음에 답하세요.

 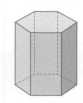

8

표를 완성하세요.

도형	오각기둥	육각기둥
한 밑면의 변의 수(개)		
꼭짓점의 수(개)		
면의 수(개)		
모서리의 수(개)		

9 ➕ 10종 교과서

8의 표에서 각기둥의 규칙을 찾아 식으로 나타내려고 합니다. 한 밑면의 변의 수를 ★이라고 할 때 ☐ 안에 알맞은 수를 써넣으세요.

(꼭짓점의 수)＝★×☐

(면의 수)＝★＋☐

(모서리의 수)＝★×☐

10

밑면의 모양이 다음과 같은 각기둥이 있습니다. 이 각기둥의 꼭짓점은 몇 개인지 구하세요.

( )

11 ➕ 10종 교과서

틀린 문장을 찾아 기호를 쓰세요.

> ㉠ 삼각기둥의 모서리는 9개입니다.
> ㉡ 오각기둥의 면은 삼각기둥의 면보다 2개 더 많습니다.
> ㉢ 한 각기둥에서 꼭짓점, 면, 모서리 중 꼭짓점의 수가 가장 많습니다.

( )

12

개수가 많은 것부터 차례대로 기호를 쓰세요.

> ㉠ 팔각기둥의 면의 수
> ㉡ 구각기둥의 모서리의 수
> ㉢ 십각기둥의 꼭짓점의 수

( )

13

수지가 말하는 각기둥의 이름은 무엇인지 쓰세요.

면이 6개인 각기둥의 이름은 무엇일까?

수지

( )

> 각기둥의 모서리를 잘라서 평면 위에 펼쳐놓은 그림을 각기둥의 전개도라고 합니다.

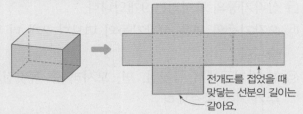

전개도를 접었을 때 맞닿는 선분의 길이는 같아요.

각기둥의 전개도에서 두 밑면은 서로 합동인 다각형이고, 옆면의 모양은 모두 직사각형입니다.

1

삼각기둥을 만들 수 있는 전개도에 ○표 하세요.

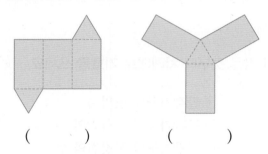

(   )   (   )

2

전개도를 접었을 때 만들어지는 입체도형의 이름을 쓰세요.

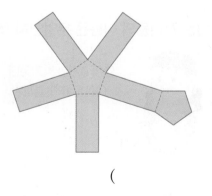

(   )

[3-4] 전개도를 보고 물음에 답하세요.

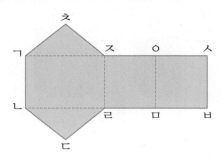

3

전개도를 접었을 때 점 ㄱ, 점 ㄷ과 각각 만나는 점을 쓰세요.

점 ㄱ	
점 ㄷ	

4

전개도를 접었을 때 선분 ㄱㅊ과 맞닿는 선분을 찾아 쓰세요.

(   )

5 ✚ 10종 교과서

전개도를 접어서 각기둥을 만들었습니다. □ 안에 알맞은 수를 써넣으세요.

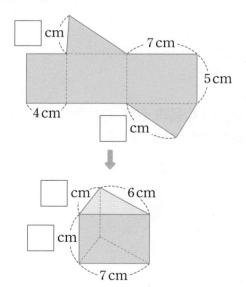

6

어떤 각기둥의 옆면만 그린 전개도의 일부분입니다. 이 각기둥의 밑면의 모양은 어떤 도형일까요?

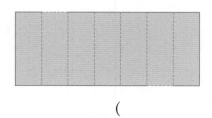

(   )

7 ➕ 10종 교과서

전개도를 접었을 때 면 ㅋㅌㅍㅎ과 만나는 면을 모두 찾아 쓰세요.

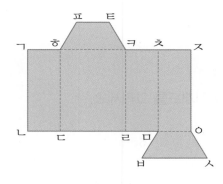

8

전개도를 접었을 때 만들어지는 입체도형의 높이는 몇 cm인지 구하세요.

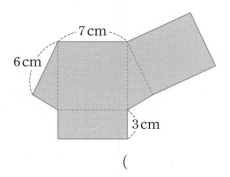

(   )

9

전개도를 접었을 때 만들어지는 각기둥의 꼭짓점은 몇 개인지 구하세요.

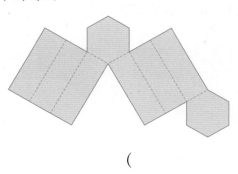

(   )

10

전개도를 접었을 때 만들어지는 각기둥의 한 밑면의 둘레는 몇 cm인지 구하세요.

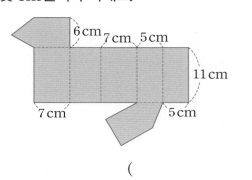

(   )

11

각기둥의 전개도에서 선분 ㄱㄷ의 길이는 몇 cm인지 구하세요.

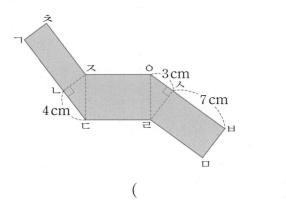

(   )

4 각기둥의 전개도 그리기

▶ 각기둥의 전개도는 잘린 모서리는 실선으로, 잘리지 않은 모서리는 점선으로 그리고, 접었을 때 맞닿는 선분의 길이는 같게 그립니다.

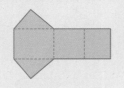 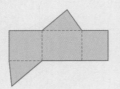

1

오른쪽 사각기둥의 전개도를 완성하세요.

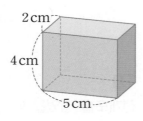

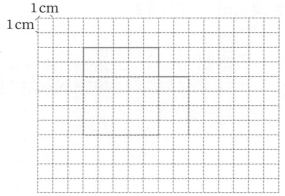

2

1의 전개도와 다른 모양으로 각기둥의 전개도를 그리세요.

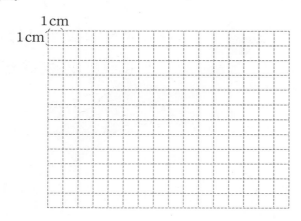

3

오른쪽 육각기둥의 겨냥도를 보고 육각기둥의 전개도를 완성하세요.

4 ⊕ 10종 교과서

사각기둥의 전개도를 그리세요.

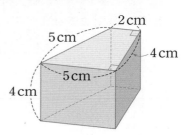

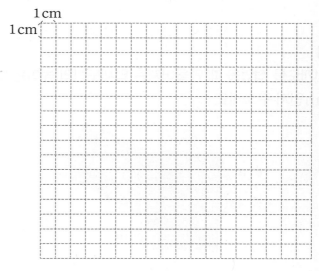

5

밑면이 사다리꼴 모양인 사각기둥의 전개도를 잘못 그린 것입니다. 잘못 그린 이유를 쓰세요

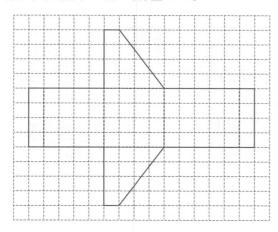

이유

6

5의 전개도를 바르게 그리세요.

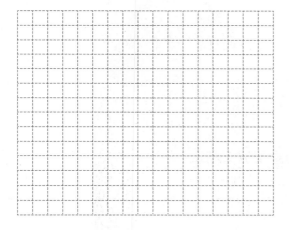

7

각기둥의 전개도를 그릴 때 주의할 점으로 옳은 것을 모두 찾아 기호를 쓰세요.

> ㉠ 옆면이 서로 합동이 되도록 그립니다.
> ㉡ 옆면은 직사각형으로 그립니다.
> ㉢ 밑면은 2개 그립니다.
> ㉣ 잘린 모서리는 점선으로 그립니다.

( )

8 ➕ 10종 교과서

밑면이 오른쪽 그림과 같고, 높이가 3cm인 삼각기둥의 전개도를 2개 그리세요.

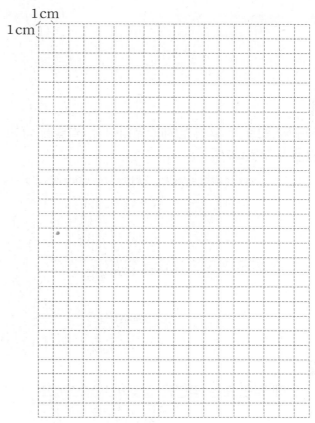

9

밑면의 모양이 직사각형인 각기둥의 전개도의 옆면만 그린 것입니다. 전개도를 완성하고, 전개도를 접었을 때 만들어지는 각기둥의 한 밑면의 넓이는 몇 cm²인지 구하세요.

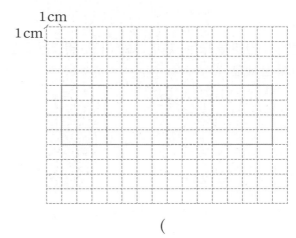

( )

> 밑면이 다각형이고 옆면이 모두 삼각형인 입체도형을 각뿔이라고 합니다.

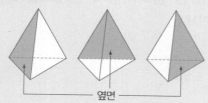

밑면

옆면

1

지수와 현호가 그린 입체도형입니다. 각뿔을 그린 사람은 누구입니까?

지수   현호

(   )

2

□ 안에 밑면 또는 옆면을 알맞게 써넣으세요.

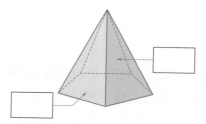

3

각뿔에서 옆면을 모두 찾아 △표 하고, 옆면은 어떤 도형인지 쓰세요.

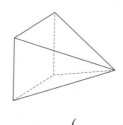

(   )

4

다음 입체도형 중 각기둥도 각뿔도 아닌 도형은 몇 개인지 구하세요.

(   )

[5-6] 각뿔을 보고 물음에 답하세요.

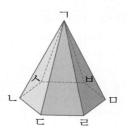

5

밑면을 찾아 쓰세요.

_____

6

옆면을 모두 찾아 쓰세요.

_____

_____

7
밑면의 모양이 오른쪽과 같은 각뿔이
있습니다. 이 각뿔의 옆면은 몇 개인
지 구하세요.

( )

8 ➕ 10종 교과서
두 각뿔의 같은 점을 바르게 말한 사람의 이름을 쓰세요.

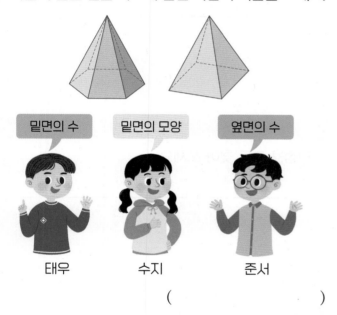

밑면의 수	밑면의 모양	옆면의 수
태우	수지	준서

( )

9
각뿔의 밑면과 옆면의 수의 차는 몇 개인지 구하세요.

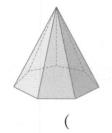

( )

10
두 입체도형의 같은 점과 다른 점을 1가지씩 쓰세요.

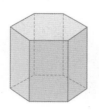 

같은 점 _____

다른 점 _____

11
오른쪽 각뿔에 대한 설명으로 옳은
것을 찾아 기호를 쓰세요.

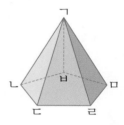

> ㉠ 옆면은 오각형입니다.
> ㉡ 밑면은 면 ㄴㄷㄹㅁㅂ입니다.
> ㉢ 밑면과 옆면은 수직으로 만납니다.

( )

12 ➕ 10종 교과서
다음 입체도형이 각뿔이 아닌 이유를 쓰세요.

이유 _____

_____

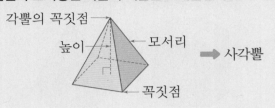

> 밑면이 ■각형인 각뿔의 이름은 ■각뿔입니다.

각뿔의 꼭짓점 / 높이 / 모서리 / 꼭짓점 ➡ 사각뿔

[4-6] 각뿔을 보고 물음에 답하세요.

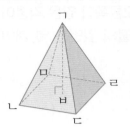

1

각뿔의 이름을 쓰세요.

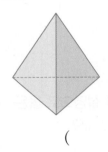

(   )

2

각뿔에서 각 부분의 이름을 잘못 나타낸 것은 어느 것입니까? (   )

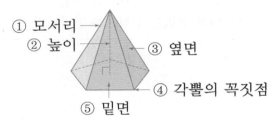

① 모서리
② 높이
③ 옆면
④ 각뿔의 꼭짓점
⑤ 밑면

3

밑면의 모양이 왼쪽과 같은 각뿔의 이름을 찾아 이으세요.

· 육각뿔

· 오각뿔

· 사각뿔

4

모서리를 모두 찾아 쓰세요.

_____

5

꼭짓점을 모두 찾아 쓰세요.

_____

6

높이를 잴 수 있는 선분을 찾아 쓰세요.

(   )

7

면의 수가 가장 적은 각뿔의 이름을 쓰세요.

(   )

[8-9] 각뿔을 보고 물음에 답하세요.

8

표를 완성하세요.

도형	오각뿔	육각뿔
밑면의 변의 수(개)		
꼭짓점의 수(개)		
면의 수(개)		
모서리의 수(개)		

9 ➕ 10종 교과서

8의 표에서 각뿔의 규칙을 찾아 식으로 나타내려고 합니다. 밑면의 변의 수를 ◆라고 할 때 □ 안에 알맞은 수를 써넣으세요.

(꼭짓점의 수)= ◆ + □

(면의 수)= ◆ + □

(모서리의 수)= ◆ × □

10

오른쪽 각뿔의 모서리와 꼭짓점의 수의 합은 몇 개인지 구하세요.

( )

11

사각뿔에 대한 설명으로 <u>틀린</u> 것은 어느 것일까요?

( )

① 옆면은 5개입니다.
② 모서리는 8개입니다.
③ 꼭짓점은 5개입니다.
④ 밑면이 사각형입니다.
⑤ 옆면이 삼각형입니다.

12

각기둥의 높이와 각뿔의 높이의 차는 몇 cm인지 구하세요.

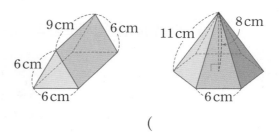

( )

13 ➕ 10종 교과서

수민이와 태우가 말하는 입체도형의 이름을 쓰세요.

이 입체도형은 각뿔이야.

이 입체도형의 꼭짓점은 8개야.

수민   태우

( )

응용학습

1 입체도형의 이름 알아보기

● 정답 16쪽

설명하는 입체도형의 이름을 쓰세요.

> • 두 밑면은 서로 평행하고 합동인 다각형입니다.
> • 옆면은 모두 직사각형입니다.
> • 꼭짓점은 12개입니다.

1단계 알맞은 말에 ○표 하기

> 두 밑면은 서로 평행하고 합동인 다각형이고,
> 옆면은 모두 직사각형인 입체도형은 (각기둥 , 각뿔)입니다.

2단계 설명하는 입체도형의 이름 쓰기

(   )

문제해결 tip 두 밑면이 서로 평행하고 합동인 다각형이고, 옆면이 모두 직사각형인 입체도형은 무엇인지 알아봅니다.

1·1 설명하는 입체도형의 이름을 쓰세요.

> • 두 밑면은 서로 평행하고 합동인 다각형입니다.
> • 옆면은 모두 직사각형입니다.
> • 모서리는 27개입니다.

(   )

1·2 설명하는 입체도형의 이름을 쓰세요.

> • 밑면은 1개이고, 다각형입니다.
> • 옆면은 모두 삼각형입니다.
> • 모서리는 22개입니다.

(   )

● 정답 16쪽

오른쪽 각기둥은 밑면이 정사각형입니다. 이 각기둥의 모든 모서리의 길이의 합은 몇 cm인지 구하세요.

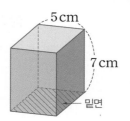

5 cm

7 cm

밑면

1단계 각기둥에서 길이가 5 cm인 모서리와 길이가 7 cm인 모서리는 각각 몇 개씩 있는지 구하기

길이가 5 cm인 모서리 (   )

길이가 7 cm인 모서리 (   )

2단계 모든 모서리의 길이의 합 구하기

(   )

문제해결 tip 주어진 입체도형에서 길이가 같은 모서리가 각각 몇 개씩 있는지 알아봅니다.

2·1 오른쪽 각뿔은 밑면이 정사각형이고 옆면이 모두 이등변삼각형입니다. 이 각뿔의 모든 모서리의 길이의 합은 몇 cm인지 구하세요.

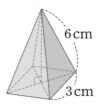

6 cm

3 cm

(   )

2·2 옆면이 오른쪽과 같은 삼각형 5개로 이루어진 각뿔이 있습니다. 이 각뿔의 모든 모서리의 길이의 합은 몇 cm인지 구하세요.

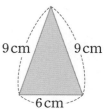

9 cm   9 cm

6 cm

(   )

3 나누어 만든 입체도형의 구성 요소의 수 비교하기

● 정답 16쪽

삼각기둥을 그림과 같이 잘라 두 개의 각기둥으로 만들었습니다.
두 각기둥의 꼭짓점의 수의 차는 몇 개인지 구하세요.

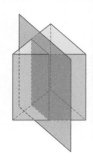

1단계 만들어진 두 각기둥의 이름 구하기

( )

2단계 만들어진 두 각기둥의 꼭짓점의 수의 차는 몇 개인지 구하기

( )

문제해결 tip 나누어진 도형의 밑면이 어떤 모양인지 확인하여 구성 요소의 수를 구합니다.

3·1 오각기둥을 그림과 같이 잘라 두 개의 각기둥으로 만들었습니다. 두 각기둥의 모서리의 수의 차는 몇 개인지 구하세요.

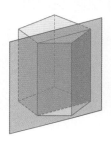

( )

3·2 육각기둥을 그림과 같이 잘라 두 개의 각기둥으로 만들었습니다. 만들어진 두 각기둥의 모서리의 수의 합은 처음 육각기둥의 모서리의 수보다 몇 개 더 많은지 구하세요.

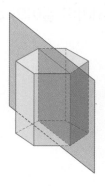

( )

4 밑면의 모양이 같은 각기둥(각뿔)의 구성 요소 수 구하기

꼭짓점이 7개인 각뿔과 밑면의 모양이 같은 각기둥이 있습니다. 이 각기둥의 모서리는 몇 개인지 구하세요.

1단계 꼭짓점이 7개인 각뿔의 밑면의 변은 몇 개인지 구하기

( )

2단계 각뿔과 밑면의 모양이 같은 각기둥의 이름 구하기

( )

3단계 각뿔과 밑면의 모양이 같은 각기둥의 모서리는 몇 개인지 구하기

( )

문제해결 tip 밑면의 모양이 ▲각형인 각뿔은 ▲각뿔, 각기둥은 ▲각기둥입니다.

4·1 모서리가 15개인 각기둥과 밑면의 모양이 같은 각뿔이 있습니다. 이 각뿔의 면은 몇 개인지 구하세요.

( )

4·2 면이 10개인 각기둥이 있습니다. 이 각기둥과 밑면의 모양이 같은 각뿔의 모서리와 꼭짓점의 수의 합은 몇 개인지 구하세요.

( )

5 구성 요소 수의 합으로 각기둥(각뿔)의 이름 구하기

● 정답 17쪽

모서리의 수와 꼭짓점의 수의 합이 40개인 각기둥의 이름을 구하세요.

1단계 각기둥의 한 밑면의 변의 수를 □개라 하여 식 만들기

(모서리의 수)   +   (꼭짓점의 수)   ＝40

↓   ↓

(   )＋(   )＝40

2단계 각기둥의 한 밑면의 변은 몇 개인지 구하기

(   )

3단계 각기둥의 이름 구하기

(   )

문제해결 tip 각기둥의 한 밑면의 변의 수를 □개라 하여 모서리의 수와 꼭짓점의 수를 알아봅니다.

5·1 꼭짓점의 수와 면의 수의 합이 16개인 각뿔의 이름을 구하세요.

(   )

5·2 다음 조건을 만족하는 각뿔의 이름을 구하세요.

(꼭짓점의 수)＋(면의 수)＋(모서리의 수)＝38

(   )

전개도를 접어서 만든 각기둥의 밑면의 한 변의 길이 구하기 ● 정답 17쪽

오른쪽 전개도를 접어서 만든 각기둥의 옆면은 모두 합동이고, 각기둥의 높이는 5 cm입니다. 각기둥의 모든 모서리의 길이의 합이 55 cm일 때, 밑면의 한 변의 길이는 몇 cm인지 구하세요.

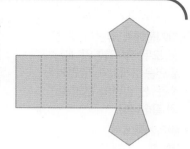

1단계 두 밑면의 둘레의 합 구하기

(   )

2단계 밑면의 한 변의 길이 구하기

(   )

문제해결 tip   각기둥의 옆면이 모두 합동이므로 밑면의 변의 길이가 모두 같습니다.

6·1 오른쪽 전개도를 접어서 만든 각기둥의 옆면은 모두 합동이고, 각기둥의 높이는 9 cm입니다. 각기둥의 모든 모서리의 길이의 합이 84 cm일 때, 밑면의 한 변의 길이는 몇 cm인지 구하세요.

(   )

6·2 다음은 밑면이 정삼각형이고 높이가 8 cm인 삼각기둥의 전개도입니다. 이 전개도의 둘레가 56 cm일 때, 전개도를 접어서 만든 각기둥의 밑면의 한 변의 길이는 몇 cm인지 구하세요.

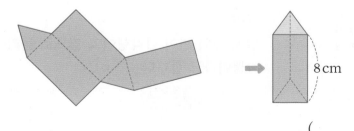

8 cm

(   )

2 각기둥과 각뿔

● 정답 17쪽

• 각기둥에서 옆면의 모양은 모두 직사각형입니다. 밑면은 2개이고, 옆면의 수는 한 밑면의 변의 수와 같습니다.

• ■각기둥에서
면: (■＋2)개,
모서리: (■×3)개,
꼭짓점: (■×2)개입니다.

1 각기둥

두 밑면이 서로 평행하고 합동인 다각형으로 이루어진 입체도형을 각기둥이라고 합니다.

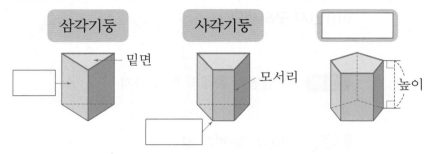

각기둥의 전개도는 모서리를 자르는 방법에 따라 여러 가지 모양으로 그릴 수 있습니다.

2 각기둥의 전개도

각기둥의 모서리를 잘라서 평면 위에 펼쳐 놓은 그림을 각기둥의 전개도라고 합니다.

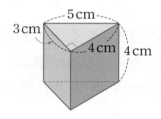

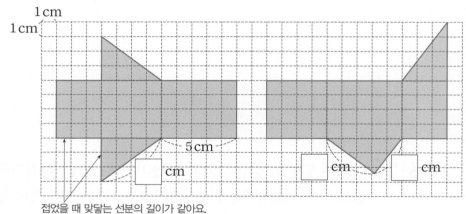

접었을 때 맞닿는 선분의 길이가 같아요.

• 각뿔에서 밑면은 1개이고, 옆면의 수는 밑면의 변의 수와 같습니다.

• ■각뿔에서
면: (■＋1)개,
모서리: (■×2)개,
꼭짓점: (■＋1)개입니다.

3 각뿔

밑에 놓인 면이 다각형이고 옆으로 둘러싼 면이 모두 삼각형인 입체도형을 각뿔이라고 합니다.

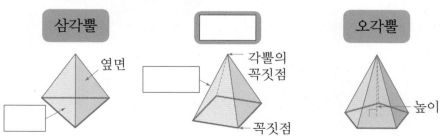

2. 각기둥과 각뿔

● 정답 18쪽

[1-2] 입체도형을 보고 물음에 답하세요.

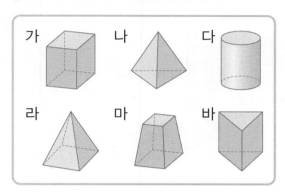

가　　나　　다
라　　마　　바

1

각기둥을 모두 찾아 기호를 쓰세요.

(　　　　　　　)

2

각뿔을 모두 찾아 기호를 쓰세요.

(　　　　　　　)

3

보기 에서 알맞은 말을 골라 □ 안에 써넣으세요.

보기
밑면　옆면　모서리　꼭짓점　높이

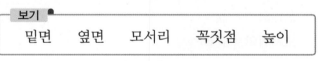

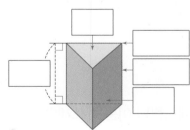

4

입체도형의 이름을 쓰세요.

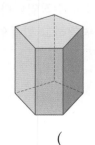

(　　　　　　　)

[5-6] 각뿔을 보고 물음에 답하세요.

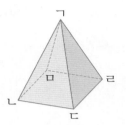

5

밑면을 찾아 쓰세요.

(　　　　　　　)

6

각뿔의 꼭짓점을 찾아 쓰세요.

(　　　　　　　)

7

각뿔의 높이는 몇 cm인지 구하세요.

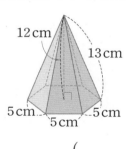

12 cm
13 cm
5 cm　5 cm
5 cm

(　　　　　　　)

8 서술형

다음 입체도형이 각기둥이 아닌 이유를 쓰세요.

이유 _____

_____

[9-10] 전개도를 보고 물음에 답하세요.

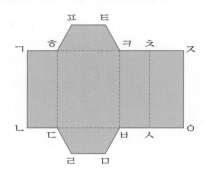

9

전개도를 접었을 때 만들어지는 입체도형의 이름을 쓰세요.

(   )

10

전개도를 접었을 때 선분 ㄹㅁ과 맞닿는 선분을 찾아 쓰세요.

(   )

11 서술형

전개도를 접었을 때 사각기둥을 만들 수 없는 이유를 쓰세요.

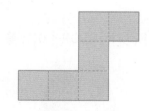

이유

_____

_____

12

전개도를 접어서 각기둥을 만들었습니다. □ 안에 알맞은 수를 써넣으세요.

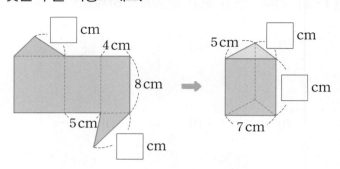

13

입체도형을 보고 표를 완성하세요.

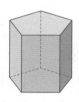

도형	오각기둥	팔각뿔
꼭짓점의 수 (개)		
면의 수 (개)		
모서리의 수 (개)		

14

설명하는 입체도형의 이름을 쓰세요.

- 밑면이 2개입니다.
- 옆면은 모두 직사각형입니다.
- 밑면과 옆면은 서로 수직입니다.
- 두 밑면은 서로 평행하고 합동인 팔각형입니다.

(   )

15

오른쪽 사각기둥의 전개도를 그리세요.

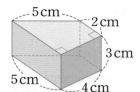

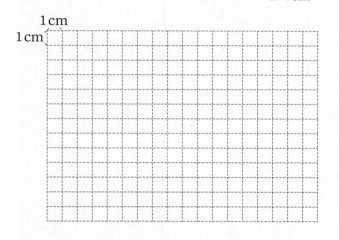

16

밑면의 모양이 오른쪽과 같은 각기둥의 꼭짓점은 몇 개인지 구하세요.

(   )

17

잘못 설명한 것을 찾아 기호를 쓰세요.

> ㉠ 사각기둥의 꼭짓점은 8개입니다.
> ㉡ 옆면이 7개인 각기둥은 칠각기둥입니다.
> ㉢ 육각기둥의 면의 수는 삼각기둥의 면의 수의 2배입니다.
> ㉣ 한 각기둥에서 꼭짓점, 면, 모서리 중 면의 수가 가장 적습니다.

(   )

18

다음 각뿔에서 밑면은 정사각형이고 옆면은 모두 서로 합동인 이등변삼각형입니다. 이 각뿔의 모든 모서리의 길이의 합은 몇 cm인지 구하세요.

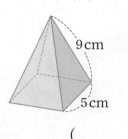

(   )

⑲ 서술형

모서리가 12개인 각뿔의 이름은 무엇인지 해결 과정을 쓰고, 답을 구하세요.

_____

_____

_____

(   )

20

전개도를 접어서 만든 각기둥의 옆면은 모두 합동이고, 각기둥의 높이는 6 cm입니다. 각기둥의 모든 모서리의 길이의 합이 72 cm일 때, 밑면의 한 변의 길이는 몇 cm인지 구하세요.

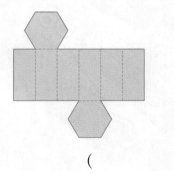

(   )

다른 그림을 찾아보세요.

● 정답 45쪽

수학 6-1

다른 곳이 15군데 있어요.

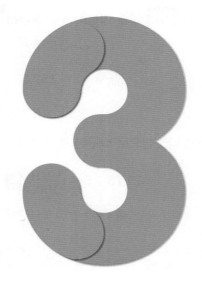

소수의 나눗셈

▶ 학습을 완료하면 V표를 하면서 학습 진도를 체크해요.

	개념학습						문제학습
백점 쪽수	66	67	68	69	70	71	72
확인							

	문제학습						
백점 쪽수	73	74	75	76	77	78	79
확인							

	문제학습				응용학습		
백점 쪽수	80	81	82	83	84	85	86
확인							

	응용학습			단원평가			
백점 쪽수	87	88	89	90	91	92	93
확인							

① 몫이 1보다 큰 (소수)÷(자연수) (1)

● 정답 19쪽

○ 15.75÷5의 계산 방법

방법1 자연수의 나눗셈을 이용하여 계산하기

$$1575 \div 5 = 315$$
$$157.5 \div 5 = 31.5$$
$$15.75 \div 5 = 3.15$$

$\frac{1}{10}$배, $\frac{1}{100}$배

→ 나누는 수가 같을 때
나누어지는 수가 ■배가 되면
몫도 ■배가 돼요.

방법2 분수의 나눗셈으로 바꾸어 계산하기

$$15.75 \div 5 = \frac{1575}{100} \div 5 = \frac{1575 \div 5}{100} = \frac{315}{100} = 3.15$$

소수 두 자리 수를 분모가 100인 분수로 바꿔요.

개념 강의

● 소수 두 자리 수 ●.▲■를 자연수 ♠로 나누면 ●.▲■÷♠= $\frac{●▲■}{100}$ ÷ ♠ = $\frac{●▲■ ÷ ♠}{100}$ 입니다.

---

1 자연수의 나눗셈을 이용하여 알맞은 위치에 소수점을 찍으세요.

(1) $639 \div 3 = 213$

➡ $63.9 \div 3 = 2\square1\square3$

(2) $464 \div 2 = 232$

➡ $4.64 \div 2 = 2\square3\square2$

(3) $735 \div 5 = 147$

➡ $73.5 \div 5 = 1\square4\square7$

(4) $2124 \div 6 = 354$

➡ $21.24 \div 6 = 3\square5\square4$

(5) $9947 \div 7 = 1421$

➡ $9.947 \div 7 = 1\square4\square2\square1$

2 소수의 나눗셈을 분수의 나눗셈으로 바꾸어 계산하려고 합니다. □ 안에 알맞은 수를 써넣으세요.

(1) $4.88 \div 4 = \dfrac{\square}{100} \div 4 = \dfrac{\boxed{} \div 4}{100}$

$= \dfrac{\square}{100} = \square$

(2) $5.55 \div 3 = \dfrac{\square}{100} \div 3 = \dfrac{\boxed{} \div 3}{100}$

$= \dfrac{\square}{100} = \square$

(3) $11.25 \div 9 = \dfrac{\square}{100} \div 9 = \dfrac{\boxed{} \div 9}{100}$

$= \dfrac{\square}{100} = \square$

2 몫이 1보다 큰 (소수)÷(자연수) (2)

15.75÷5의 계산 방법

방법 3 세로로 계산하기

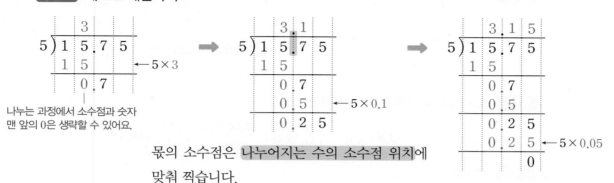

나누는 과정에서 소수점과 숫자 맨 앞의 0은 생략할 수 있어요.

← 5×3

← 5×0.1

← 5×0.05

몫의 소수점은 나누어지는 수의 소수점 위치에 맞춰 찍습니다.

● (소수)÷(자연수)의 세로 계산은 자연수의 나눗셈과 같은 방법으로 계산한 다음, 나누어지는 수의 소수점 위치에 맞춰 몫에 소수점을 찍습니다.

개념 강의

---

1 알맞은 위치에 소수점을 찍으세요.

(1)
```
       5 □ 6 □ 8
  4 ) 2 2 . 7   2
      2 0
        2 7
        2 4
          3 2
          3 2
              0
```

(2)
```
       1 □ 9 □ 5
  7 ) 1 3 . 6   5
      7
      6 6
      6 3
        3 5
        3 5
            0
```

2 □ 안에 알맞은 수를 써넣으세요.

(1)
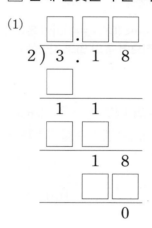

(2)
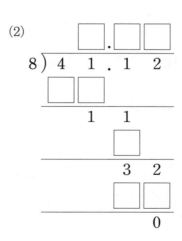

몫이 1보다 작은 (소수)÷(자연수)

● 정답 19쪽

◉ 2.88÷6의 계산 방법

방법1 자연수의 나눗셈을 이용하여 계산하기

$$288÷6=48 \implies 2.88÷6=0.48$$

$\frac{1}{100}$배, $\frac{1}{100}$배

방법2 분수의 나눗셈으로 바꾸어 계산하기

$$2.88÷6=\frac{288}{100}÷6=\frac{288÷6}{100}=\frac{48}{100}=0.48$$

방법3 세로로 계산하기

$$
\begin{array}{r}
0.48 \\
6\overline{)2.88} \\
24 \quad \leftarrow 6×0.4 \\
\overline{48} \\
48 \quad \leftarrow 6×0.08 \\
\overline{0}
\end{array}
$$

2에는 6이 들어갈 수 없으므로 몫의 일의 자리에 0을 쓰고 소수점을 찍어 계산합니다.

개념 강의

● (나누어지는 수)<(나누는 수)이면 몫이 1보다 작습니다.
● 몫이 1보다 작으면 몫의 일의 자리에 0을 씁니다.

1 소수의 나눗셈을 분수의 나눗셈으로 바꾸어 계산 하려고 합니다. □ 안에 알맞은 수를 써넣으세요.

(1) $1.36÷4=\dfrac{\boxed{}}{100}÷4=\dfrac{\boxed{}÷4}{100}$

$=\dfrac{\boxed{}}{100}=\boxed{}$

(2) $2.95÷5=\dfrac{\boxed{}}{100}÷5=\dfrac{\boxed{}÷5}{100}$

$=\dfrac{\boxed{}}{100}=\boxed{}$

(3) $4.05÷9=\dfrac{\boxed{}}{100}÷9=\dfrac{\boxed{}÷9}{100}$

$=\dfrac{\boxed{}}{100}=\boxed{}$

2 □ 안에 알맞은 수를 써넣으세요.

(1)
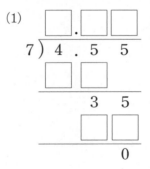

(2)
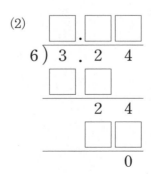

④ 소수점 아래 0을 내려 계산해야 하는 (소수)÷(자연수)

◎ **7.4÷5의 계산 방법**

방법1 자연수의 나눗셈을 이용하여 계산하기

$$740 \div 5 = 148 \implies 7.4 \div 5 = 1.48$$

($\frac{1}{100}$배)

방법2 분수의 나눗셈으로 바꾸어 계산하기

$$7.4 \div 5 = \frac{74}{10} \div 5 = \frac{740}{100} \div 5 = \frac{740 \div 5}{100} = \frac{148}{100} = 1.48$$

74÷5는 자연수로 나누어떨어지지 않으므로 7.4를 분모가 100인 분수로 바꿔요.

방법3 세로로 계산하기

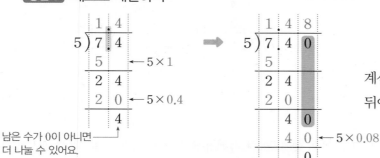

계산이 끝나지 않으면 나누어지는 수의
뒤에 0을 내려 계산합니다.

남은 수가 0이 아니면
더 나눌 수 있어요.

• 소수의 오른쪽 끝자리에 0을 붙여도 소수의 크기는 변하지 않습니다.
  ➡ 7.4 = 7.40 = 7.400 = 7.4000 = …

---

1 소수의 나눗셈을 분수의 나눗셈으로 바꾸어 계산
하려고 합니다. □ 안에 알맞은 수를 써넣으세요.

(1) $3.6 \div 8 = \dfrac{\boxed{}}{100} \div 8 = \dfrac{\boxed{} \div 8}{100}$

$\quad = \dfrac{\boxed{}}{100} = \boxed{}$

(2) $8.7 \div 6 = \dfrac{\boxed{}}{100} \div 6 = \dfrac{\boxed{} \div 6}{100}$

$\quad = \dfrac{\boxed{}}{100} = \boxed{}$

(3) $1.4 \div 4 = \dfrac{\boxed{}}{100} \div 4 = \dfrac{\boxed{} \div 4}{100}$

$\quad = \dfrac{\boxed{}}{100} = \boxed{}$

2 □ 안에 알맞은 수를 써넣으세요.

(1)
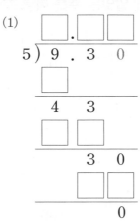

(2)
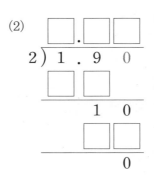

5 몫의 소수 첫째 자리에 0이 있는 (소수)÷(자연수)

● 정답 19쪽

○ 3.18÷3의 계산 방법

방법 1 자연수의 나눗셈을 이용하여 계산하기

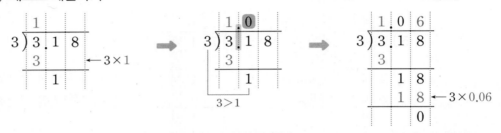

$$318÷3=106 \implies 3.18÷3=1.06$$

방법 2 분수의 나눗셈으로 바꾸어 계산하기

$$3.18÷3=\frac{318}{100}÷3=\frac{318÷3}{100}=\frac{106}{100}=1.06$$

방법 3 세로로 계산하기

1에는 3이 들어갈 수 없으므로 몫의 소수 첫째 자리에 0을 쓰고 다음 수를 내려 계산합니다.

개념 강의

• 3.18÷3의 몫을 소수 첫째 자리의 0을 빠뜨린 1.6으로 답하지 않도록 주의합니다.

---

1 소수의 나눗셈을 분수의 나눗셈으로 바꾸어 계산하려고 합니다. □ 안에 알맞은 수를 써넣으세요.

(1) $4.32÷4=\dfrac{\boxed{}}{100}÷4=\dfrac{\boxed{}÷4}{100}$

$=\dfrac{\boxed{}}{100}=\boxed{}$

(2) $9.45÷9=\dfrac{\boxed{}}{100}÷9=\dfrac{\boxed{}÷9}{100}$

$=\dfrac{\boxed{}}{100}=\boxed{}$

(3) $5.2÷5=\dfrac{\boxed{}}{100}÷5=\dfrac{\boxed{}÷5}{100}$

$=\dfrac{\boxed{}}{100}=\boxed{}$

2 □ 안에 알맞은 수를 써넣으세요.

(1)
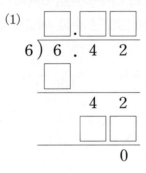

(2)
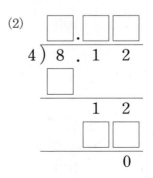

6 (자연수)÷(자연수), 몫의 소수점 위치 확인하기

○ 6÷5의 계산 방법

방법1 몫을 분수로 나타낸 후, 소수로 바꾸기

$$6÷5=\frac{6}{5}=\frac{6×2}{5×2}=\frac{12}{10}=1.2$$

방법2 세로로 계산하기

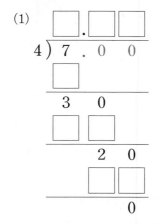

남은 수가 0이 될 때까지 0을 내려 계산합니다.

○ 몫의 소수점 위치 확인하기

자연수로 어림하여 계산한 후 어림한 결과와 계산한 결과의 크기를 비교하여 몫의 소수점 위치가 맞는지 확인합니다.

$$11.64÷4 \Rightarrow \boxed{몫} \ 2\square9\square1$$

① 11.64를 반올림하여 자연수로 나타내기
  ➡ 12

② 11.64÷4를 12÷4로 어림하면 몫은
  약 3입니다.
  ➡ 몫 2.9□1

 개념강의
● 분수를 소수로 나타내려면 분모를 10, 100, 1000, …과 같이 나타내어야 합니다.
● 몫을 어림할 때에는 반올림뿐 아니라 올림, 버림 등 다양한 어림 방법을 사용할 수 있습니다.

---

1 □ 안에 알맞은 수를 써넣으세요.

(1)

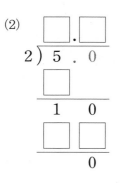

(2)

$$2)\overline{5.0}$$

---

2 어림을 이용하여 알맞은 위치에 소수점을 찍으세요.

(1)
$$24.8÷5$$
어림 25÷5 ➡ 약 5
몫 4□9□6

(2)
$$43.5÷3$$
어림 44÷3 ➡ 약 15
몫 1□4□5

(3)
$$16.08÷6$$
어림 16÷6 ➡ 약 3
몫 16.08÷6=2□6□8

1 몫이 1보다 큰 (소수)÷(자연수) (1)

▶ 나누어지는 수와 몫의 관계를 이용하여 계산할 수 있습니다.

$$522 \div 3 = 174$$
$$52.2 \div 3 = 17.4$$
$$5.22 \div 3 = 1.74$$

($\frac{1}{10}$배, $\frac{1}{100}$배 관계)

▶ 분수의 나눗셈을 이용하여 계산할 수 있습니다.

$$5.22 \div 3 = \frac{522}{100} \div 3 = \frac{522 \div 3}{100}$$
$$= \frac{174}{100} = 1.74$$

1

□ 안에 알맞은 수를 써넣으세요.

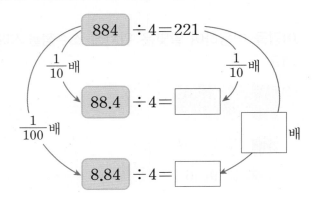

$$884 \div 4 = 221$$
$$88.4 \div 4 = \boxed{}$$
$$8.84 \div 4 = \boxed{}$$

($\frac{1}{10}$배, $\frac{1}{100}$배, □배 관계)

2

보기 와 같은 방법으로 계산하세요.

보기
$$22.72 \div 4 = \frac{2272}{100} \div 4 = \frac{2272 \div 4}{100} = \frac{568}{100} = 5.68$$

$13.65 \div 7$

3

자연수의 나눗셈을 이용하여 계산하려고 합니다. □ 안에 알맞은 수를 써넣으세요.

$$723 \div 3 = \boxed{}$$
$$72.3 \div 3 = \boxed{}$$
$$7.23 \div 3 = \boxed{}$$

4

관계있는 것끼리 이으세요.

$11.25 \div 5$	•	•	2.25
$12.33 \div 9$	•	•	1.74
$13.92 \div 8$	•	•	1.37

5 ➕ 10종 교과서

$6.82 \div 2$를 2가지 방법으로 계산하세요.

방법 1 자연수의 나눗셈을 이용하여 계산하기

방법 2 분수의 나눗셈으로 바꾸어 계산하기

6

수지가 말하고 있는 수를 3으로 나눈 몫을 구하세요.

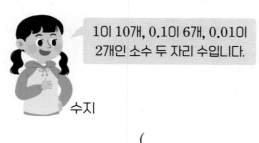

1이 107개, 0.1이 6개, 0.01이 2개인 소수 두 자리 수입니다.

수지

(   )

7

나눗셈의 몫이 더 큰 것에 ◯표 하세요.

$46.14 \div 6$ $52.22 \div 7$

(   )   (   )

8

두 나눗셈의 몫의 차를 구하세요.

$6.33 \div 3$ $11.2 \div 8$

(   )

9 ➕ 10종 교과서

$465 \div 5 = 93$임을 이용하여 ☐ 안에 알맞은 수를 구하세요.

$$\boxed{} \div 5 = 9.3$$

(   )

10 ➕ 10종 교과서

영주는 리본 339 cm를 똑같이 3도막으로 나누었습니다. 민호도 리본 3.39 m를 똑같이 3도막으로 나눌 때 민호가 나눈 리본 한 도막은 몇 m인지 구하세요.

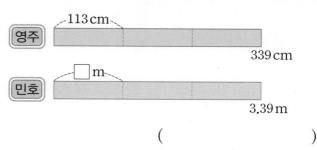

(   )

11

☐ 안에 알맞은 수를 써넣고, 그 이유를 쓰세요.

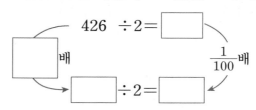

$$426 \div 2 = \boxed{}$$

$\boxed{}$ 배

$\frac{1}{100}$ 배

$$\boxed{} \div 2 = \boxed{}$$

이유

12

한 변의 길이가 3 m인 정사각형 모양의 벽을 칠하는 데 페인트 24.3 L를 모두 사용했습니다. 1 m²의 벽을 칠하는 데 사용한 페인트는 몇 L인지 구하세요.

(   )

2 몫이 1보다 큰 (소수)÷(자연수) (2)

▶ 자연수의 나눗셈과 같이 계산한 다음, 몫의 소수점은 나누어지는 수의 소수점 위치에 맞춰 찍습니다.

1
계산을 하세요.

(1)
$4\,)\overline{5.4\,8}$

(2)
$6\,)\overline{7\,7.8\,2}$

2
7.35÷5의 몫에 ○표 하세요.

1.47 ( )

14.7 ( )

3
소수를 자연수로 나눈 몫을 빈칸에 써넣으세요.

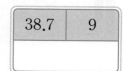

4
빈칸에 알맞은 수를 써넣으세요.

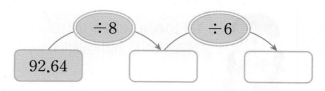

5
소수 첫째 자리 숫자가 8인 수를 4로 나눈 몫을 구하세요.

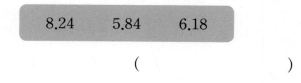

( )

6
사각형 안에 있는 수를 삼각형 안에 있는 수로 나눈 몫을 구하세요.

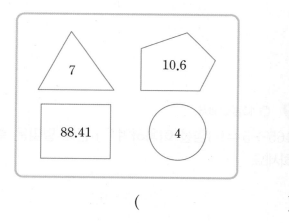

( )

7

나눗셈의 몫이 다른 하나를 찾아 기호를 쓰세요.

> ㉠ $47.67 \div 7$
> ㉡ $55.62 \div 9$
> ㉢ $27.24 \div 4$

( )

8

모래 $72.92\,kg$을 자루 4개에 똑같이 나누어 담아 모래 주머니를 만들려고 합니다. 자루 한 개에 담을 수 있는 모래는 몇 kg인지 구하세요.

( )

9 ✚ 10종 교과서

계산에서 잘못된 부분을 찾아 바르게 계산하고, 잘못된 이유를 쓰세요.

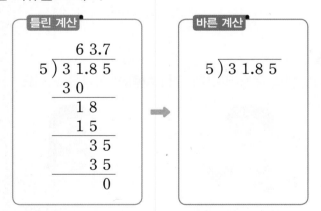

이유

_____

10

■에 알맞은 수를 구하세요.

> $8 \times ■ = 29.36$

( )

11 ✚ 10종 교과서

둘레가 $36.4\,m$인 마름모가 있습니다. 이 마름모의 한 변의 길이는 몇 m인지 구하세요.

( )

12

감자밭에 8일 동안 준 물의 양은 $50.32\,L$이고, 상추밭에 6일 동안 준 물의 양은 $31.38\,L$입니다. 하루 동안 밭에 주는 물의 양이 각각 같을 때 표를 완성하고, 하루 동안 어느 밭에 물을 더 많이 주는지 구하세요.

	하루 동안 주는 물의 양(L)
감자밭	
상추밭	

( )

13

어떤 수를 7로 나누어야 할 것을 잘못하여 곱했더니 68.11이 되었습니다. 바르게 계산한 몫을 구하세요.

( )

3 몫이 1보다 작은 (소수)÷(자연수)

▶ 나누어지는 수가 나누는 수보다 작으면 몫이 1보다 작습니다.

$$2.45 \div 5 = \frac{245}{100} \div 5$$

$$= \frac{245 \div 5}{100}$$

$$= \frac{49}{100} = 0.49$$

```
      0 . 4 9
  5 ) 2 . 4 5
      2 0
        4 5
        4 5
           0
```

2에는 5가 들어갈 수 없으므로 몫의 일의 자리에 0을 써요.

1

자연수의 나눗셈을 이용하여 □ 안에 알맞은 수를 써넣으세요.

$$219 \div 3 = 73 \implies 2.19 \div 3 = \boxed{}$$

2

계산을 하세요.

(1)
```
  5 ) 0.9 5
```

(2)
```
  7 ) 4.4 8
```

3

빈칸에 알맞은 수를 써넣으세요.

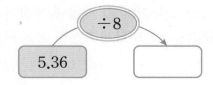

4

6.75÷9의 계산에서 잘못된 곳을 찾아 바르게 계산하세요.

틀린 계산

$$6.75 \div 9 = \frac{675}{10} \div 9 = \frac{675 \div 9}{10} = \frac{75}{10} = 7.5$$

바른 계산

5

나눗셈의 몫이 1보다 작은 것은 어느 것일까요?

( )

① 3.72÷4   ② 4.78÷2   ③ 5.65÷5
④ 7.92÷6   ⑤ 9.36÷8

6

나눗셈의 몫을 바르게 구한 사람의 이름을 쓰세요.

강우

수민

1.76÷2=0.83   6.23÷7=0.89

( )

7 10종 교과서

나눗셈의 몫의 크기를 비교하여 ○ 안에 >, =, <를 알맞게 써넣으세요.

$$7.28 \div 8 \quad \bigcirc \quad 5.34 \div 6$$

8

가장 작은 수를 가장 큰 수로 나눈 몫을 구하세요.

| 5 | 4.16 | 8 | 6.32 |

( )

9

나눗셈을 하고, 나눗셈의 몫이 큰 것부터 차례로 ○ 안에 1, 2, 3을 써넣으세요.

2) 1.4 6   3) 2.1 3   5) 3.8 5

○ ○ ○

10

□ 안에 알맞은 수를 써넣으세요.

$$\boxed{} \times 9 = 8.55$$

11

넓이가 $5.52\,\text{m}^2$인 육각형을 똑같이 6칸으로 나누었습니다. 색칠한 부분의 넓이는 몇 m^2인지 구하세요.

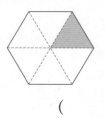

( )

12 10종 교과서

무게가 같은 책 5권을 담은 상자의 무게가 $4.25\,\text{kg}$입니다. 빈 상자의 무게가 $0.3\,\text{kg}$이라면 책 한 권의 무게는 몇 kg인지 구하세요.

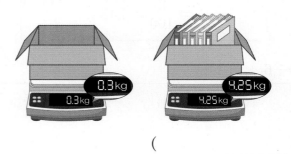

( )

13

수 카드 4장 중 3장을 골라 가장 작은 소수 두 자리 수를 만들고, 남은 수 카드의 수로 나누었을 때의 몫을 구하세요.

| 2 | 3 | 4 | 6 |

( )

4 소수점 아래 0을 내려 계산해야 하는 (소수)÷(자연수)

▶ 소수점 오른쪽 끝자리에 0을 붙여도 소수의 크기는 달라지지 않으므로 0을 내려 계산합니다.

$$7.5 \div 2 = \boxed{\frac{75}{10} \div 2}$$

자연수로 나누어 떨어지지 않아요.

$$= \frac{750}{100} \div 2$$

$$= \frac{750 \div 2}{100}$$

$$= \frac{375}{100} = 3.75$$

$$\begin{array}{r} 3.75 \\ 2\overline{\smash{)}7.50} \\ \underline{6} \\ 1\,5 \\ \underline{1\,4} \\ 1\,0 \\ \underline{1\,0} \\ 0 \end{array}$$

1

보기 와 같은 방법으로 계산하세요.

> **보기**
>
> $$1.8 \div 4 = \frac{180}{100} \div 4 = \frac{180 \div 4}{100}$$
> $$= \frac{45}{100} = 0.45$$

$3.9 \div 6$

2

계산을 하세요.

(1) $2\overline{\smash{)}2.3}$

(2) $8\overline{\smash{)}5.2}$

3

빈칸에 알맞은 수를 써넣으세요.

$$\xrightarrow{\div}$$

3.4	4	
3.4	5	

4

자연수의 나눗셈을 이용하여 계산한 것입니다. 몫의 소수점을 잘못 찍은 것을 찾아 기호를 쓰세요.

> ㉠ $70 \div 2 = 35$ ➡ $0.7 \div 2 = 3.5$
>
> ㉡ $510 \div 6 = 85$ ➡ $5.1 \div 6 = 0.85$
>
> ㉢ $760 \div 8 = 95$ ➡ $7.6 \div 8 = 0.95$

( )

5

남은 수가 없도록 계산할 때 소수점 아래 0을 내려 계산해야 하는 것에 ○표 하세요.

$0.6 \div 4$		$4.2 \div 3$

( ) ( )

6

나눗셈의 몫이 같은 것끼리 이으세요.

$2.7 \div 2$	•	•	$5.4 \div 4$
$4.5 \div 6$	•	•	$4.4 \div 8$
$2.2 \div 4$	•	•	$1.5 \div 2$

7

나눗셈의 몫이 가장 작은 것을 찾아 기호를 쓰세요.

㉠ $1.3 \div 2$	㉡ $5.8 \div 4$
㉢ $10.8 \div 8$	㉣ $3.7 \div 5$

( )

8

선우가 가지고 있는 철사의 길이는 민정이가 가지고 있는 철사의 길이의 6배입니다. 선우가 가지고 있는 철사가 5.7 m라면 민정이가 가지고 있는 철사는 몇 m인지 구하세요.

( )

9

□ 안에 알맞은 수를 써넣으세요.

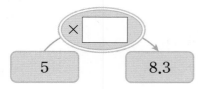

10 ✚ 10종 교과서

직사각형의 넓이가 7.9 cm²일 때 가로는 몇 cm인지 구하세요.

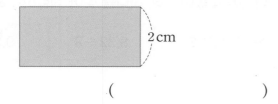

( )

11

흰쌀 3.2 kg과 보리쌀 2.6 kg을 섞은 후 봉지 5개에 똑같이 나누어 담았습니다. 봉지 한 개에 몇 kg씩 담았는지 구하세요.

( )

12 ✚ 10종 교과서

□ 안에 들어갈 수 있는 자연수를 모두 구하세요.

$$6.7 \div 2 > □$$

( )

13 ✚ 10종 교과서

가로가 7.5 m인 텃밭에 고추 모종 7개를 같은 간격으로 그림과 같이 심으려고 합니다. 모종 사이의 간격을 몇 m로 해야 하는지 구하세요. (단, 모종의 두께는 생각하지 않습니다.)

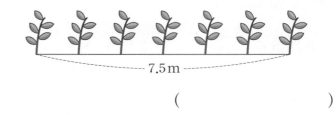

7.5 m

( )

> 나누어야 할 수가 나누는 수보다 작은 경우에는 몫에
> 0을 쓰고 수를 하나 내려 계산합니다.

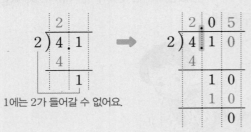

1에는 2가 들어갈 수 없어요.

1

324÷3＝108입니다. 3.24÷3의 몫을 찾아 ○표 하세요.

10.8	1.8	1.08

(   )   (   )   (   )

2

소수의 나눗셈을 분수의 나눗셈으로 바꾸어 계산하세요.

9.18÷9

3

계산을 하세요.

(1)

$8 \overline{)8.56}$

(2)

$2 \overline{)6.1}$

4

□ 안에 알맞은 수를 써넣으세요.

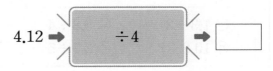

4.12 ➡ ÷4 ➡ ☐

5

6.24÷6의 계산을 바르게 한 사람의 이름을 쓰세요.

지혜   태우

지혜:
$$6.24 \div 6$$
$$= \frac{624}{10} \div 6$$
$$= \frac{624 \div 6}{10}$$
$$= \frac{104}{10}$$
$$= 10.4$$

태우:
$$6 \overline{)6.24} \quad 1.04$$

(   )

6

나눗셈의 몫이 다른 하나를 찾아 색칠하세요.

7.28÷7	8.32÷8	9.27÷9

7

나눗셈의 몫이 더 작은 것의 기호를 쓰세요.

> ㉠ 2.16 ÷ 2
> ㉡ 3.15 ÷ 3

(   )

8 ➕ 10종 교과서

나눗셈의 몫의 소수 첫째 자리 숫자가 나머지와 다른 하나를 찾아 기호를 쓰세요.

> ㉠ 4.2 ÷ 4   ㉡ 5.15 ÷ 5
> ㉢ 6.9 ÷ 6   ㉣ 9.54 ÷ 9

(   )

9

물 14.49 L를 병 7개에 남김없이 똑같이 나누어 담으려고 합니다. 한 병에 담을 수 있는 물은 몇 L인지 구하세요.

(   )

10

나눗셈의 몫에 알맞은 글자를 아래 표에서 찾아 번호 순서대로 쓰세요.

> ① 10.2 ÷ 5   ② 8.2 ÷ 4   ③ 8.48 ÷ 8

3.02	1.06	1.08	2.04	4.09	2.05
리	쥐	호	다	미	람

(   )

11

㉠은 ㉡의 몇 배인지 구하세요.

> ㉠ 654 ÷ 6   ㉡ 6.54 ÷ 6

(   )

12

수현이네 모둠의 50 m 달리기 기록을 조사하여 나타낸 표입니다. 수현이네 모둠의 50 m 달리기 기록의 평균은 몇 초인지 구하세요.

수현이네 모둠의 50 m 달리기 기록

이름	수현	진호	영미	도진
기록(초)	9.2	8.9	8.7	9.4

(   )

13 ➕ 10종 교과서

모든 모서리의 길이가 같은 사각뿔이 있습니다. 이 사각뿔의 모든 모서리의 길이의 합이 8.4 cm일 때, 한 모서리의 길이는 몇 cm인지 구하세요.

(   )

6 (자연수)÷(자연수), 몫의 소수점 위치 확인하기

> ▶ 몫의 소수점은 자연수 바로 뒤에서 올려서 찍습니다.

$$4 \div 5 = \frac{4}{5} = \frac{8}{10} = 0.8$$

$$
\begin{array}{r}
0.8 \\
5\,\overline{)4.0} \\
\underline{4\ 0} \\
0
\end{array}
$$

> ▶ 어림을 이용하여 몫의 소수점 위치를 확인할 수 있습니다.

$$14.6 \div 4 \begin{cases} \text{어림} \quad 15 \div 4 \Rightarrow \text{약 } 4 \\ \text{몫} \quad 3\square6\square5 \end{cases}$$

1

보기 와 같은 방법으로 몫을 구하세요.

보기
$$9 \div 2 = \frac{9}{2} = \frac{45}{10} = 4.5$$

$7 \div 5$

2

□ 안에 알맞은 수를 써넣으세요.

(1) $120 \div 8 = \boxed{}$ ➡ $12 \div 8 = \boxed{}$

(2) $300 \div 4 = \boxed{}$ ➡ $3 \div 4 = \boxed{}$

3 ✚ 10종 교과서

어림을 이용하여 알맞은 위치에 소수점을 찍으세요.

$$34.85 \div 5$$

어림 $\boxed{} \div \boxed{}$ ➡ 약 $\boxed{}$

몫 $6\square9\square7$

4

계산을 하세요.

(1) $5\,\overline{)9}$

(2) $25\,\overline{)4}$

5

어림을 이용하여 몫의 소수점의 위치가 올바른 식을 찾아 ○표 하세요.

$$61.5 \div 3 = 205$$
$$61.5 \div 3 = 20.5$$
$$61.5 \div 3 = 2.05$$
$$61.5 \div 3 = 0.205$$

6

빈칸에 알맞은 소수를 써넣으세요.

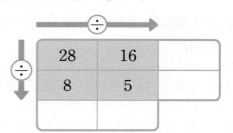

	÷	
28	16	
8	5	

3 단원

7

몫이 1.5인 사람의 이름을 쓰세요.

24÷15 (수지)　　　27÷18 (준서)

(　　　　　　　　　)

8

나눗셈의 몫이 가장 작은 것을 찾아 ○표 하세요.

| $14 \div 7$ | $1.4 \div 7$ | $0.14 \div 7$ |

9

나눗셈의 몫의 크기를 비교하여 ○ 안에 >, =, <를 알맞게 써넣으세요.

$7 \div 2$ $21 \div 6$

10　➕ 10종 교과서

몫을 어림하여 몫이 1보다 작은 나눗셈을 모두 찾아 색칠하세요.

$4.56 \div 3$	$3.9 \div 5$	$6.09 \div 7$
$3.12 \div 3$	$4.65 \div 5$	$8.26 \div 7$
$2.82 \div 3$	$5.35 \div 5$	$7.42 \div 7$

11

$65.2 \div 8$의 몫을 어림한 것입니다. 잘못 말한 사람의 이름을 쓰세요.

> 세은: 몫은 약 80이라고 어림할 수 있어.
> 상우: 몫을 $65 \div 8$로 어림할 수 있어.

(　　　　　　　　　)

12　➕ 10종 교과서

어느 자동차가 일정한 빠르기로 18 km를 달리는 데 15분이 걸렸습니다. 이 자동차가 같은 빠르기로 1분 동안 달린 거리는 몇 km인지 소수로 나타내세요.

(　　　　　　　　　)

13

무게가 같은 사과가 한 봉지에 8개씩 들어 있습니다. 5봉지의 무게가 13 kg일 때 사과 한 개의 무게는 몇 kg인지 소수로 나타내세요. (단, 봉지의 무게는 생각하지 않습니다.)

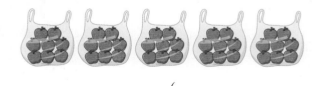

(　　　　　　　　　)

응용 학습

1 몫이 가장 큰(작은) 나눗셈식 만들기

● 정답 24쪽

수 카드 3장을 □ 안에 한 번씩만 써넣어 몫이 가장 큰 나눗셈식을 만들고, 몫을 구하세요.

1단계 몫이 가장 큰 나눗셈식 만들기

□.□ ÷ □

2단계 만든 나눗셈식의 몫 구하기

(   )

문제해결 tip ● 몫이 가장 큰 나눗셈식은 나누어지는 수는 가장 크게, 나누는 수는 가장 작게 하여 만들고,
몫이 가장 작은 나눗셈식은 나누어지는 수는 가장 작게, 나누는 수는 가장 크게 하여 만듭니다.

1·1 수 카드 4장 중 2장을 골라 □ 안에 한 번씩만 써넣어 몫이 가장 작은 나눗셈식을 만들고, 몫을 소수로 나타내세요.

3   6   9   12 → □ ÷ □

(   )

1·2 지혜와 강우는 각각 가지고 있는 수 카드 3장을 한 번씩만 사용하여 몫이 가장 큰 (소수 한 자리 수) ÷ (한 자리 수)의 나눗셈식을 만들었습니다. 지혜와 강우 중 만든 나눗셈식의 몫이 더 큰 사람은 누구인지 이름을 쓰세요.

지혜   3   5   7   강우   2   5   9

(   )

2 □ 안에 들어갈 수 있는 소수 구하기

□ 안에 들어갈 수 있는 소수 두 자리 수를 모두 구하세요.

$$14.42 \div 2 < \square < 43.44 \div 6$$

1단계 14.42÷2와 43.44÷6의 몫 구하기

$$14.42 \div 2 = \boxed{}, \quad 43.44 \div 6 = \boxed{}$$

2단계 □ 안에 들어갈 수 있는 소수 두 자리 수 모두 구하기

( )

문제해결 tip 나눗셈을 먼저 계산한 후 수의 크기를 비교하여 □ 안에 들어갈 수 있는 수를 구합니다.

2·1 □ 안에 들어갈 수 있는 소수 두 자리 수를 모두 구하세요.

$$3.15 \div 7 < \square < 1.47 \div 3$$

( )

2·2 □ 안에 공통으로 들어갈 수 있는 소수 한 자리 수를 모두 구하세요.

$$33.3 \div 6 > \square$$
$$41.12 \div 8 < \square$$

( )

3 나눗셈식 완성하기

● 정답 24쪽

오른쪽 소수의 나눗셈식에서 ■에 알맞은 수를 구하세요

1단계 □ 안에 알맞은 수 써넣기

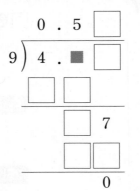

2단계 ■에 알맞은 수 구하기

(   )

문제해결 tip　내림에 주의하여 알 수 있는 □ 안의 수를 먼저 구합니다.

3·1 오른쪽 소수의 나눗셈식에서 □ 안에 알맞은 수를 써넣으세요.

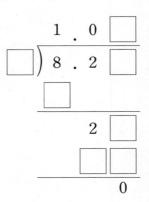

3·2 오른쪽 소수의 나눗셈식에서 □ 안에 알맞은 수를 써넣으세요.

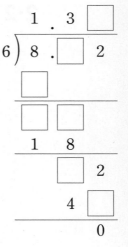

4 넓이가 같은 도형에서 한 변의 길이 구하기

주어진 정사각형과 직사각형의 넓이는 같습니다. 오른쪽 직사각형의 가로가 7 cm일 때, 세로는 몇 cm인지 구하세요.

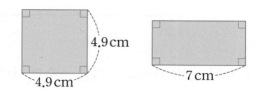

1단계 왼쪽 정사각형의 넓이 구하기

(   )

2단계 오른쪽 직사각형의 세로 구하기

(   )

문제해결 tip 넓이를 구할 수 있는 도형의 넓이를 먼저 구합니다.

4·1 주어진 삼각형과 평행사변형의 넓이는 같습니다. 평행사변형의 높이가 5 cm일 때, 밑변의 길이는 몇 cm인지 소수로 나타내세요.

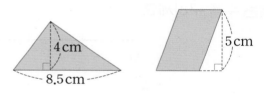

(   )

4·2 주어진 직사각형의 가로를 1 cm 줄이고 세로를 늘여서 처음 직사각형과 넓이가 같은 직사각형을 만들려고 합니다. 세로는 몇 cm 늘여야 하는지 구하세요.

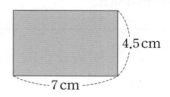

(   )

5 수직선에 나타낸 수 구하기

두 소수 사이를 똑같이 나누어 작은 눈금을 표시한 수직선입니다. 수직선에서 ㉠
이 나타내는 수를 구하세요.

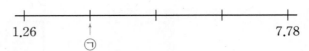

1단계 1.26과 7.78 사이의 거리를 소수로 나타내기

(   )

2단계 수직선의 작은 눈금 한 칸 사이의 거리를 구하기

(   )

3단계 ㉠이 나타내는 수 구하기

(   )

문제해결 tip 두 소수 사이의 거리를 몇 등분 했는지 확인하여 나눗셈식을 만듭니다.

5·1 두 소수 사이를 똑같이 나누어 작은 눈금을 표시한 수직선입니다. 수직선에서 ㉠이 나
타내는 수를 구하세요.

(   )

5·2 두 소수 사이를 똑같이 나누어 작은 눈금을 표시한 수직선입니다. 수직선에서 ㉠이 나
타내는 수를 구하세요.

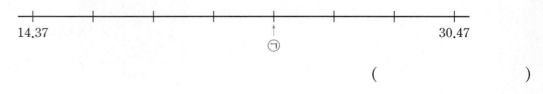

(   )

6 빨라지는(늦어지는) 시간 구하기

● 정답 25쪽

일정한 빠르기로 일주일에 15.96분씩 빨라지는 시계가 있습니다. 이 시계는 50일 동안 몇 시간 몇 분이 빨라지는지 구하세요.

1단계 이 시계가 하루에 빨라지는 시간은 몇 분인지 구하기

( )

2단계 이 시계가 50일 동안 빨라지는 시간은 몇 시간 몇 분인지 구하기

( )

문제해결 tip 먼저 하루에 빨라지는 시간을 구한 후 1시간=60분임을 이용하여 빨라지는 시간은 몇 시간 몇 분인지 구합니다.

6·1 일정한 빠르기로 4일에 3.84분씩 늦어지는 시계가 있습니다. 이 시계는 75일 동안 몇 시간 몇 분이 늦어지는지 구하세요.

( )

6·2 일정한 빠르기로 6일 동안 12.3분씩 빨라지는 시계가 있습니다. 이 시계를 오늘 오후 1시에 정확하게 맞추어 놓았다면 20일 후 오후 1시에 이 시계가 가리키는 시각은 오후 몇 시 몇 분인지 구하세요.

( )

3 소수의 나눗셈
● 정답 25쪽

● 정답 25쪽

• 나누는 수가 같을 때, 나누어지는 수가 ▲배가 되면 몫도 ▲배가 됩니다.

• (소수)÷(자연수)의 세로셈 계산에서 몫의 소수점은 나누어지는 수의 소수점 위치에 맞춰 찍습니다.

1 (소수)÷(자연수)

방법 1 자연수의 나눗셈을 이용하여 계산하기

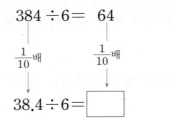

$$384 \div 6 = 64 \qquad 510 \div 5 = 102$$

$\frac{1}{10}$배 $\frac{1}{10}$배 $\frac{1}{100}$배   □배

$$38.4 \div 6 = \boxed{} \qquad 5.1 \div 5 = \boxed{}$$

방법 2 분수의 나눗셈으로 바꾸어 계산하기

$$38.4 \div 6 = \frac{384}{10} \div 6 = \frac{\boxed{} \div 6}{10} = \frac{\boxed{}}{10} = \boxed{}$$

$$5.1 \div 5 = \frac{510}{100} \div 5 = \frac{\boxed{} \div 5}{100} = \frac{\boxed{}}{100} = \boxed{}$$

방법 3 세로로 계산하기

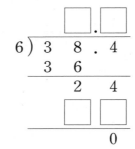

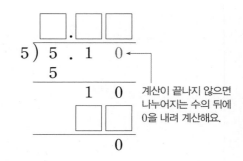

계산이 끝나지 않으면 나누어지는 수의 뒤에 0을 내려 계산해요.

몫을 분수로 나타내면 ●÷■=●/■ 이고, 분모를 10, 100, 1000, ...으로 바꾸어 소수로 나타냅니다.

2 (자연수)÷(자연수)의 몫을 소수로 나타내기

$$1 \div 4 = \frac{1}{4} = \frac{1 \times 25}{4 \times 25} = \frac{\boxed{}}{100} = \boxed{}$$

나누어지는 수를 자연수로 어림하여 계산한 다음, 몫의 소수점 위치가 맞는지 확인합니다.

3 몫의 소수점 위치 확인하기

$$25.2 \div 8$$

어림 25÷8 ➡ 약 3   몫 3□1□5

1

자연수의 나눗셈을 이용하여 □ 안에 알맞은 수를 써넣으세요.

$693 \div 3 = 231$ ➡ $6.93 \div 3 =$ □

2

□ 안에 알맞은 수를 써넣으세요.

$$15.85 \div 5 = \frac{\boxed{}}{100} \div 5 = \frac{\boxed{} \div 5}{100}$$

$$= \frac{\boxed{}}{100} = \boxed{}$$

3

계산을 하세요.

$$7\,)\overline{2.4\,5}$$

4

빈칸에 알맞은 소수를 써넣으세요.

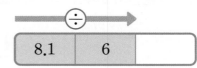

| 8.1 | 6 | |

5

나눗셈의 몫을 소수로 나타내세요.

$$8 \div 25$$

( )

6

어림을 이용하여 알맞은 위치에 소수점을 찍으세요.

$$23.94 \div 7$$

어림 □ ÷ □ ➡ 약 □

몫 3□4□2

7

계산에서 잘못된 부분을 찾아 바르게 계산하세요.

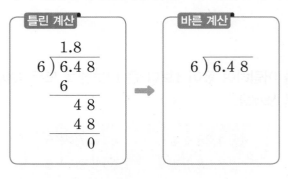

틀린 계산
$$\begin{array}{r} 1.8 \\ 6\,)\overline{6.4\,8} \\ \underline{6} \\ 4\,8 \\ \underline{4\,8} \\ 0 \end{array}$$

바른 계산
$$6\,)\overline{6.4\,8}$$

8

나눗셈의 몫의 크기를 비교하여 ◯ 안에 >, =, <를 알맞게 써넣으세요.

$$10.85 \div 5 \quad ◯ \quad 9.8 \div 4$$

9

빈칸에 알맞은 소수를 써넣으세요.

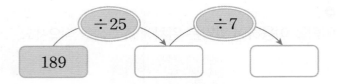

10

음료수 4.32 L를 컵 9개에 똑같이 나누어 담으려고 합니다. 컵 한 개에 담을 수 있는 음료수는 몇 L인지 구하세요.

(   )

11

몫을 어림하여 몫이 1보다 큰 나눗셈을 모두 찾아 기호를 쓰세요.

㉠ $4.28 \div 4$	㉡ $3.75 \div 5$
㉢ $2.08 \div 4$	㉣ $6.96 \div 6$

(   )

12

정육각형의 둘레가 12.48 cm일 때, ☐ 안에 알맞은 수를 구하세요.

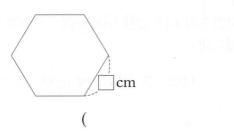

(   )

13 서술형

$1704 \div 4 = 426$임을 이용하여 ☐ 안에 알맞은 수를 구하려고 합니다. 해결 과정을 쓰고, 답을 구하세요.

$$☐ \div 4 = 42.6$$

_____

_____

_____

(   )

14

민정이가 일정한 빠르기로 공원을 5바퀴 도는 데 1시간 13분이 걸렸습니다. 민정이가 공원을 한 바퀴 도는 데 걸린 시간은 몇 분인지 소수로 나타내세요.

(   )

15

길이가 11.6 m인 산책로의 한쪽에 처음부터 끝까지 같은 간격으로 나무 9그루를 심으려고 합니다. 나무 사이의 간격을 몇 m로 해야 하는지 구하세요. (단, 나무의 두께는 생각하지 않습니다.)

(   )

16

같은 모양은 같은 수를 나타냅니다. ◆에 알맞은 수를 구하세요.

$$1.53 \times 4 = ●$$
$$● \div 9 = ◆$$

(   )

17 서술형

수 카드 중 3장을 골라 가장 작은 소수 두 자리 수를 만들고, 남은 수 카드의 수로 나누었을 때의 몫은 얼마인지 해결 과정을 쓰고, 답을 구하세요.

| 1 | 3 | 6 | 8 |

_____

_____

(   )

18

1부터 9까지의 자연수 중에서 □ 안에 들어갈 수 있는 수를 모두 구하세요.

$$74.25 \div 9 < 8.2□ < 41.4 \div 5$$

(   )

19 서술형

어떤 수를 5로 나누어야 할 것을 잘못하여 곱했더니 26.5가 되었습니다. 바르게 계산한 몫은 얼마인지 해결 과정을 쓰고, 답을 구하세요.

_____

_____

_____

(   )

20

그림을 보고 사과 한 개와 참외 한 개 중 어느 것이 몇 kg 더 무거운지 구하세요. (단, 사과들의 무게는 모두 같고, 참외들의 무게도 모두 같습니다.)

(   ), (   )

숨은 그림을 찾아보세요.

● 정답 45쪽

행운의 숫자를 찾아 줘.
41 55 83
129 139 181

4

비와 비율

▶ 학습을 완료하면 ∨표를 하면서 학습 진도를 체크해요.

	개념학습				문제학습		
백점 쪽수	96	97	98	99	100	101	102
확인							

	문제학습					응용학습	
백점 쪽수	103	104	105	106	107	108	109
확인							

	응용학습		단원평가			
백점 쪽수	110	111	112	113	114	115
확인						

두 수 비교하기

● 정답 27쪽

○ 감과 사과의 수 비교하기 — 뺄셈이나 나눗셈으로 비교할 수 있어요.

방법 1 뺄셈으로 비교하기

$$4-2=2$$

➡ 감은 사과보다 2개 더 많습니다.

방법 2 나눗셈으로 비교하기

$$4÷2=2$$

➡ 감 수는 사과 수의 2배입니다.

○ 봉지 수에 따른 사탕과 젤리의 수 비교하기

봉지 수(개)	1	2	3	4
사탕 수(개)	3	6	9	12
젤리 수(개)	1	2	3	4

방법 1 뺄셈으로 비교하기

$3-1=2$, $6-2=4$, $9-3=6$, $12-4=8$

➡ 봉지 수에 따라 사탕은 젤리보다 각각
2개, 4개, 6개, 8개 더 많습니다.

방법 2 나눗셈으로 비교하기

$3÷1=3$, $6÷2=3$, $9÷3=3$, $12÷4=3$

➡ 사탕 수는 항상 젤리 수의 3배입니다.

개념 강의

• 사탕과 젤리의 수 비교에서 뺄셈으로 비교하면 봉지 수에 따라 두 수의 관계가 변하지만
나눗셈으로 비교하면 봉지 수가 변해도 두 수의 관계가 변하지 않습니다.

---

1 검은색 바둑돌 12개와 흰색 바둑돌 4개가 있습니다. 물음에 답하세요.

●●●●●●○○
●●●●●●○○

(1) 검은색 바둑돌 수와 흰색 바둑돌 수를 뺄셈으로 비교하세요.

$$12-4=\boxed{}$$

➡ 검은색 바둑돌은 흰색 바둑돌보다
$\boxed{}$개 더 많습니다.

(2) 검은색 바둑돌 수와 흰색 바둑돌 수를 나눗셈으로 비교하세요.

$$12÷4=\boxed{}$$

➡ 검은색 바둑돌 수는 흰색 바둑돌 수의
$\boxed{}$배입니다.

2 미술 시간에 한 모둠에 가위는 4개, 풀은 2개씩 나누어 주었습니다. 물음에 답하세요.

모둠 수	1	2	3	4
가위 수(개)	4	8	12	16
풀 수(개)	2	4	6	8

(1) 모둠 수에 따른 가위 수와 풀 수를 뺄셈으로 비교하세요.

모둠 수에 따라 가위는 풀보다 각각
$\boxed{}$개, $\boxed{}$개, $\boxed{}$개, $\boxed{}$개 더 많습니다.

(2) 모둠 수에 따른 가위 수와 풀 수를 나눗셈으로 비교하세요.

가위 수는 항상 풀 수의 $\boxed{}$배입니다.

2 비

두 수를 나눗셈으로 비교하기 위해 기호 : 을 사용하여 나타낸 것을 비라고 합니다.

초록색 구슬 수와 파란색 구슬 수의 비

쓰기 3 : 5   **읽기** 3 대 5 ——— 3은 '삼', 5는 '오'로 나타낼 수 있어요.

기호 : 의 오른쪽에 있는 수가 기준이에요.

3과 5의 비

3의 5에 대한 비

5에 대한 3의 비

● 비를 나타내는 순서에 따라 기준이 되는 수가 달라지므로 비를 나타낼 때는 순서가 중요합니다.
➡ 4 : 5와 5 : 4는 다른 비입니다.

1 그림을 보고 □ 안에 알맞은 수를 써넣으세요.

(1)

도토리 수와 다람쥐 수의 비 ➡ □ : □

다람쥐 수와 도토리 수의 비 ➡ □ : □

(2)

탁구공 수와 야구공 수의 비 ➡ □ : □

야구공 수와 탁구공 수의 비 ➡ □ : □

(3)

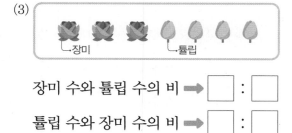

장미 수와 튤립 수의 비 ➡ □ : □

튤립 수와 장미 수의 비 ➡ □ : □

2 □ 안에 알맞은 수를 써넣어 비를 여러 가지 방법으로 읽어 보세요.

(1)

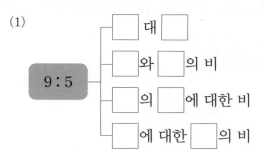

9 : 5

□ 대 □

□ 와 □ 의 비

□ 의 □ 에 대한 비

□ 에 대한 □ 의 비

(2)

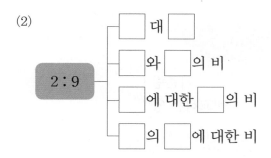

2 : 9

□ 대 □

□ 와 □ 의 비

□ 에 대한 □ 의 비

□ 의 □ 에 대한 비

(3)

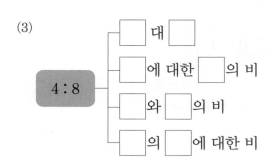

4 : 8

□ 대 □

□ 에 대한 □ 의 비

□ 와 □ 의 비

□ 의 □ 에 대한 비

3 비율

● 정답 27쪽

◎ 비율 알아보기

- 비에서 기호 : 의 오른쪽에 있는 수를 기준량이라고 하고,
  왼쪽에 있는 수를 비교하는 양이라고 합니다.

- 기준량에 대한 비교하는 양의 크기를 비율이라고 합니다.

$$(비율) = (비교하는 양) \div (기준량) = \frac{(비교하는 양)}{(기준량)}$$

◎ 비율이 사용되는 경우 ─ 기준량과 비교하는 양이 다른 두 자료를 비교할 수 있어요.

걸린 시간에 대한 간 거리의 비율, 지역의 넓이에 대한 인구의 비율, 소금물 양에 대한 소금 양의 비율 등에서 비율이 사용됩니다.

- (비교하는 양)＞(기준량)이면 비율은 1보다 높고, (비교하는 양)＜(기준량)이면 비율은 1보다 낮습니다.
- 비교하는 양과 기준량이 달라도 비율은 같을 수 있습니다. ➡ (2 : 4의 비율)＝(1 : 2의 비율)

---

1 비를 보고 기준량과 비교하는 양을 찾아 쓰세요.

(1) 2 : 6

기준량 (   )
비교하는 양 (   )

(2) 10 : 7

기준량 (   )
비교하는 양 (   )

(3) 8 : 11

기준량 (   )
비교하는 양 (   )

2 비를 보고 비율을 분수와 소수로 나타내세요.

(1) 9 : 10

분수 (   )
소수 (   )

(2) 9 : 4

분수 (   )
소수 (   )

(3) 6 : 12

분수 (   )
소수 (   )

4 백분율

◎ 백분율 알아보기

기준량을 100으로 할 때의 비율을 백분율이라고 합니다.

백분율은 기호 %를 사용하여 나타내고, %는 퍼센트라고 읽습니다.

비 $3:4$　　비율 $\dfrac{3}{4}$　　백분율

$$\dfrac{3}{4}=\dfrac{75}{100} \Rightarrow 75\% \text{ 75 퍼센트}$$

$$\dfrac{3}{4}\times100=75 \Rightarrow 75\%$$

기준량이 100인 비율로 나타내거나,
비율에 100을 곱하여 백분율을 구할 수 있어요.

◎ 백분율이 사용되는 경우

물건의 할인율, 선거에서 득표율, 소금물의 진하기, 영화 예매율 등에서 백분율이 사용됩니다.

• 백분율을 분수나 소수로 나타낼 때에는 백분율에서 % 기호를 빼고 100으로 나누면 됩니다.

예 $25\% \Rightarrow 25\div100=\dfrac{25}{100}\left(=\dfrac{1}{4}=0.25\right)$

---

1 백분율을 읽거나 백분율로 나타내세요.

(1) 19% 　　　(　　　　　　)

(2) 113% 　　　(　　　　　　)

(3) 62% 　　　(　　　　　　)

(4) 46 퍼센트 　　　(　　　　　　)

(5) 78 퍼센트 　　　(　　　　　　)

(6) 240 퍼센트 　　　(　　　　　　)

2 비율을 백분율로 나타내려고 합니다. □ 안에 알맞은 수를 써넣으세요.

(1) $\dfrac{39}{50}$ 　 $\dfrac{39}{50}=\dfrac{\square}{100} \Rightarrow \square\%$

(2) 0.4 　 $0.4=\dfrac{4}{10}=\dfrac{\square}{100} \Rightarrow \square\%$

(3) $\dfrac{3}{25}$ 　 $\dfrac{3}{25}\times100=\square \Rightarrow \square\%$

(4) 0.72 　 $0.72\times100=\square \Rightarrow \square\%$

4. 비와 비율　99

1 두 수 비교하기

> 뺄셈이나 나눗셈으로 두 수를 비교할 수 있습니다.

모둠 수	1	2	3	4
남학생 수(명)	2	4	6	8
여학생 수(명)	1	2	3	4

뺄셈 모둠 수에 따라 남학생은 여학생보다 각각 1명, 2명, 3명, 4명 더 많습니다.

나눗셈 남학생 수는 항상 여학생 수의 2배입니다.

[1-3] 놀이 수업을 하기 위해 한 반에 선생님 2명, 학생 8명이 되도록 반을 만들었습니다. 물음에 답하세요.

1

한 반의 선생님 수와 학생 수를 뺄셈으로 비교하세요.

$$8 - \boxed{} = \boxed{}$$

➡ 선생님은 학생보다 $\boxed{}$명 더 적습니다.

2

한 반의 선생님 수와 학생 수를 나눗셈으로 비교하세요.

$$8 \div \boxed{} = \boxed{}$$

➡ 학생 수는 선생님 수의 $\boxed{}$배입니다.

3

놀이 수업을 하는 반이 세 반일 때 선생님과 학생은 각각 모두 몇 명인지 구하고, 두 수를 나눗셈으로 비교하세요.

선생님 수: $\boxed{}$명, 학생 수: $\boxed{}$명

➡ 학생 수는 선생님 수의 $\boxed{}$배입니다.

4 ➕ 10종 교과서

자두 수와 접시 수를 잘못 비교한 사람의 이름을 쓰세요.

민상: 뺄셈으로 비교하면 자두가 접시보다 3개 더 많습니다.

은경: 나눗셈으로 비교하면 접시 수는 자두 수의 2배입니다.

(   )

5

목장에 양이 25마리, 염소가 20마리 있습니다. 양 수와 염소 수를 비교한 방법과 식을 알맞게 이으세요.

뺄셈으로 비교하기	•	•	$25 \div 20 = 1.25$
나눗셈으로 비교하기	•	•	$25 - 20 = 5$

6 ➕ 10종 교과서

놀이터에 어른이 12명, 어린이가 36명 있습니다. 놀이터에 있는 어른 수와 어린이 수를 뺄셈과 나눗셈으로 각각 비교하세요.

뺄셈

나눗셈

[7-10] 지점토를 한 모둠에 10개씩 나누어 주었습니다. 한 모둠은 5명씩일 때, 물음에 답하세요.

7

표를 완성하세요.

모둠 수	1	2	3	4	5
모둠원 수(명)	5	10	15	20	25
지점토 수(개)	10	20			

8

모둠 수에 따른 모둠원 수와 지점토 수를 뺄셈으로 비교하세요.

뺄셈

9

모둠 수에 따른 모둠원 수와 지점토 수를 나눗셈으로 비교하세요.

나눗셈

10

알맞은 말에 ○표 하세요.

> 모둠 수가 바뀌어도 모둠원 수와 지점토 수의 관계가 변하지 않는 것은 (뺄셈 , 나눗셈)으로 비교한 경우입니다.

11

높이가 150 cm인 나무가 있습니다. 어느 시각 나무의 그림자 길이를 재어 보니 50 cm였습니다. 이 시각의 나무의 그림자 길이는 나무 높이의 몇 배인지 비교하세요.

(　　　　　　　　　)

12　✚ 10종 교과서

올해 지수는 13살, 지수 언니는 14살입니다. 표를 완성하여 두 사람의 나이를 비교하고, 비교한 방법을 설명하세요.

	올해	1년 후	2년 후	3년 후
지수 나이(살)	13	14	15	16
언니 나이(살)	14			

언니는 지수보다 항상 ☐ 살 많습니다.

설명

13

주머니 한 개에 초콜릿이 4개, 사탕이 12개씩 들어 있습니다. 주머니 수에 따라 표를 완성하고, 초콜릿이 56개 있을 때 사탕은 몇 개 있는지 구하세요.

주머니 수	1	2	3	4
초콜릿 수(개)	4	8	12	16
사탕 수(개)				

(　　　　　　　　　)

2 비

> 두 수를 나눗셈으로 비교하기 위해 기호 : 을 사용하여 나타낸 것을 비라고 합니다.

$$3 : \underset{\text{기준}}{4} \rightarrow$$
┌ 3 대 4
├ 3과 4의 비
├ 3의 4에 대한 비
└ 4에 대한 3의 비

[1-2] 그림을 보고 물음에 답하세요.

1
연필 수와 지우개 수의 비를 쓰세요.

( )

2
연필 수에 대한 지우개 수의 비를 쓰세요.

( )

3
관계있는 것끼리 이으세요.

| 5 : 11 | • | | • | 5에 대한 11의 비 |
| 11 : 5 | • | | • | 11에 대한 5의 비 |

4
비 12 : 6을 <u>잘못</u> 읽은 것은 어느 것일까요? ( )

① 12 대 6
② 12와 6의 비
③ 12에 대한 6의 비
④ 12의 6에 대한 비
⑤ 6에 대한 12의 비

5
직사각형에서 세로와 가로의 비를 쓰세요.

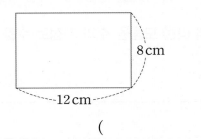

( )

6 ➕ 10종 교과서
전체에 대한 색칠한 부분의 비가 2 : 8이 되도록 색칠하세요.

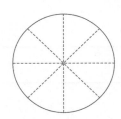

7
다음 비를 두 가지 방법으로 읽어 보세요.

4 : 15

( )

8

□ 안에 알맞은 비에 ○표 하세요.

> 알뜰 시장에서 판매 금액 1000원당 300원을 기부했습니다. 판매 금액에 대한 기부 금액의 비는 □입니다.

300 : 1000   1000 : 300

(   )   (   )

9

그림을 보고 ㉠에서 ㉡까지의 거리와 ㉡에서 ㉢까지의 거리의 비를 쓰세요.

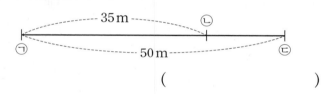

(   )

10 ➕ 10종 교과서

알맞은 말에 ○표 하고, 그 이유를 쓰세요.

> 10 : 5와 5 : 10은 (같습니다 , 다릅니다).

이유

_____

_____

[11-12] 학교 앞길을 청소하는 자원봉사자 30명 중 여자는 19명입니다. 물음에 답하세요.

11 ➕ 10종 교과서

전체 자원봉사자 수에 대한 남자 자원봉사자 수의 비를 쓰세요.

(   )

12

남자 자원봉사자 수에 대한 여자 자원봉사자 수의 비를 쓰세요.

(   )

13

처음 리본의 길이와 사용하고 남은 리본의 길이를 보고, 사용한 리본의 길이의 처음 리본의 길이에 대한 비를 쓰세요.

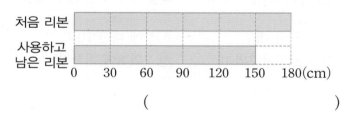

(   )

14

과학 체험별 참여 학생 수를 조사하여 표로 나타냈습니다. 로봇 체험을 한 학생 수의 천문 체험을 한 학생 수에 대한 비를 쓰세요.

체험	천문	로봇
남학생 수(명)	24	28
여학생 수(명)	21	33

(   )

3 비율

> 기준량에 대한 비교하는 양의 크기를 비율이라고 합니다.

비 4 : 5를 비율로 나타내기

비교하는 양 기준량

분수 $\frac{4}{5}$ 소수 $4 \div 5 = 0.8$

1

비교하는 양과 기준량을 찾아 쓰고 비율을 구하세요.

비	비교하는 양	기준량	비율
16 : 4			
9와 20의 비			

2

기준량이 나머지와 다른 하나를 찾아 기호를 쓰세요.

⊙ 4 대 7   ⓒ 7에 대한 10의 비
ⓒ 6과 7의 비   ⓔ 7의 8에 대한 비

( )

3

비율이 같은 것끼리 이으세요.

3에 대한 6의 비 ·   · $\frac{3}{6}$ ·   · 2

6에 대한 3의 비 ·   · $\frac{6}{3}$ ·   · 0.5

4

오이가 20개, 호박이 4개 있습니다. 오이 수에 대한 호박 수의 비율을 분수와 소수로 각각 나타내세요.

분수 ( )

소수 ( )

5

나머지 둘과 비율이 다른 비를 말한 사람의 이름을 쓰세요.

2와 5의 비   12 대 30   4에 대한 9의 비

준서   수지   태우

( )

6

혜수가 집에서 할머니 댁까지 가는 데 2시간이 걸렸습니다. 혜수네 집에서 할머니 댁까지의 거리가 150 km일 때, 혜수가 집에서 할머니 댁까지 가는 데 걸린 시간에 대한 간 거리의 비율을 구하세요.

( )

7

두 비의 비율을 비교하여 비율이 더 높은 것에 ○표 하세요.

4 : 5   7 : 10

( )   ( )

8 ➕ 10종 교과서

흰색 물감 500 mL에 빨간색 물감 10 mL를 섞어 분홍색 물감을 만들었습니다. 흰색 물감 양에 대한 빨간색 물감 양의 비율을 구하세요.

(   )

9

은행에서부터 경찰서까지 실제 거리는 400 m인데 지도에는 2 cm로 나타나 있습니다. 은행에서부터 경찰서까지 실제 거리에 대한 지도에서 거리의 비율을 분수로 나타내세요.

(   )

10 ➕ 10종 교과서

두 평행사변형의 밑변의 길이에 대한 높이의 비율을 각각 구하고, 두 비율을 비교하세요.

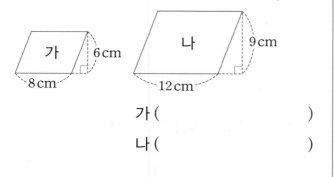

가 (   )

나 (   )

_____

_____

[11-12] 두 지역의 인구와 넓이를 나타낸 표입니다. 물음에 답하세요.

지역	가	나
인구(명)	11540	8850
넓이(km²)	4	3

11

두 지역의 넓이에 대한 인구의 비율을 각각 구하세요.

가 (   )

나 (   )

12

가 지역과 나 지역 중 인구가 더 밀집한 지역을 쓰세요.

(   )

13 ➕ 10종 교과서

정민이와 영지는 공 던지기 놀이를 했습니다. 정민이는 공을 25번 던져서 12번을 넣었고, 영지는 공을 12번 던져서 9번을 넣었습니다. 던진 공 수에 대한 넣은 공 수의 비율을 소수로 나타내고 정민이와 영지 중 비율이 더 높은 사람의 이름을 쓰세요.

	정민	영지
던진 공 수에 대한 넣은 공 수의 비율		

(   )

4 백분율

> 기준량을 100으로 할 때의 비율을 백분율이라고 합니다. 백분율은 기호 %를 사용하여 나타냅니다.

비율 $\frac{9}{20}$ 를 백분율로 나타내기

백분율
$$\frac{9}{20} = \frac{45}{100} \Rightarrow 45\%$$
45 퍼센트라고 읽어요.
$$\frac{9}{20} \times 100 = 45 \Rightarrow 45\%$$

1

다음 설명하는 비율을 분수, 소수, 백분율로 각각 나타내세요.

8의 25에 대한 비율

분수 (   )
소수 (   )
백분율 (   )

2

그림을 보고 전체에 대한 색칠한 부분의 비율을 백분율로 나타내세요.

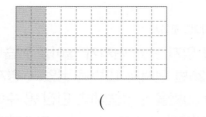

(   )

3

백분율을 분수와 소수로 각각 나타내세요.

66 %

분수 (   )
소수 (   )

4 ➕ 10종 교과서

빈칸에 알맞은 수를 써넣으세요.

분수	소수	백분율(%)
$\frac{35}{100}$	0.35	
	0.07	
$\frac{1}{4}$		

5

피자 전체의 $\frac{2}{5}$ 를 먹었습니다. 전체 피자의 양에 대한 먹은 피자의 양을 백분율로 나타내세요.

(   )

6

비율이 가장 높은 것을 찾아 쓰세요.

37%   0.58 $\frac{3}{12}$

(   )

7

기준량이 비교하는 양보다 작은 것을 모두 찾아 기호를 쓰세요.

⊙ $\dfrac{10}{2}$　　ⓒ 45 %　　ⓒ 0.73　　ⓔ 120 %

(　　　　　　　)

8 ⊕ 10종 교과서

공장에서 인형을 400개 만들 때 불량품이 8개 나온다고 합니다. 전체 인형 수에 대한 불량품 수의 비율은 몇 %인지 구하세요.

(　　　　　　　)

9 ⊕ 10종 교과서

시우가 박물관에 갔습니다. 박물관 입장료는 10000원인데 시우는 할인권을 이용하여 입장료로 8000원을 냈습니다. 시우는 입장료를 몇 % 할인받았는지 구하세요.

(　　　　　　　)

[10-11] 민주와 세호는 다음과 같이 소금물을 만들었습니다. 물음에 답하세요.

민주: 나는 소금 55 g을 녹여 소금물 275 g을 만들었어.

세호: 나는 소금 150 g을 녹여 소금물 600 g을 만들었어.

10

민주와 세호가 만든 소금물 양에 대한 소금 양의 비율은 각각 몇 %인지 구하세요.

민주 (　　　　　　　)
세호 (　　　　　　　)

11

민주와 세호 중 누가 만든 소금물이 더 진한지 구하세요.

(　　　　　　　)

12

수학여행을 갈 때 기차를 타는 것에 찬성하는 학생 수를 조사했습니다. 표를 완성하고, 찬성률이 가장 높은 반은 몇 반인지 구하세요.

	전체 학생 수(명)	찬성하는 학생 수(명)	찬성률 (%)
1반	25	12	
2반	22	11	
3반	20	17	

(　　　　　　　)

1 도형의 길이의 비 구하기

● 정답 30쪽

정삼각형과 정사각형의 둘레가 각각 다음과 같을 때, 정삼각형의 한 변의 길이에 대한 정사각형의 한 변의 길이의 비를 쓰세요.

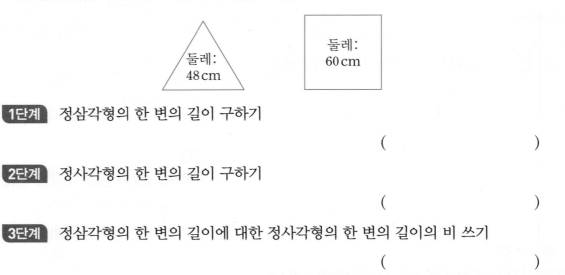

1단계 정삼각형의 한 변의 길이 구하기

( )

2단계 정사각형의 한 변의 길이 구하기

( )

3단계 정삼각형의 한 변의 길이에 대한 정사각형의 한 변의 길이의 비 쓰기

( )

문제해결 tip 비로 나타낼 때에는 기준이 되는 것이 무엇인지 먼저 확인해야 합니다.

1·1 정사각형과 정오각형의 둘레가 각각 다음과 같을 때, 정오각형의 한 변의 길이에 대한 정사각형의 한 변의 길이의 비를 쓰세요.

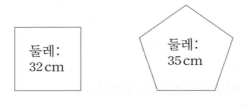

( )

1·2 두 정사각형의 넓이가 각각 다음과 같을 때, 정사각형 ㉮의 한 변의 길이에 대한 정사각형 ㉯의 한 변의 길이의 비를 쓰세요.

( )

2 비율을 이용하여 비교하는 양 구하기

● 정답 31쪽

체육관에 학생이 200명 있습니다. 체육관에 있는 전체 학생 수에 대한 여학생 수의 비율이 0.26일 때, 여학생 수는 몇 명인지 구하세요.

1단계 □ 안에 알맞은 말을 써넣으세요.

$$(\text{비율}) = \frac{(\text{비교하는 양})}{(\text{기준량})} \implies (\text{비교하는 양}) = (\text{기준량}) \times (\boxed{})$$

2단계 여학생 수를 구하는 식 세우기

$$(\text{여학생 수}) = \boxed{} \times \boxed{}$$

3단계 여학생 수 구하기

( )

문제해결 tip $(\text{비율}) = \dfrac{(\text{비교하는 양})}{(\text{기준량})}$ 이므로 $(\text{비교하는 양}) = (\text{기준량}) \times (\text{비율})$입니다.

2·1 은성이는 물에 매실 원액을 넣어 매실차 400 mL를 만들었습니다. 은성이가 만든 매실차의 양에 대한 매실 원액의 비율이 15 %일 때, 은성이는 매실 원액을 몇 mL 넣었는지 구하세요.

( )

2·2 타율은 전체 타수에 대한 안타 수를 나타낸 비율입니다. 한 달 동안의 경기 기록을 나타낸 표를 보고 한 달 동안 영호와 준서 중 안타를 누가 몇 개 더 많이 쳤는지 차례로 쓰세요.

	전체 타수	타율
영호	20타수	30 %
준서	50타수	28 %

( ), ( )

3 물건 한 개의 할인율 구하기

지혜는 지난주에 지우개 4개를 2000원에 샀는데 이번 주에는 똑같은 지우개를 할인하여 3개에 1200원에 샀습니다. 지우개 한 개의 할인율은 몇 %인지 구하세요.

1단계 지난주와 이번 주의 지우개 한 개의 가격 각각 구하기

지난주 (   ), 이번 주 (   )

2단계 지우개 한 개의 할인 금액 구하기

(   )

3단계 지우개 한 개의 할인율 구하기

(   )

문제해결 tip 할인율은 원래 가격에 대한 할인 금액의 비율입니다.

3·1 태우는 지난주에 구슬 8개를 6400원에 샀는데 이번 주에는 똑같은 구슬을 5개를 3000원에 샀습니다. 구슬 한 개의 할인율은 몇 %인지 구하세요.

(   )

3·2 어느 가게에서 원가가 42000원인 티셔츠를 8000원을 올려 정가로 팔았다가 잘 팔리지 않아 할인하여 2장에 88000원에 팔았습니다. 이 티셔츠 1장의 정가에 대한 할인 금액의 비율은 몇 %인지 구하세요.

(   )

오른쪽 직사각형의 가로를 10 %만큼 줄이고, 세로를 20 %만큼 늘여서 새로운 직사각형을 만들었습니다. 만든 직사각형의 넓이는 몇 cm²인지 구하세요.

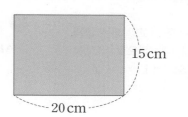

15 cm
20 cm

1단계 만든 직사각형의 가로 구하기

(   )

2단계 만든 직사각형의 세로 구하기

(   )

3단계 만든 직사각형의 넓이 구하기

(   )

4
단원

문제해결 tip
● (●%만큼 **줄인** 길이)
= (처음 길이) **-** (처음 길이) × $\dfrac{●}{100}$ 입니다.

● (▲%만큼 **늘인** 길이)
= (처음 길이) **+** (처음 길이) × $\dfrac{▲}{100}$ 입니다.

4·1 오른쪽 정사각형의 가로를 15 %만큼 늘이고, 세로를 15 %만큼 줄여서 새로운 직사각형을 만들었습니다. 만든 직사각형의 넓이는 몇 cm²인지 구하세요.

(   )

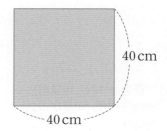

40 cm
40 cm

4·2 오른쪽 삼각형의 밑변의 길이를 25 %만큼 줄이고 높이는 20 %만큼 늘여서 새로운 삼각형을 만들었습니다. 만든 삼각형의 넓이는 몇 cm²인지 구하세요.

(   )

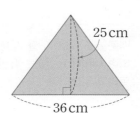

25 cm
36 cm

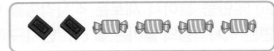

4 비와 비율

● 정답 32쪽

두 수를 비교할 때는 뺄셈이나 나눗셈으로 비교할 수 있습니다.

❶ 두 수 비교하기

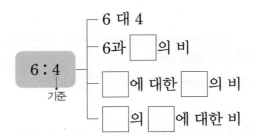

방법1 뺄셈으로 비교하기

$4-2=2$

➡ 사탕은 초콜릿보다 ☐ 개 더 많습니다.

방법2 나눗셈으로 비교하기

$4÷2=2$

➡ 사탕 수는 초콜릿 수의 ☐ 배입니다.

두 수를 나눗셈으로 비교하기 위해 기호 : 을 사용하여 나타낸 것을 비라고 합니다.

❷ 비

$6:4$ (기준)

- 6 대 4
- 6과 ☐ 의 비
- ☐ 에 대한 ☐ 의 비
- ☐ 의 ☐ 에 대한 비

기준량에 대한 비교하는 양의 크기를 비율이라고 합니다.

$6:4$

비교하는 양 │ 기준량

❸ 비율

$$(비율)=(비교하는 양)÷(기준량)=\dfrac{(비교하는 양)}{(기준량)}$$

비 $6:4$를 비율로 나타내기

분수 $\dfrac{☐}{4}$ **소수** $6÷4=1.5$

백분율은 기호 %를 사용하여 나타내고, %는 퍼센트라고 읽습니다.

❹ 백분율

기준량을 100으로 할 때의 비율을 백분율이라고 합니다.

비율 $\dfrac{19}{20}$ 를 백분율로 나타내기

백분율
- $\dfrac{19}{20}=\dfrac{95}{100}$ ➡ ☐ %
- $\dfrac{19}{20}×100=95$ ➡ ☐ %

1

어항 수와 금붕어 수를 뺄셈으로 비교한 것입니다. □ 안에 알맞은 수를 써넣으세요.

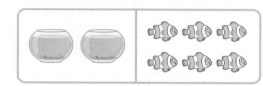

금붕어 수는 어항 수보다 □ 더 많습니다.

2

그림을 보고 □ 안에 알맞은 수를 써넣으세요.

빨간색 종이 수와 초록색 종이 수의 비

 □ : □

3

비를 보고 기준량과 비교하는 양을 각각 쓰세요.

10 : 11

기준량 ( )

비교하는 양 ( )

4

비를 보고 비율을 소수로 나타내세요.

9와 30의 비

( )

5

비율을 백분율로 나타내세요.

$\dfrac{21}{50}$

( )

6

과일 바구니 수에 따른 망고와 멜론의 수를 나타낸 표입니다. 수를 비교하여 □ 안에 알맞은 수를 써넣고, 설명에 맞게 ○표 하세요.

바구니 수(개)	1	2	3	4
망고 수(개)	4	8	12	16
멜론 수(개)	1	2	3	4

망고 수는 항상 멜론 수의 □ 배입니다.

➡ (뺄셈 , 나눗셈)으로 비교했더니 망고 수와 멜론 수의 관계가 변하지 않았습니다.

7 서술형

비가 다른 하나를 찾아 기호를 쓰려고 합니다. 해결 과정을 쓰고, 답을 구하세요.

┌─────────────────┐
│ ㉠ 5와 7의 비 │
│ ㉡ 5의 7에 대한 비 │
│ ㉢ 5에 대한 7의 비 │
└─────────────────┘

_____

_____

_____

( )

8

관계있는 것끼리 이으세요.

9 : 25	·	·	$\dfrac{3}{4}$	·	·	0.75
4에 대한 3의 비	·	·	$\dfrac{9}{25}$	·	·	0.65
13과 20의 비	·	·	$\dfrac{13}{20}$	·	·	0.36

9

그림을 보고 전체에 대한 색칠한 부분의 비율을 백분율로 나타내세요.

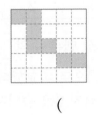

(   )

10

윤석이는 100 m를 달리는 데 25초가 걸렸습니다. 윤석이가 100 m를 달리는 데 걸린 시간에 대한 달린 거리의 비율을 구하세요.

(   )

11

동전 한 개를 10번 던졌더니 그림 면이 4번, 숫자 면이 6번 나왔습니다. 동전을 던진 횟수에 대한 숫자 면이 나온 횟수의 비율은 몇 %입니까?

(   )

12 서술형

지웅이네 반 남학생은 11명, 여학생은 13명입니다. 지웅이네 반 전체 학생 수에 대한 여학생 수의 비를 쓰려고 합니다. 해결 과정을 쓰고, 답을 구하세요.

_____

_____

_____

(   )

13

비율의 크기를 비교하여 ○ 안에 >, =, <를 알맞게 써넣으세요.

0.056 ○ 9 %

14

가, 나, 다 중 세로에 대한 가로의 비율이 같은 것을 찾아 기호를 쓰세요.

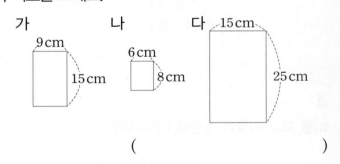

가   나   다

9 cm / 15 cm   6 cm / 8 cm   15 cm / 25 cm

(   )

15

사랑이와 행복이가 만든 포도주스 양에 대한 포도 원액 양의 비율을 각각 구하여 빈칸에 쓰고, 포도주스를 더 진하게 만든 사람의 이름을 쓰세요.

	사랑	행복
포도주스 양(mL)	150	320
포도 원액 양(mL)	6	8
포도주스 양에 대한 포도 원액 양의 비율		

( )

16

수지와 강우는 축구 연습을 했습니다. 골 성공률이 높은 사람은 누구이고, 그 사람의 골 성공률은 몇 %인지 차례로 구하세요.

> 수지: 나는 공을 20번 차서 골대에 15번 넣었어.
> 강우: 나는 공을 25번 차서 골대에 19번 넣었어.

( ), ( )

17

넓이가 $300\,m^2$인 밭의 40 %에 파를 심었습니다. 파를 심은 밭의 넓이는 몇 m^2인지 구하세요.

( )

18

두 정사각형의 둘레가 각각 다음과 같을 때, 정사각형 가의 넓이에 대한 정사각형 나의 넓이의 비를 쓰세요.

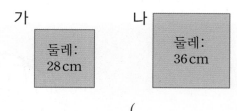

가

둘레:
28 cm

나

둘레:
36 cm

( )

19

어느 가게에서 원래 가격이 15000원인 접시는 할인하여 12000원에 판매하고, 원래 가격이 8000원인 컵은 할인하여 6000원에 판매하고 있습니다. 접시와 컵 중 할인율이 더 높은 것은 어느 것인지 구하세요.

( )

20 서술형

전교 어린이 회장 선거의 투표 결과입니다. 당선자의 득표율은 몇 %인지 해결 과정을 쓰고, 답을 구하세요.

후보	가	나	다	무효표
득표수 (표)	145	270	80	5

( )

미로를 따라 길을 찾아보세요.

● 정답 45쪽

도착

출발

5
여러 가지 그래프

▶ 학습을 완료하면 V표를 하면서 학습 진도를 체크해요.

	개념학습				문제학습		
백점 쪽수	118	119	120	121	122	123	124
확인							

	문제학습					응용학습	
백점 쪽수	125	126	127	128	129	130	131
확인							

	응용학습		단원평가			
백점 쪽수	132	133	134	135	136	137
확인						

그림그래프로 나타내기

● 정답 33쪽

조사한 수를 그림으로 나타낸 그래프

권역별 현미 생산량

권역	생산량(만 t)	어림값(만 t)
서울·인천·경기	47	50
대전·세종·충청	104	100
광주·전라	151	150
강원	16	20
대구·부산·울산·경상	97	100
제주	0	0

어림 하기 ➡

(출처: 국가통계포털, 2021)

권역별 현미 생산량

100만 t
10만 t

- 🍚은 100만 t, 🍙은 10만 t을 나타냅니다.
- 현미 생산량을 반올림하여 십만의 자리까지 나타내었습니다. ─자료의 수를 어림할 때 올림, 버림, 반올림할 수 있어요.
- 현미 생산량이 가장 많은 권역은 광주·전라 권역이고, 가장 적은 권역은 제주 권역입니다.

개념 강의

- 자료를 그림그래프로 나타내면 권역별로 현미 생산량의 많고 적음을 한눈에 알 수 있습니다.
- 그림그래프에서 큰 그림의 수가 많을수록, 큰 그림의 수가 같으면 작은 그림의 수가 많을수록 수량이 많습니다.

---

1 어느 지역의 감자 생산량을 조사하여 나타낸 표입니다. 물음에 답하세요.

감자 생산량

지역	가	나	다	라
생산량(t)	21	31	23	16

(1) 위의 표를 그림그래프로 나타낼 때 10t은 🔴로, 1t은 ●로 나타내려고 합니다. □ 안에 알맞은 수를 써넣으세요.

- 가 지역의 감자 생산량은 🔴 2개, ● 1개로 나타냅니다.

- 나 지역의 감자 생산량은

  🔴 3개, ● □개로 나타냅니다.

- 다 지역의 감자 생산량은

  🔴 □개, ● 3개로 나타냅니다.

- 라 지역의 감자 생산량은

  🔴 □개, ● 6개로 나타냅니다.

(2) 그림그래프를 완성하세요.

감자 생산량

지역	감자 생산량
가	🔴🔴●
나	
다	
라	

🔴 10 t ● 1 t

(3) □ 안에 알맞은 기호를 써넣으세요.

- 감자 생산량이 가장 많은 지역은 □ 지역입니다.
- 감자 생산량이 가장 적은 지역은 □ 지역입니다.

2 띠그래프

○ **띠그래프**: 전체에 대한 각 부분의 비율을 띠 모양에 나타낸 그래프

○ **띠그래프로 나타내는 방법**

① 자료를 보고 각 항목의 백분율을 구합니다.

② 각 항목의 백분율의 합계가 100 %가 되는 지 확인합니다.

③ 각 항목이 차지하는 백분율의 크기만큼 선을 그어 띠를 나눕니다.

④ 나눈 부분에 각 항목의 내용과 백분율을 씁니다.

⑤ 띠그래프의 제목을 씁니다.

좋아하는 운동별 학생 수

운동	축구	농구	야구	합계
학생 수(명)	16	14	10	40
백분율(%)	①40	35	25	②100

③ 좋아하는 운동별 학생 수⑤

0 10 20 30 40 50 60 70 80 90 100(%)

④ 축구(40 %) | 농구(35 %) | 야구(25 %)

● 각 항목의 백분율은 $\dfrac{(\text{항목별 학생 수})}{(\text{전체 학생 수})} \times 100$ 을 계산한 다음 기호 %를 붙여 구합니다.

---

1 유정이네 학교 학생들의 취미 생활을 조사하여 나타낸 띠그래프입니다. □ 안에 알맞게 써넣으세요.

취미 생활별 학생 수

0 10 20 30 40 50 60 70 80 90 100(%)

운동 (40 %) | 독서 (30 %) | 게임 (15 %) | 기타 (15 %)

(1) 띠그래프의 작은 눈금 한 칸은 □ %를 나타냅니다.

(2) 취미 생활이 게임인 학생은 전체의 □ % 입니다.

(3) 가장 많은 학생의 취미 생활은 □ 입니다.

2 시윤이네 학교 학생들이 좋아하는 색깔을 조사하여 나타낸 표입니다. 물음에 답하세요.

좋아하는 색깔별 학생 수

색깔	빨강	노랑	초록	기타	합계
학생 수(명)	70	60	50	20	200
백분율(%)	35		25	10	100

(1) 전체 학생 수에 대한 노랑을 좋아하는 학생 수의 백분율을 구하세요.

$$\frac{60}{200} \times 100 = \boxed{} \Rightarrow \boxed{} \%$$

(2) 띠그래프를 완성하세요.

좋아하는 색깔별 학생 수

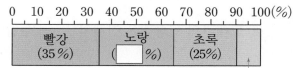

0 10 20 30 40 50 60 70 80 90 100(%)

빨강 (35 %) | 노랑 (□ %) | 초록 (25 %) |

기타(10 %)

원그래프

● **원그래프**: 전체에 대한 각 부분의 비율을 원 모양에 나타낸 그래프

● **원그래프로 나타내는 방법**

① 자료를 보고 각 항목의 백분율을 구합니다.

② 각 항목의 백분율의 합계가 100 %가 되는지 확인합니다.

③ 각 항목이 차지하는 백분율의 크기만큼 선을 그어 원을 나눕니다.

④ 나눈 부분에 각 항목의 내용과 백분율을 씁니다.

⑤ 원그래프의 제목을 씁니다.

장래 희망별 학생 수

장래 희망	과학자	선생님	연예인	합계
학생 수(명)	180	120	100	400
백분율(%)	①45	30	25	②100

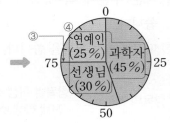

장래 희망별 학생 수⑤

● 원그래프는 원을 100등분 한 모양이므로 작은 비율까지도 비교적 쉽게 나타낼 수 있고, 띠그래프는 시간별로 조사한 그래프를 나란히 놓아 비율의 변화 상황을 편리하게 나타낼 수 있습니다.

---

1 어느 박물관의 전시관별 하루 입장객 수를 조사하여 나타낸 원그래프입니다. □ 안에 알맞게 써넣으세요.

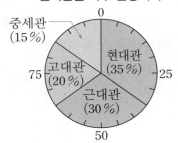

전시관별 하루 입장객 수

(1) 원그래프의 작은 눈금 한 칸은 □ %를 나타냅니다.

(2) 고대관의 입장객은 전체의 □ %입니다.

(3) 입장객이 가장 적은 전시관은 □ 입니다.

2 현우네 반 학생들이 좋아하는 채소를 조사하여 나타낸 표입니다. 물음에 답하세요.

좋아하는 채소별 학생 수

채소	고구마	옥수수	호박	기타	합계
학생 수(명)	12	9	6	3	30
백분율(%)	40	30		10	100

(1) 전체 학생 수에 대한 호박을 좋아하는 학생 수의 백분율을 구하세요.

$$\frac{6}{30} \times 100 = \boxed{} \Rightarrow \boxed{} \%$$

(2) 원그래프를 완성하세요.

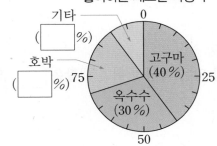

좋아하는 채소별 학생 수

여러 가지 그래프 비교하기

● 정답 33쪽

◎ 그래프의 종류와 특징

• 그림그래프

지역별 당근 수확량

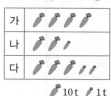

🥕 10t 🥕 1t

그림의 크기와 수로 수량의 많고 적음을 쉽게 알 수 있습니다.

예 권역별 쌀 생산량, 동별 쓰레기 배출량 등

• 막대그래프

지역별 당근 수확량(단위: t)

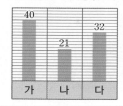

막대의 길이로 수량의 많고 적음을 한눈에 비교하기 쉽습니다.

예 반 친구들의 혈액형, 학교별 3학년 학생 수 등

• 꺾은선그래프

당근 줄기 길이(단위: cm)

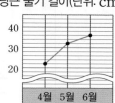

4월 5월 6월

시간에 따라 연속적으로 변화하는 양을 나타내는 데 편리합니다.

예 나이별 키의 변화, 시간별 기온 변화 등

• 띠그래프, 원그래프

지역별 당근 소비량

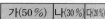

지역별 당근 소비량

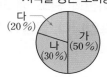

전체에 대한 각 부분의 비율을 쉽게 알 수 있습니다.

예 선거 후보자별 득표수, 텔레비전 채널별 시청률 등

개념 강의

● 하나의 자료를 여러 가지 그래프로 표현할 수 있습니다.

---

1 자료를 그래프로 나타낼 때 어떤 그래프로 나타내는 것이 좋을지 보기 에서 찾아 쓰세요.

> **보기**
>
> 막대그래프   그림그래프
> 꺾은선그래프   원그래프

(1) 연도별 나무의 키의 변화를 알아보기 쉬운 그래프는 어느 그래프일까요?

(   )

(2) 마을별 복숭아 생산량의 많고 적음을 그림의 크기와 수로 비교할 수 있는 그래프는 어느 그래프일까요?

(   )

(3) 좋아하는 간식별 학생 수를 막대의 길이로 쉽게 비교할 수 있는 그래프는 어느 그래프일까요?

(   )

(4) 전체 학생 수에 대한 봄에 태어난 학생 수의 비율을 한눈에 알아볼 수 있는 그래프는 어느 그래프일까요?

(   )

1 그림그래프로 나타내기

> 조사한 수를 그림으로 나타낸 그래프를 그림그래프라고 합니다.

목장별 우유 생산량 ③ 알맞은 제목 붙이기

목장	우유 생산량
가	🥛🥛🥛🥛 🥛🥛🥛
나	🥛🥛🥛
다	🥛🥛🥛🥛 🥛🥛

① 단위와 그림 정하기
🥛 1000 L
🥛 100 L

② 조사한 수에 맞게 그림그리기

[1-2] 어느 해 국가별 1인당 이산화 탄소 배출량을 조사하여 나타낸 표와 그림그래프입니다. 물음에 답하세요.

국가별 1인당 이산화 탄소 배출량

국가	호주	대한민국	일본	프랑스
이산화 탄소 배출량(t)	15	12	9	5

국가별 1인당 이산화 탄소 배출량

국가	이산화 탄소 배출량
호주	☁☁☁☁☁
대한민국	☁☁
일본	☁☁☁☁☁☁☁☁☁
프랑스	☁☁☁☁☁

☁ 10t
☁ 1t

(출처: 국가통계포털, 2018)

1

1인당 이산화 탄소 배출량이 가장 많은 나라는 어디인지 구하세요.

( )

2

그림의 크기와 수로 이산화 탄소 배출량의 많고 적음을 알 수 있는 것은 표와 그림그래프 중 어느 것일까요?

( )

[3-5] 어느 해 119 구조대 출동 건수를 조사하여 나타낸 그림그래프입니다. 물음에 답하세요.

권역별 119 구조대 출동 건수

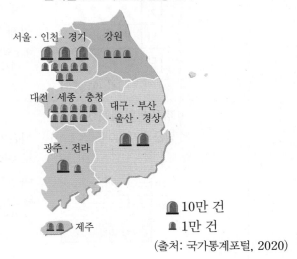

🔔 10만 건
🔔 1만 건

🔔 제주

(출처: 국가통계포털, 2020)

3

대구·부산·울산·경상 권역의 119 구조대 출동 건수는 몇 건인지 구하세요.

( )

4

119 구조대 출동 건수가 9만 건인 권역은 어느 권역인지 구하세요.

( )

5

119 구조대 출동 건수가 가장 많은 권역과 가장 적은 권역의 출동 건수의 차는 몇 건인지 구하세요.

( )

[6-8] 어느 해 권역별 농가 수를 조사하여 나타낸 표입니다. 물음에 답하세요.

권역별 농가 수

권역	농가 수(가구)	어림값(가구)
서울·인천·경기	134579	
대전·세종·충청	209315	
광주·전라	251594	
강원	68300	
대구·부산·울산·경상	335872	
제주	31549	

(출처: 국가통계포털, 2021)

6

농가 수를 반올림하여 만의 자리까지 나타내어 위의 표를 완성하세요.

7 ➕ 10종 교과서

농가 수를 반올림하여 만의 자리까지 나타낸 것을 보고 그림그래프로 나타내세요.

권역별 농가 수

🏠 10만 가구
🏠 1만 가구

8

7의 그림그래프를 보고 알 수 있는 내용을 한 가지 쓰세요.

_____

[9-10] 마을별 쓰레기 배출량을 조사하여 나타낸 그림그래프입니다. 물음에 답하세요.

마을별 쓰레기 배출량

🛍 500 kg
🛍 100 kg

9

가 마을과 다 마을의 쓰레기 배출량의 합은 몇 kg인지 구하세요.

(　　　　　　)

10

네 마을의 쓰레기 배출량의 합이 1900 kg일 때, 그림그래프를 완성하세요.

11 ➕ 10종 교과서

자료를 그림그래프로 나타내면 좋은 점을 쓰세요.

좋은 점

_____

_____

2 띠그래프

> 전체에 대한 각 부분의 비율을 띠 모양에 나타낸 그래프를 띠그래프라고 합니다.

태어난 계절별 학생 수

```
0   10  20  30  40  50  60  70  80  90  100(%)
```

| 봄 (35%) | 여름 (25%) | 가을 (25%) | 겨울 (15%) |

• 가장 많은 학생이 태어난 계절은 봄입니다.
• 여름과 가을에 태어난 학생 수의 비율이 같습니다.

[1-3] 유진이가 주말 농장에서 기르는 농작물별 밭의 넓이를 조사하여 나타낸 띠그래프입니다. 물음에 답하세요.

농작물별 밭의 넓이

기타(10%)

1
고추를 심은 밭의 넓이는 전체의 몇 %인지 구하세요.

(   )

2
양파 또는 기타 농작물을 심은 밭의 넓이는 전체의 몇 %인지 구하세요.

(   )

3
상추를 심은 밭의 넓이는 대파를 심은 밭의 넓이의 몇 배인지 구하세요.

(   )

[4-7] 오늘 민주네 반 학생들이 신고 온 신발을 조사하여 나타낸 표입니다. 물음에 답하세요.

신고 온 신발별 학생 수

신발	운동화	샌들	구두	기타	합계
학생 수(명)	8	7	3	2	

4
조사한 학생은 모두 몇 명인지 구하세요.

(   )

5
전체 학생 수에 대한 신발별 학생 수의 백분율을 구하여 표를 완성하세요.

신고 온 신발별 학생 수

신발	운동화	샌들	구두	기타	합계
백분율(%)	40				

6
위 **5**의 표를 보고 띠그래프를 완성하세요.

신고 온 신발별 학생 수

```
0   10  20  30  40  50  60  70  80  90  100(%)
```

| 운동화 (40%) | |

7
신고 온 신발별 학생 수를 띠그래프로 나타냈을 때 좋은 점을 쓰세요.

좋은 점

_____

_____

[8-11] 글을 읽고 물음에 답하세요.

> 6학년 학생 120명을 대상으로 학생들이 방학 동안 참여하고 싶은 활동을 조사했습니다. 과학 체험은 60명, 해외 탐방은 30명, 자원봉사는 □명, 공예 체험은 4명, 요리 수업은 2명이었습니다.

8

자원봉사에 참여하고 싶은 학생 수는 몇 명인지 구하세요.

( )

9

기타 항목에 넣을 수 있는 활동을 쓰세요.

( )

10

표를 완성하세요.

참여하고 싶은 활동별 학생 수

활동	과학 체험	해외 탐방	자원 봉사	기타	합계
학생 수(명)	60	30		6	120
백분율(%)	50	25			100

11 ✚ 10종 교과서

위 **10**의 표를 보고 띠그래프로 나타내세요.

참여하고 싶은 활동별 학생 수

```
0   10  20  30  40  50  60  70  80  90  100(%)
```

[12-14] 어느 지역의 2010년과 2020년의 연령별 인구를 조사하여 나타낸 띠그래프입니다. 물음에 답하세요.

연령별 인구

2010년	15세 미만 (13%)	15세 이상 65세 미만 (75%)	65세 이상 (12%)
2020년	15세 미만 (11%)	15세 이상 65세 미만 (70%)	65세 이상 (19%)

12

2010년보다 2020년에 전체에 대한 인구의 비율이 늘어난 연령을 쓰세요.

( )

13

2020년의 연령별 인구 중 65세 미만인 인구는 전체의 몇 %인지 구하세요.

( )

14 ✚ 10종 교과서

2010년과 2020년의 연령별 인구를 조사하여 나타낸 띠그래프를 보고 앞으로 이 지역의 연령별 인구가 어떻게 변할 것인지 쓰세요.

_____

_____

3 원그래프

> 전체에 대한 각 부분의 비율을 원 모양에 나타낸 그 래프를 원그래프라고 합니다.

좋아하는 과목별 학생 수

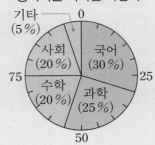

• 가장 많은 학생이 좋아하는 과목은 국어입니다.
• 과학 또는 수학을 좋아하는 학생은 전체의 45 % 입니다.

[1-3] 수민이네 반의 학급 대표 선거에서 후보자별 득표수를 조사하여 나타낸 원그래프입니다. 물음에 답하세요.

학급 대표 선거 후보자별 득표수

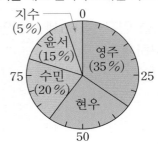

1

현우의 득표수는 전체의 몇 %인지 구하세요.

( )

2

득표수가 전체의 20 %인 후보자의 이름을 쓰세요.

( )

3

학급 대표에 당선된 후보자의 이름을 쓰세요.

( )

[4-6] 어느 테마파크의 장소별 하루 입장객 수를 조사하여 나타낸 표입니다. 물음에 답하세요.

장소별 입장객 수

장소	체험관	공연장	박물관	민속촌	기타	합계
입장객 수(명)		150	120	90	30	600

4

체험관 입장객은 몇 명인지 구하세요.

( )

5

전체 입장객 수에 대한 장소별 입장객 수의 백분율을 구하여 표를 완성하세요.

장소별 입장객 수

장소	체험관	공연장	박물관	민속촌	기타	합계
백분율(%)					5	100

6

위 **5**의 표를 보고 원그래프로 나타내세요.

장소별 입장객 수

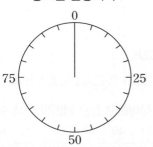

[7-9] 민아네 학교 학생들이 보호하고 싶은 멸종 위기 동물을 조사하여 나타낸 표와 원그래프입니다. 물음에 답하세요.

보호하고 싶은 멸종 위기 동물별 학생 수

동물	호랑이	수달	올빼미	산양	합계
학생 수(명)	126	75	63	36	300

보호하고 싶은 멸종 위기 동물별 학생 수

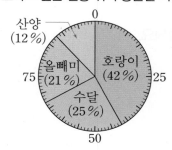

7

전체 학생 수의 $\frac{1}{4}$이 보호하고 싶은 멸종 위기 동물은 무엇인지 쓰세요.

(　　　　　)

8 ➕ 10종 교과서

호랑이를 보호하고 싶은 학생 수는 올빼미를 보호하고 싶은 학생 수의 몇 배인지 구하세요.

(　　　　　)

9

학생 6명의 마음이 바뀌어 호랑이를 보호하고 싶은 학생 수가 6명 줄고 산양을 보호하고 싶은 학생 수가 6명 늘었다면 산양을 보호하고 싶은 학생 수는 전체의 몇 %가 되는지 구하세요.

(　　　　　)

[10-12] 준혜네 학교 6학년 학생들에게 준 안내장입니다. 안내장을 읽고 물음에 답하세요.

> 수학여행 일정과 장소에 대한 학생들의 의견 조사에 따르면 일정은 당일 15%, 1박 2일 25%, 2박 3일 60%의 학생이 희망하였고, 장소는 서울 20%, 강원도 45%, 제주 30%, 경상도 3%, 충청도 2%의 학생이 희망하였습니다. 따라서 수학여행은 2박 3일 일정과 강원권 문화유적 탐방으로 정해졌음을 알려 드립니다.

10

일정별 희망 학생 수의 백분율을 표로 나타내세요.

일정별 희망 학생 수

일정	당일	1박 2일	2박 3일	합계
백분율(%)	15			

11

장소별 희망 학생 수의 백분율을 표로 나타내세요.

장소별 희망 학생 수

장소	서울	강원도	제주	기타	합계
백분율(%)	20				

12 ➕ 10종 교과서

10과 **11**의 표를 보고 각각 원그래프로 나타내세요.

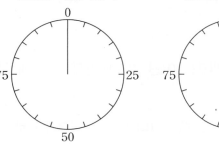

4. 여러 가지 그래프 비교하기

> 자료의 특징에 맞게 그림그래프, 막대그래프, 꺾은선 그래프, 띠그래프, 원그래프로 나타냅니다.

[1-3] 지역별 초등학생 수를 조사하여 나타낸 표입니다. 물음에 답하세요.

지역별 초등학생 수

지역	가	나	다	라	합계
학생 수(명)	6000	3000	5000	7000	21000

1

표를 보고 (가) 그래프를 완성하세요.

(가) 지역별 초등학생 수

2

표를 보고 (나) 그래프를 완성하세요.

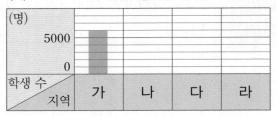

(나) 지역별 초등학생 수

☺ 5000명
☺ 1000명

3

1과 2의 각 그래프는 어떤 그래프인지 ☐ 안에 알맞게 써넣으세요.

(가)는 ☐ 그래프, (나)는 ☐ 그래프로
수량의 많고 적음을 비교하기 편리합니다.

[4-6] 은서네 학교 도서관에 있는 책의 수를 조사하여 나타낸 표입니다. 물음에 답하세요.

종류별 책의 수

종류	소설책	위인전	동화책	시집	합계
책의 수(권)	160	120	80	40	400
백분율(%)					

4

위 표를 완성하세요.

5 ❂ 10종 교과서

종류별 책의 수의 비율을 비교하는 그래프로 나타내려고 합니다. 어떤 그래프로 나타내면 좋을지 쓰고 그 이유를 쓰세요.

( )

이유 _____

6

위의 표를 보고 5에서 정한 그래프로 나타내세요.

7

그림그래프를 활용하기에 알맞은 자료를 찾아 기호를
쓰세요.

> ㉠ 월별 최고 기온의 변화
> ㉡ 아파트 동별 학생 수

(　　　　　　　　　　)

[8-11] 세호네 학교 학생들이 좋아하는 꽃을 조사하
여 나타낸 그림그래프입니다. 물음에 답하세요.

좋아하는 꽃별 학생 수

꽃	학생 수
장미	👤🧍🧍
튤립	👤🧍
국화	👤
무궁화	🧍🧍

👤 50명
🧍 10명

8

표를 완성하세요.

좋아하는 꽃별 학생 수

꽃	장미	튤립	국화	무궁화	합계
학생 수(명)					
백분율(%)					

9

8의 표를 보고 막대그래프로 나타내세요.

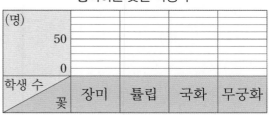
좋아하는 꽃별 학생 수

10

8의 표를 보고 원그래프로 나타내세요.

좋아하는 꽃별 학생 수

11　✚ 10종 교과서

좋아하는 꽃별 학생 수의 많고 적음을 막대의 길이로
비교하려고 합니다. 그림그래프, 막대그래프, 원그래프
중에서 어느 그래프가 가장 좋을지 쓰세요.

(　　　　　　　　　　)

12

꺾은선그래프와 띠그래프의 특징을 각각 찾아 기호를
쓰세요.

> ㉠ 그림의 크기와 수로 많고 적음을 알 수 있습니다.
> ㉡ 시간에 따라 연속적으로 변화하는 양을 나타내
> 　기 좋습니다.
> ㉢ 각 항목끼리의 비율을 쉽게 비교할 수 있습니다.
> ㉣ 막대의 길이로 수량의 많고 적음을 한눈에 비교
> 　하기 쉽습니다.

꺾은선그래프 (　　　　　　　)
띠그래프 (　　　　　　　)

1 그래프에서 항목의 수 구하기

● 정답 36쪽

지혜네 학교 6학년 학생들이 좋아하는 과일을 조사하여 나타낸 띠그래프입니다.
지혜네 학교 6학년 학생이 180명이라면 포도를 좋아하는 학생은 몇 명인지 구하세요.

좋아하는 과일별 학생 수

| 0 10 20 30 40 50 60 70 80 90 100(%) |

| 사과 (30%) | 귤 (25%) | 포도 | 배 (15%) | |

기타(10%)

1단계 포도의 백분율 구하기

( )

2단계 포도를 좋아하는 학생 수 구하기

( )

문제해결 tip (항목의 수)=(전체 수)×(항목의 비율)입니다.

1·1 오른쪽은 성진이네 학교 학생들의 등교 방법을 조사하여 나타낸 원그래프입니다. 성진이네 학교 학생이 500명이라면 버스를 타고 등교하는 학생은 몇 명인지 구하세요.

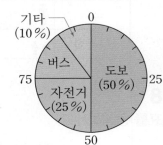

등교 방법별 학생 수

( )

1·2 현수네 집에서 한 달 동안 쓴 생활비의 쓰임새를 조사하여 나타낸 띠그래프입니다. 식료품에 사용한 생활비가 65만 원이라면 현수네 집의 한 달 생활비는 얼마인지 구하세요.

생활비 쓰임새별 금액

| 교육 (36%) | 저축 (35%) | 식료품 | |

기타(9%)

( )

2 평균을 이용하여 그림그래프 완성하기

● 정답 37쪽

오른쪽은 어느 지역의 콩 생산량을 조사하여 나타낸 그림그래프입니다. 네 지역의 평균 콩 생산량이 15만 t일 때, 그림그래프를 완성하세요.

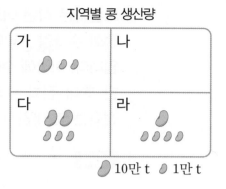

지역별 콩 생산량

1단계 네 지역의 콩 생산량의 합계 구하기

( )

2단계 나 지역의 콩 생산량 구하기

( )

3단계 그림그래프 완성하기

문제해결 tip (평균)=(자료의 값을 모두 더한 수)÷(자료의 수)임을 이용합니다.

2·1 지역별 돼지 수를 조사하여 나타낸 그림그래프입니다. 네 지역의 평균 돼지 수가 2425마리일 때, 그림그래프를 완성하세요.

지역별 돼지 수

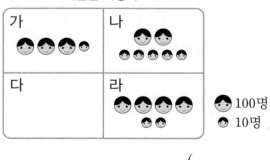

2·2 마을별 학생 수를 조사하여 나타낸 그림그래프입니다. 네 마을의 평균 학생 수가 305명일 때, 그림그래프를 완성하고 학생이 가장 많은 마을부터 차례로 기호를 쓰세요.

마을별 학생 수

( )

3 항목 사이의 관계를 이용하여 모르는 항목의 수 구하기 ●정답 37쪽

오른쪽은 작년 어느 회사의 1년 동안의 국가별 휴대 전화 수출량 150만 대를 조사하여 나타낸 원그래프입니다. 미국에 수출한 휴대 전화 수가 러시아에 수출한 휴대 전화 수의 2배일 때, 미국에 수출한 휴대 전화는 몇 대인지 구하세요.

국가별 휴대 전화 수출량

1단계 미국에 수출한 휴대 전화 수의 백분율 구하기

( )

2단계 미국에 수출한 휴대 전화 수 구하기

( )

문제해결 tip 러시아에 수출한 휴대 전화의 백분율을 □ %라고 하고 전체 항목의 백분율의 합이 100 %임을 이용하여 식을 세웁니다.

3·1 윤서네 아파트의 재활용품 배출량 350 kg의 종류를 조사하여 나타낸 띠그래프입니다. 플라스틱류 배출량이 비닐류 배출량의 4배일 때, 플라스틱류 배출량은 몇 kg인지 구하세요.

재활용품 종류별 배출량

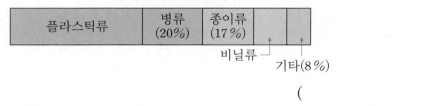

( )

3·2 오른쪽은 어느 수목원에 있는 나무의 종류를 조사하여 나타낸 원그래프입니다. 소나무 수가 벚나무 수의 3배이고, 벚나무 수가 70그루일 때, 수목원에 있는 나무는 모두 몇 그루인지 구하세요.

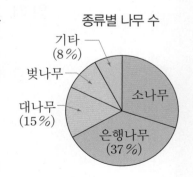

종류별 나무 수

( )

연주네 학교 6학년 학생 200명의 남녀 비율과 그중 여학생의 태어난 계절을 조사하여 나타낸 그래프입니다. 여름에 태어난 여학생은 몇 명인지 구하세요.

남녀 비율

태어난 계절별 여학생 수

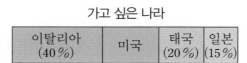

| 봄 (40%) | 가을 (30%) | 겨울 (20%) |
여름(10%)

1단계 여학생 수 구하기

( )

2단계 여름에 태어난 여학생 수 구하기

( )

문제해결 tip 먼저 남녀 비율을 나타낸 그래프에서 전체 여학생 수를 구합니다.

4·1 성우네 학교 학생 500명이 가고 싶은 나라와 그중 미국에 가고 싶은 학생의 남녀 비율을 조사하여 나타낸 그래프입니다. 미국에 가고 싶은 남학생은 몇 명인지 구하세요.

가고 싶은 나라

| 이탈리아 (40%) | 미국 | 태국 (20%) | 일본 (15%) |

미국에 가고 싶은 남녀 비율

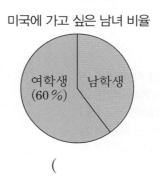

( )

4·2 어느 지역의 농경지의 넓이 비율과 밭의 이용률을 조사하여 나타낸 그래프입니다. 이 지역의 전체 넓이 $100\,km^2$의 60%가 농경지일 때, 고구마를 심은 밭의 넓이는 몇 km^2인지 구하세요.

농경지 넓이

밭의 이용률

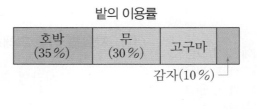

| 호박 (35%) | 무 (30%) | 고구마 | |
감자(10%)

( )

5 여러 가지 그래프

● 정답 38쪽

그림그래프는 그림의 크기와 수로 수량의 많고 적음을 쉽게 알 수 있습니다.

❶ 표와 그림그래프 완성하기

지역별 자동차 수

지역	가	나	다
자동차 수 (대)	1400		2100

지역별 자동차 수

지역	자동차 수
가	🚗 🚗 🚗 🚗 🚗
나	🚗 🚗 🚗
다	

🚗 1000대　🚗 100대

전체에 대한 각 부분의 비율을 띠 모양에 나타낸 그래프를 띠그래프라고 합니다. 띠그래프는 전체에 대한 각 부분의 비율을 한눈에 알아보기 쉽습니다.

❷ 띠그래프

가전제품별 판매량

0　10　20　30　40　50　60　70　80　90　100(%)

| 에어컨 (45%) | 텔레비전 (20%) | 세탁기 (15%) | 냉장고 (15%) |

기타(5%)

• 가장 많이 팔린 가전제품은 [　　] 입니다.

• 세탁기 또는 냉장고의 판매량은 전체의 [　　] %입니다.

전체에 대한 각 부분의 비율을 원 모양에 나타낸 그래프를 원그래프라고 합니다. 원그래프는 작은 비율도 비교적 쉽게 나타낼 수 있습니다.

❸ 원그래프

좋아하는 동물별 학생 수

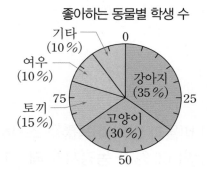

• 가장 많은 학생이 좋아하는 동물은 [　　] 입니다.

• 고양이를 좋아하는 학생의 비율은 토끼를 좋아하는 학생의 비율의 [　　] 배입니다.

자료의 특징에 맞게 그림그래프, 막대그래프, 꺾은선그래프, 띠그래프, 원그래프로 나타냅니다.

❹ 자료를 어떤 그래프로 나타내면 좋을지 찾기

시간별 교실의 온도 변화

(꺾은선그래프 , 띠그래프)

과일별 재배 면적의 비율

(막대그래프 , 원그래프)

[1-4] 지역별 사과 생산량을 조사하여 나타낸 표입니다. 물음에 답하세요.

지역별 사과 생산량

지역	가	나	다	라
생산량(만 t)	5	11	12	21

1

위의 표를 그림그래프로 나타낼 때 🍎은 10만 t, 🍎은 1만 t을 나타내려고 합니다. □ 안에 알맞은 수를 써넣으세요.

다 지역의 사과 생산량은 12만 t이므로
🍎 □ 개, 🍎 □ 개로 나타냅니다.

2

그림그래프로 나타내세요.

지역별 사과 생산량

지역	사과 생산량
가	
나	
다	
라	

🍎10만 t
🍎1만 t

3

사과 생산량이 가장 많은 지역은 어느 지역인지 구하세요.

( )

4 서술형

지역별 사과 생산량을 그림그래프로 나타내면 좋은 점을 쓰세요.

좋은 점

[5-7] 승훈이네 학교 학생들이 좋아하는 음식을 조사하여 나타낸 띠그래프입니다. 물음에 답하세요.

좋아하는 음식별 학생 수

0 10 20 30 40 50 60 70 80 90 100(%)

| 떡볶이 (30 %) | 피자 (25 %) | 자장면 (20 %) | 김밥 (15 %) | |

기타(10%)

5

자장면을 좋아하는 학생은 전체의 몇 %인지 구하세요.

( )

6

전체의 25 %가 좋아하는 음식을 쓰세요.

( )

7

떡볶이를 좋아하는 학생의 비율은 김밥을 좋아하는 학생의 비율의 몇 배인지 구하세요.

( )

8

선영이는 매년 1월에 몸무게를 재었습니다. 선영이의 몸무게의 변화를 나타내기에 가장 알맞은 그래프는 무엇인지 보기 에서 찾아 쓰세요.

보기 ●

막대그래프   그림그래프   띠그래프
꺾은선그래프   원그래프

( )

[9-11] 정훈이네 학교의 전교 학생 회장 후보자별 득표수를 조사하여 나타낸 원그래프입니다. 물음에 답하세요.

전교 학생 회장 후보자별 득표수

9

석호의 득표수는 전체의 몇 %인지 구하세요.

(   )

10

득표수의 비율이 20 % 미만인 사람을 모두 쓰세요.

(   )

11 서술형

태희의 득표수가 480표라면 지수의 득표수는 몇 표인지 해결 과정을 쓰고, 답을 구하세요.

_____

_____

_____

(   )

[12-14] 수지네 반 학생들의 혈액형을 조사하여 나타낸 그래프입니다. 물음에 답하세요.

혈액형별 학생 수

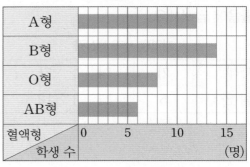

12

위 그래프에 대한 설명으로 옳은 것을 찾아 기호를 쓰세요.

> ㉠ 막대그래프입니다.
> ㉡ 혈액형별 학생 수의 비율을 쉽게 알 수 있습니다.

(   )

13

위 그래프를 보고 표를 완성하세요.

혈액형별 학생 수

혈액형	A형	B형	O형	AB형	합계
학생 수(명)	12	14	8	6	
백분율(%)	30				100

14

13의 표를 보고 띠그래프로 나타내세요.

혈액형별 학생 수

0 10 20 30 40 50 60 70 80 90 100(%)

[15-17] 글을 읽고 물음에 답하세요.

> 윤서네 과수원에서 기르는 종류별 나무 수를 조사하였더니 배나무 80그루, 귤나무 60그루, 감나무 50그루, 포도나무 6그루, 살구나무 4그루였습니다.

15

과수원에서 기르는 나무 종류 중에서 기타에 넣을 항목을 2개 찾아 쓰세요.

(   )

16

표를 완성하세요.

종류별 나무 수

종류	배나무	귤나무	감나무	기타	합계
나무 수(그루)	80			10	
백분율(%)	40				

17

16의 표를 보고 원그래프로 나타내세요.

종류별 나무 수

[18-20] 준서네 학교 6학년 학생 200명이 생일에 받고 싶은 선물을 조사하여 나타낸 띠그래프입니다. 물음에 답하세요.

받고 싶은 선물별 학생 수

휴대 전화 (40%)	운동화	자전거 (19%)	책	

기타(5%)

18

휴대 전화 또는 자전거를 받고 싶은 학생 수는 전체의 몇 %인지 구하세요.

(   )

19 서술형

휴대 전화를 받고 싶은 학생의 75%가 남학생일 때, 휴대 전화를 받고 싶은 남학생은 몇 명인지 해결 과정을 쓰고, 답을 구하세요.

_____

_____

_____

(   )

20

운동화를 받고 싶은 학생 수가 책을 받고 싶은 학생 수의 2배일 때, 운동화를 받고 싶은 학생은 몇 명인지 구하세요.

(   )

다른 그림을 찾아보세요.

● 정답 45쪽

다른 곳이 15군데 있어요.

6 직육면체의 부피와 겉넓이

▶ 학습을 완료하면 V표를 하면서 학습 진도를 체크해요.

	개념학습				문제 학습		
백점 쪽수	140	141	142	143	144	145	146
확인							

	문제학습					응용학습	
백점 쪽수	147	148	149	150	151	152	153
확인							

	응용학습		단원평가			
백점 쪽수	154	155	156	157	158	159
확인						

1 직육면체의 부피 비교

● 정답 39쪽

┌─ 어떤 물건이 공간에서 차지하는 크기

● **직육면체의 부피 비교**

방법1 직접 맞대어 비교하기

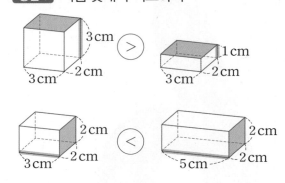

방법2 크기와 모양이 같은 작은 물건을 이용하여 비교하기

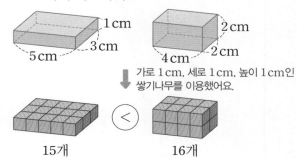

가로 1 cm, 세로 1 cm, 높이 1 cm인 쌓기나무를 이용했어요.

15개 < 16개

가로, 세로, 높이 중에서 두 종류 이상의 길이가 같으면, 같지 않은 다른 한 모서리의 길이로 부피를 비교할 수 있습니다.

직육면체와 같은 모양으로 쌓거나, 직육면체를 채운 작은 물건의 수로 부피를 비교할 수 있습니다.

개념 강의

- 높이가 같으면 밑면의 넓이가 넓을수록 부피가 더 큽니다.
- 작은 물건을 이용할 때에는 물건의 모양과 크기가 같고, 빈틈없이 쌓아야 정확하게 비교할 수 있습니다.

1 두 직육면체의 부피를 직접 맞대어 비교하려고 합니다. 각 부분을 비교하여 ○ 안에 >, =, <를 알맞게 써넣으세요.

(1) 가   나

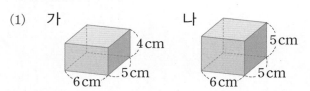

밑면의 넓이	높이	부피
가 ◯ 나	가 ◯ 나	가 ◯ 나

(2) 가   나

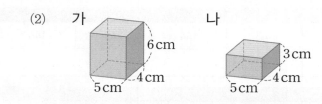

밑면의 넓이	높이	부피
가 ◯ 나	가 ◯ 나	가 ◯ 나

2 크기가 같은 쌓기나무를 사용하여 두 직육면체의 부피를 비교하려고 합니다. 쌓은 쌓기나무 수가 다음과 같을 때 ○ 안에 >, =, <를 알맞게 써넣으세요.

(1) 가   나

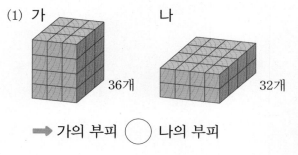

36개   32개

➡ 가의 부피 ◯ 나의 부피

(2) 가   나

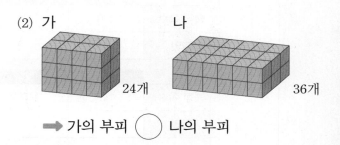

24개   36개

➡ 가의 부피 ◯ 나의 부피

② 1cm³, 직육면체의 부피 구하기

○ 1cm³: 한 모서리의 길이가 1cm인 정육면체의 부피

쓰기 $1cm^3$ **읽기** 1 세제곱센티미터

○ **직육면체의 부피 구하기**

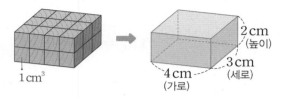

(쌓기나무의 수)=4×3×2=24(개)

➡ (직육면체의 부피)=4×3×2=24(cm³)

(직육면체의 부피)
= (가로) × (세로) × (높이)
└ 한 밑면의 넓이

○ **정육면체의 부피 구하기**

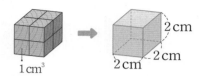

(쌓기나무의 수)=2×2×2=8(개)

➡ (정육면체의 부피)=2×2×2=8(cm³)

(정육면체의 부피)
= (한 모서리의 길이) × (한 모서리의 길이)
× (한 모서리의 길이)

 개념 강의

● 직육면체의 가로, 세로, 높이 중 어느 한 길이만 2배, 3배가 되면 부피도 2배, 3배가 되고,
가로, 세로, 높이가 각각 2배, 3배가 되면 부피는 2×2×2=8(배), 3×3×3=27(배)가 됩니다.

---

1 직육면체의 부피를 구하려고 합니다. ☐ 안에 알맞은 수를 써넣으세요.

(1)

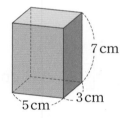

(직육면체의 부피)=5×☐×☐

=☐(cm³)

(2)

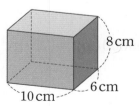

(직육면체의 부피)=10×☐×☐

=☐(cm³)

2 정육면체의 부피를 구하려고 합니다. ☐ 안에 알맞은 수를 써넣으세요.

(1)

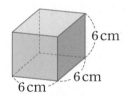

(정육면체의 부피)=6×☐×☐

=☐(cm³)

(2)

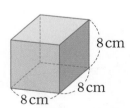

(정육면체의 부피)=8×☐×☐

=☐(cm³)

6. 직육면체의 부피와 겉넓이 **141**

1 m³

● 정답 39쪽

○ 1 m³: 한 모서리의 길이가 1 m인 정육면체의 부피

 쓰기 **1m³**　읽기 1 세제곱미터

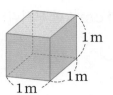

○ 1 m³와 1 cm³의 관계

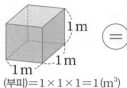 = 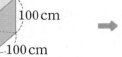 ➡ $1\,m^3 = 1000000\,cm^3$

(부피)=1×1×1=1(m³)　(부피)=100×100×100=1000000(cm³)

● 길이: $1\,m=100\,cm$　● 넓이: $1\,m^2=\underset{100\,cm\times100\,cm}{\underline{10000\,cm^2}}$　● 부피: $1\,m^3=\underset{100\,cm\times100\,cm\times100\,cm}{\underline{1000000\,cm^3}}$

---

1 직육면체의 가로, 세로, 높이를 각각 m로 나타내고, 부피는 몇 m³인지 구하세요.

(1)

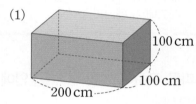

가로	2 m
세로	
높이	

(직육면체의 부피)=2×☐×☐

= ☐ (m³)

(2)

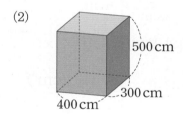

가로	4 m
세로	
높이	

(직육면체의 부피)=4×☐×☐

= ☐ (m³)

(3)

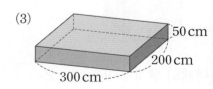

가로	3 m
세로	
높이	

(직육면체의 부피)=3×☐×☐

= ☐ (m³)

2 ☐ 안에 알맞은 수를 써넣으세요.

(1) $1\,m^3 = $ ☐ cm^3

(2) $2\,m^3 = $ ☐ cm^3

(3) $5.5\,m^3 = $ ☐ cm^3

(4) $1000000\,cm^3 = $ ☐ m^3

(5) $4000000\,cm^3 = $ ☐ m^3

(6) $70000000\,cm^3 = $ ☐ m^3

4 직육면체의 겉넓이

● 직육면체의 겉넓이 구하기 ┌─ 물체 겉면의 넓이

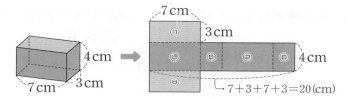

$7+3+7+3=20(cm)$

방법1 여섯 면의 넓이를 각각 구해 모두 더하기 → ㉠+㉡+㉢+㉣+㉤+㉥

$$7\times3+7\times4+3\times4+7\times4+3\times4+7\times3=122(cm^2)$$

방법2 합동인 면이 3쌍이므로 세 면의 넓이(㉠, ㉡, ㉢)의 합을 2배 하기 → (㉠+㉡+㉢)×2

$$(7\times3+7\times4+3\times4)\times2=122(cm^2)$$

방법3 두 밑면의 넓이와 옆면의 넓이를 더하기 → ㉠×2+(㉡+㉢+㉣+㉤)

$$(7\times3)\times2+(7+3+7+3)\times4=122(cm^2)$$

 개념 강의

● 정육면체의 겉넓이는 직육면체와 같은 방법으로 구할 수도 있지만, 정육면체의 여섯 면의 넓이가 모두 같음을 이용하여 (정육면체의 겉넓이)=(한 면의 넓이)×6으로 구할 수 있습니다.

---

1 직육면체의 겉넓이를 여러 가지 방법으로 구하려고 합니다. □ 안에 알맞은 수를 써넣으세요.

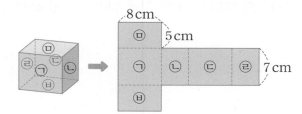

(1) (여섯 면의 넓이의 합)
   =㉠+㉡+㉢+㉣+㉤+㉥
   =56+35+56+35+□+40
   =□(cm²)

(2) (한 꼭짓점에서 만나는 세 면의 넓이의 합)×2
   =(㉤+㉠+㉡)×2
   =(40+□+□)×2=□(cm²)

(3) (한 밑면의 넓이)×2+(옆면의 넓이의 합)
   =㉤×2+(㉠+㉡+㉢+㉣)
   =40×2+(56+□+56+□)
   =□(cm²)

2 정육면체의 겉넓이를 여러 가지 방법으로 구하려고 합니다. □ 안에 알맞은 수를 써넣으세요.

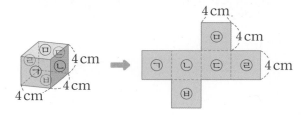

(1) (여섯 면의 넓이의 합)
   =㉠+㉡+㉢+㉣+㉤+㉥
   =16+16+16+16+□+□
   =□(cm²)

(2) (한 면의 넓이)×6
   =㉠×□
   =□×□=□(cm²)

1 직육면체의 부피 비교

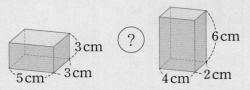

▶ 가로, 세로, 높이가 각각 다르면 직접 맞대어 부피를 비교할 수 없습니다.

3 cm
5 cm · 3 cm
?
6 cm
4 cm · 2 cm

▶ 상자에 담은 작은 물건의 모양과 크기가 다르면 부피를 비교할 수 없습니다.

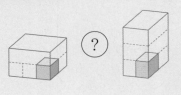

1

부피가 더 큰 직육면체에 ○표 하세요.

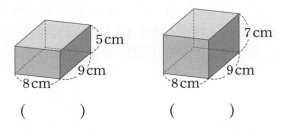

5 cm
9 cm
8 cm

7 cm
9 cm
8 cm

(   )   (   )

2

직육면체 모양의 블록을 사용하여 네 상자의 부피를 비교하려고 합니다. 네 상자 중 부피를 비교할 수 있는 두 상자를 찾아 기호를 쓰세요.

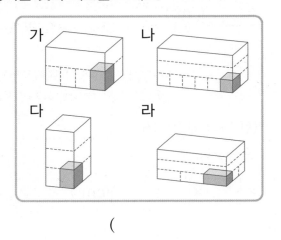

가   나

다   라

(   )

[3-4] 두 직육면체 모양 가와 나에 크기가 같은 작은 과자 상자를 담아 부피를 비교하려고 합니다. 물음에 답하세요.

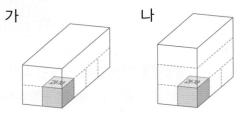

가   나

3

가와 나에 담을 수 있는 과자 상자는 각각 몇 개인지 구하세요.

가 (   )
나 (   )

4

가와 나 중 부피가 더 큰 것을 찾아 기호를 쓰세요.

(   )

5

직육면체의 부피를 비교하는 방법을 잘못 설명한 사람의 이름을 쓰세요.

모양과 크기가 다른 작은 블록을 쌓아 부피를 비교할 수 있어.

가로, 세로, 높이 중 두 종류의 길이가 같으면 부피를 비교할 수 있어.

강우   지혜

(   )

6 ➕ 10종 교과서

크기가 같은 쌓기나무를 사용하여 두 직육면체를 만들었습니다. 쌓기나무의 수를 세어 □ 안에 써넣고, 부피를 비교하여 ○ 안에 >, =, <를 써넣으세요.

가   나

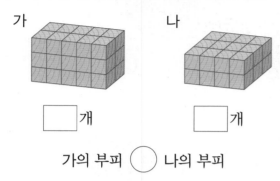

□ 개   □ 개

가의 부피 ○ 나의 부피

7

크기가 같은 쌓기나무로 다음과 같은 직육면체 모양을 만들었습니다. 부피가 더 큰 것의 기호를 쓰세요.

> ㉠ 가로에 2개, 세로에 4개씩 4층으로 쌓은 모양
> ㉡ 1층에 15개씩 3층으로 쌓은 모양

(   )

8

부피가 가장 큰 직육면체를 찾아 기호를 쓰세요.

가   나   다

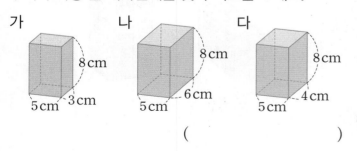

(   )

9

두 직육면체 가와 나의 높이는 같습니다. 부피가 더 큰 직육면체의 기호를 쓰세요.

가   나

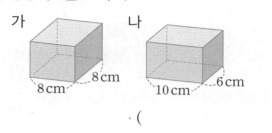

(   )

10

직육면체 모양의 세 상자에 크기와 모양이 같은 작은 상자를 담아 부피를 비교하려고 합니다. 부피가 큰 상자부터 차례대로 기호를 쓰세요.

가   나   다

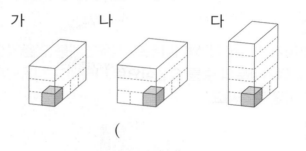

(   )

11 ➕ 10종 교과서

직접 맞대었을 때 부피를 비교할 수 있는 상자끼리 짝지어 기호를 쓰고, 그 이유를 쓰세요.

가   나   다

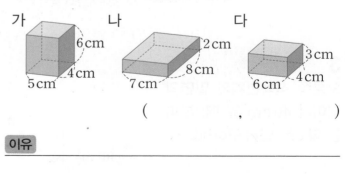

(,   )

이유 _____

_____

2 1cm³, 직육면체의 부피 구하기

▶한 모서리의 길이가 1cm인 정육면체의 부피를 1cm³라 합니다.

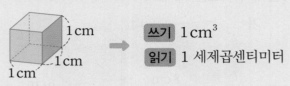

→ 쓰기 1cm³

읽기 1 세제곱센티미터

▶(직육면체의 부피)=(가로)×(세로)×(높이)

1

부피가 1cm³와 비슷한 물건을 찾아 ○표 하세요.

| 사물함 | 필통 | 각설탕 |

2

부피가 1cm³인 쌓기나무로 직육면체를 만들었습니다. 쌓기나무의 수를 곱셈식으로 나타내고 직육면체의 부피를 구하세요.

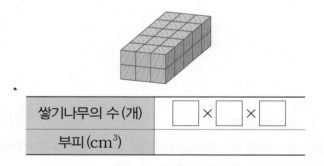

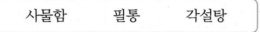

쌓기나무의 수 (개)	□ × □ × □
부피 (cm³)	

3

오른쪽 직육면체의 밑면의 넓이가 40cm²일 때, 부피는 몇 cm³인지 구하세요.

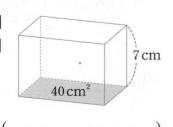

40cm² 7cm

(   )

4

정육면체의 부피는 몇 cm³인지 구하세요.

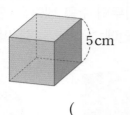

5cm

(   )

5

도훈이는 가로가 6cm, 세로가 4cm, 높이가 3cm인 직육면체 모양의 버터를 샀습니다. 도훈이가 산 버터의 부피는 몇 cm³인지 구하세요.

(   )

6

부피가 1cm³인 쌓기나무로 다음과 같이 직육면체를 만들었습니다. 오른쪽 직육면체의 부피는 왼쪽 직육면체의 부피보다 몇 cm³ 더 큰지 구하세요.

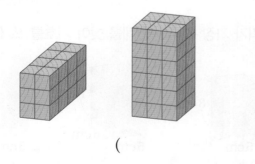

(   )

7

다음 전개도를 이용하여 만든 정육면체의 부피는 몇 cm³인지 구하세요.

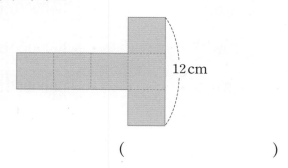

12 cm

( )

8 ➕ 10종 교과서

직육면체 모양의 물건들이 있습니다. 부피가 큰 것부터 차례대로 기호를 쓰세요.

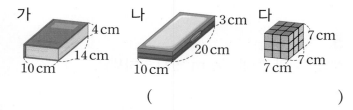

가 4 cm 10 cm 14 cm 나 3 cm 10 cm 20 cm 다 7 cm 7 cm 7 cm

( )

9

한 면의 넓이가 36 cm²인 정육면체의 부피는 몇 cm³인지 구하세요.

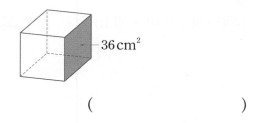

36 cm²

( )

10

한 모서리의 길이가 3 cm인 정육면체가 있습니다. 이 정육면체의 각 모서리의 길이를 4배로 늘인 정육면체의 부피는 처음 정육면체의 부피의 몇 배가 되는지 구하세요.

( )

11 ➕ 10종 교과서

두 직육면체의 부피는 같습니다. 오른쪽 직육면체의 높이는 몇 cm인지 구하세요.

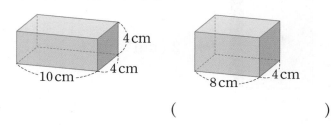

4 cm 10 cm 4 cm   8 cm 4 cm

( )

12

그림과 같은 직육면체 모양의 두부를 잘라서 정육면체 모양으로 만들려고 합니다. 만들 수 있는 가장 큰 정육면체 모양의 부피는 몇 cm³인지 구하세요.

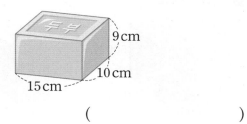

두부 9 cm 10 cm 15 cm

( )

3 1m³

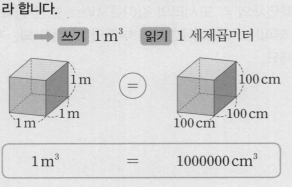

▶ 한 모서리의 길이가 1m인 정육면체의 부피를 1m³ 라 합니다.

➡ **쓰기** 1m³ **읽기** 1 세제곱미터

1m³ = 1000000 cm³

1

물건을 보고 알맞은 부피 단위에 ○표 하세요.

(1)

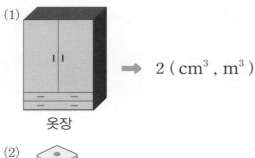

➡ 2 (cm³ , m³)

옷장

(2)

➡ 2 (cm³ , m³)

주사위

2

두 직육면체의 부피를 각각 구하여 □ 안에 알맞은 수를 써넣으세요.

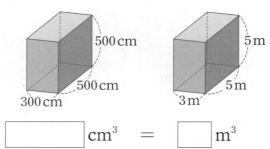

[ ] cm³ = [ ] m³

3 ➕ 10종 교과서

부피가 같은 것끼리 이으세요.

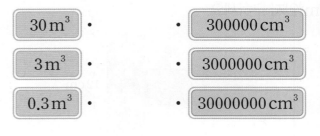

30 m³ ·   · 300000 cm³

3 m³ ·   · 3000000 cm³

0.3 m³ ·   · 30000000 cm³

4

한 모서리가 1m인 정육면체 모양 상자 24개를 쌓아 직육면체 모양을 만들었습니다. 상자를 쌓아 만든 직육면체 모양의 부피는 몇 m³인지 구하세요.

(   )

5

직육면체의 부피는 몇 m³인지 구하세요.

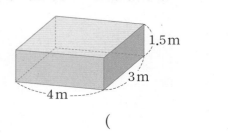

(   )

6

정육면체의 부피는 몇 m³인지 구하세요.

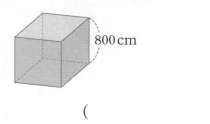

(   )

7

직육면체의 부피를 cm³와 m³로 각각 나타내세요.

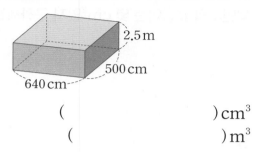

(   ) cm³
(   ) m³

8

m³와 cm³의 관계가 <u>잘못</u>된 것은 어느 것일까요?

(   )

① $9 \text{ m}^3 = 9000000 \text{ cm}^3$
② $5000000 \text{ cm}^3 = 5 \text{ m}^3$
③ $0.8 \text{ m}^3 = 800000 \text{ cm}^3$
④ $25000000 \text{ cm}^3 = 2.5 \text{ m}^3$
⑤ $760000 \text{ cm}^3 = 0.76 \text{ m}^3$

9

두 직육면체 중에서 부피가 더 큰 것의 기호를 쓰세요.

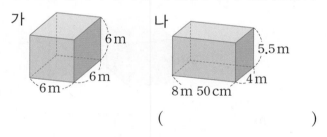

(   )

10

직육면체의 부피가 30 m³일 때, □ 안에 알맞은 수를 써넣으세요.

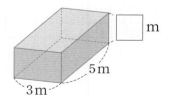

11

동식이 방의 침대의 부피는 1.5 m³이고, 서랍장의 부피는 640000 cm³입니다. 침대와 서랍장의 부피의 차는 몇 m³인지 구하세요.

(   )

12   ➕ 10종 교과서

부피가 큰 것부터 차례로 기호를 쓰세요.

> ㉠ 9.1 m³
> ㉡ 84000000 cm³
> ㉢ 한 모서리의 길이가 400 cm인 정육면체의 부피
> ㉣ 가로가 0.6 m, 세로가 7 m, 높이가 30 cm인 직육면체의 부피

(   )

13

다음과 같은 직육면체 모양의 통에 가득 들어 있는 물을 부피가 1 m³인 물통 여러 개에 모두 나누어 담으려고 합니다. 물통은 적어도 몇 개 필요한지 구하세요. (단, 통의 두께는 생각하지 않습니다.)

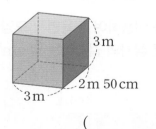

(   )

4 직육면체의 겉넓이

> ▶ (직육면체의 겉넓이)
> ＝(여섯 면의 넓이의 합)
> ＝(한 꼭짓점에서 만나는 세 면의 넓이의 합)×2
> ＝(한 밑면의 넓이)×2＋(옆면의 넓이의 합)
> ▶ (정육면체의 겉넓이)＝(한 면의 넓이)×6

1

정육면체의 겉넓이를 구하려고 합니다. □ 안에 알맞은 수를 써넣으세요.

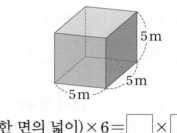

(한 면의 넓이)×6＝ □ × □ ×6

＝ □ (m²)

2

직육면체의 겉넓이는 몇 cm²인지 구하세요.

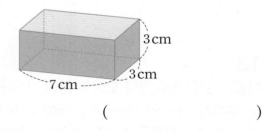

(   )

3

다음 전개도를 이용하여 직육면체 모양의 상자를 만들었습니다. 만든 상자의 겉넓이는 몇 cm²인지 구하세요.

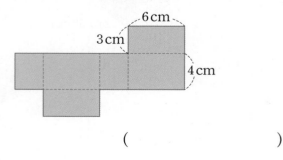

(   )

4

한 면의 둘레가 48 cm인 정육면체가 있습니다. 이 정육면체의 겉넓이는 몇 cm²인지 구하세요.

(   )

5

두 직육면체 중 겉넓이가 넓은 것의 기호를 쓰고, 몇 cm² 더 넓은지 구하세요.

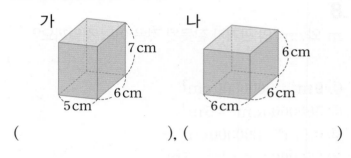

(   ), (   )

6 ✚ 10종 교과서

정육면체의 전개도를 그리고, 겉넓이는 몇 m²인지 구하세요.

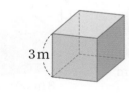

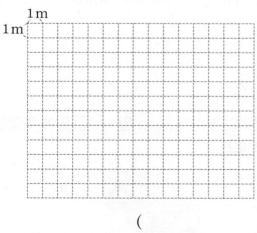

(   )

7

준서가 오른쪽 직육면체의 겉넓이를 구하는 식을 잘못 말한 것입니다. 잘못된 이유를 쓰고 바르게 고치세요.

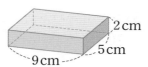

(직육면체의 겉넓이)
$= 9 \times 5 + 9 \times 2 + 5 \times 2 = 73 \, (\text{cm}^2)$

준서

이유

바르게 고치기

8

정육면체 가의 겉넓이는 정육면체 나의 겉넓이의 몇 배인지 구하세요.

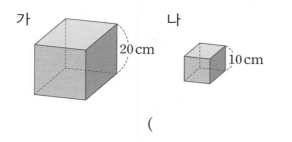

(   )

9

한 변의 길이가 40 cm인 정사각형 모양의 포장지를 사용하여 직육면체 모양의 상자를 포장하려고 합니다. 포장지를 겹치는 부분 없이 사용한다면 남는 포장지의 넓이는 몇 cm^2인지 구하세요.

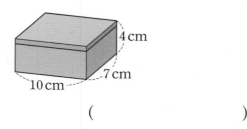

(   )

10 ➕ 10종 교과서

직육면체의 겉넓이가 $612 \, \text{cm}^2$일 때, ☐ 안에 알맞은 수를 써넣으세요.

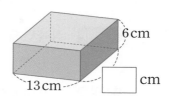

11

다음 직육면체와 겉넓이가 같은 정육면체의 한 모서리의 길이는 몇 cm인지 구하세요.

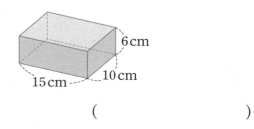

(   )

12

그림과 같이 직육면체 모양의 나무토막을 똑같이 두 조각으로 잘랐습니다. 자른 두 나무토막의 겉넓이의 합은 처음 나무토막의 겉넓이보다 몇 cm^2 늘어났는지 구하세요.

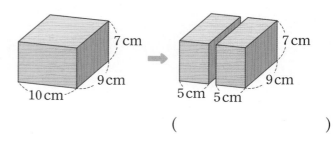

(   )

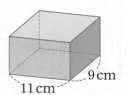

1 직육면체의 부피를 알 때 겉넓이 구하기

● 정답 42쪽

오른쪽 직육면체의 부피가 $693\,cm^3$일 때, 겉넓이는 몇 cm^2인지 구하세요.

1단계 직육면체의 높이 구하기

(   )

2단계 직육면체의 겉넓이 구하기

(   )

문제해결 tip 가로, 세로, 높이 중 주어지지 않은 길이를 □로 하고 직육면체의 부피를 구하는 식을 이용하여 그 값을 구합니다.

1·1 직육면체의 부피가 $336\,cm^3$일 때, 겉넓이는 몇 cm^2인지 구하세요.

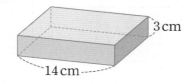

(   )

1·2 오른쪽 정육면체의 부피가 $1331\,cm^3$일 때, 겉넓이는 몇 cm^2인지 구하세요.

(   )

2 쌓을 수 있는 상자의 수 구하기

● 정답 43쪽

가로가 $3\,m$, 세로가 $4\,m$, 높이가 $5\,m$인 직육면체 모양의 창고에 한 모서리의 길이가 $20\,cm$인 정육면체 모양의 상자를 빈틈없이 쌓으려고 합니다. 정육면체 모양의 상자를 모두 몇 개 쌓을 수 있는지 구하세요.

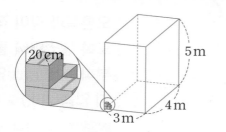

1단계 창고의 가로, 세로, 높이에 놓을 수 있는 정육면체 모양의 상자는 각각 몇 개인지 구하기

가로 (   )
세로 (   )
높이 (   )

2단계 정육면체 모양의 상자를 모두 몇 개 쌓을 수 있는지 구하기

(   )

문제해결 tip 창고의 가로, 세로, 높이에 정육면체 모양의 상자를 각각 몇 개씩 놓을 수 있는지 알아봅니다.

2·1 가로가 $6\,m$, 세로가 $3\,m$, 높이가 $4\,m$인 직육면체 모양의 창고에 한 모서리의 길이가 $25\,cm$인 정육면체 모양의 상자를 빈틈없이 쌓으려고 합니다. 정육면체 모양의 상자를 모두 몇 개 쌓을 수 있는지 구하세요.

(   )

2·2 두 직육면체 모양의 상자에 한 모서리의 길이가 $6\,cm$인 정육면체 모양의 쌓기나무를 빈틈없이 가득 채우려고 합니다. 어느 상자에 쌓기나무를 몇 개 더 많이 넣을 수 있는지 구하세요.

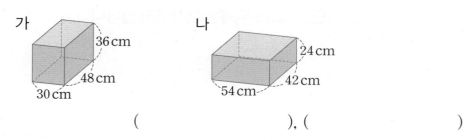

(   ), (   )

3 물속에 넣은 물건의 부피 구하기

● 정답 43쪽

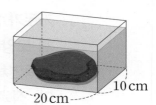

오른쪽과 같이 직육면체 모양의 수조에 돌을 완전히 잠기도록 넣었더니 물의 높이가 6 cm 높아졌습니다. 이 돌의 부피는 몇 cm³인지 구하세요. (단, 수조의 두께는 생각하지 않습니다.)

20 cm 10 cm

1단계 늘어난 물의 부피 구하기

(   )

2단계 돌의 부피 구하기

(   )

문제해결 tip 돌의 부피는 늘어난 물의 부피와 같습니다.

3·1 오른쪽과 같이 직육면체 모양의 수조에 벽돌을 완전히 잠기도록 넣었더니 물의 높이가 4 cm 높아졌습니다. 이 벽돌의 부피는 몇 cm³인지 구하세요. (단, 수조의 두께는 생각하지 않습니다.)

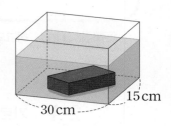

30 cm 15 cm

(   )

3·2 오른쪽과 같은 직육면체 모양의 수조에 부피가 같은 쇠구슬 3개를 완전히 잠기도록 넣었더니 물의 높이가 20 cm가 되었습니다. 쇠구슬 한 개의 부피는 몇 cm³인지 구하세요. (단, 수조의 두께는 생각하지 않습니다.)

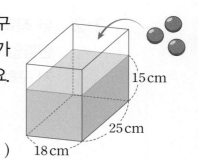

15 cm 25 cm 18 cm

(   )

4 복잡한 입체도형의 부피 구하기

● 정답 43쪽

오른쪽 입체도형의 부피는 몇 cm³인지 구하세요.

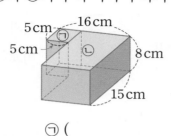

1단계 직육면체 ㉠과 ㉡의 부피 각각 구하기

㉠ (   ), ㉡ (   )

2단계 입체도형의 부피 구하기

(   )

문제해결 tip 복잡한 입체도형의 부피는 여러 개의 직육면체로 나누거나 전체 부피에서 부분의 부피를 빼서 구합니다.

4·1 다음 입체도형의 부피는 몇 cm³인지 구하세요.

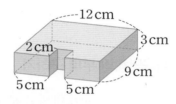

(   )

4·2 다음 입체도형의 부피는 몇 m³인지 구하세요.

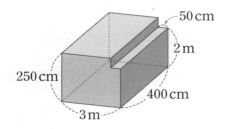

(   )

6 직육면체의 부피와 겉넓이

● 정답 43쪽

1 직육면체의 부피 비교

방법 1

 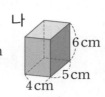

가   나

가와 나의 가로와 세로가 같으므로 높이를 비교하면 [ ]의 부피가 더 큽니다.

방법 2

가   나

작은 상자를 가에는 16개, 나에는 18개 담을 수 있으므로 [ ]의 부피가 더 큽니다.

직접 맞대어 비교하거나 크기와 모양이 같은 작은 물건을 이용하여 비교할 수 있습니다.

---

2 부피의 단위

• 1 cm³(1 세제곱센티미터): 한 모서리의 길이가 1 cm인 정육면체의 부피
• 1 m³(1 세제곱미터): 한 모서리의 길이가 1 m인 정육면체의 부피

➡ $1 m^3 =$ [   ] cm^3

주사위, 지우개 등 작은 부피를 잴 때에는 cm³ 단위를 사용하고, 교실, 방 등 큰 부피를 잴 때에는 m³ 단위를 사용합니다.

---

3 직육면체의 부피 구하기

| 직육면체의 부피 |
| 정육면체의 부피 |

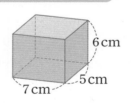   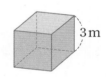

$7 \times 5 \times$ [ ] $=$ [ ] (cm^3) $3 \times 3 \times$ [ ] $=$ [ ] (m^3)

• (직육면체의 부피)
  =(가로)×(세로)
    ×(높이)
• (정육면체의 부피)
  =(한 모서리의 길이)
    ×(한 모서리의 길이)
    ×(한 모서리의 길이)

---

4 직육면체의 겉넓이 구하기

| 직육면체의 겉넓이 |
| 정육면체의 겉넓이 |

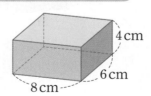   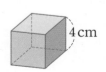

$(48 + 32 +$ [ ] $) \times$ [ ] $=$ [ ] (cm^2) $4 \times 4 \times$ [ ] $=$ [ ] (cm^2)

• (직육면체의 겉넓이)
  =(여섯 면의 넓이의 합)
  =(한 꼭짓점에서 만나는
    세 면의 넓이의 합)×2
  =(한 밑면의 넓이)×2
    +(옆면의 넓이의 합)
• (정육면체의 겉넓이)
  =(한 면의 넓이)×6

1

두 직육면체의 부피를 비교한 것입니다. □ 안에 알맞은 기호를 써넣으세요.

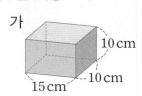
가

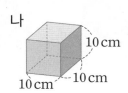
나

가와 나는 세로와 높이가 같으므로
가로가 더 긴 □ 의 부피가 더 큽니다.

2

부피가 $1\,cm^3$인 쌓기나무로 직육면체를 만들었습니다. 쌓기나무는 모두 몇 개인지 쓰고, 직육면체의 부피는 몇 cm^3인지 구하세요.

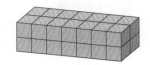

쌓기나무의 수 (   )
부피 (   )

3

오른쪽 직육면체의 부피는 몇 cm^3인지 구하세요.

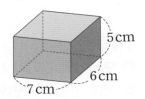

(   )

4

직육면체의 겉넓이는 몇 cm^2인지 구하세요.

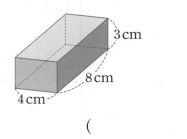

(   )

5

□ 안에 알맞은 수를 써넣으세요.

$$6\,m^3 = \boxed{}\,cm^3$$

6

오른쪽 지우개의 실제 부피에 가장 가까운 것을 찾아 ○표 하세요.

| $8\,cm^3$ | $800\,cm^3$ | $8\,m^3$ |

7

정육면체의 부피는 몇 m^3인지 구하세요.

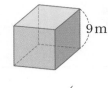

(   )

8

전개도를 이용하여 만든 정육면체의 겉넓이는 몇 cm^2인지 구하세요.

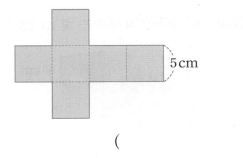

(   )

9

m^3와 cm^3의 관계가 <u>잘못된</u> 것을 모두 고르세요.

( )

① $7\,m^3 = 7000000\,cm^3$

② $6.5\,m^3 = 650000\,cm^3$

③ $1200000\,cm^3 = 1.2\,m^3$

④ $52000000\,cm^3 = 52\,m^3$

⑤ $1320000\,cm^3 = 13.2\,m^3$

10 서술형

직육면체 모양의 두 상자에 크기와 모양이 같은 주사위를 담아 부피를 비교하려고 합니다. 부피가 더 큰 상자는 어느 것인지 해결 과정을 쓰고, 답을 구하세요.

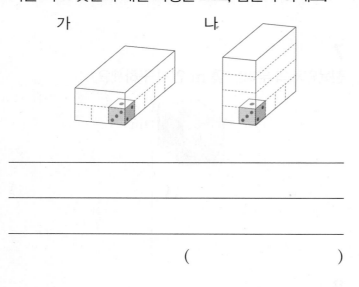

가   나

_____

_____

_____

( )

11

직육면체 모양 수족관의 부피는 몇 m^3인지 구하세요.

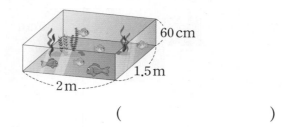

60 cm

1.5 m

2 m

( )

12

직접 맞대었을 때 부피를 비교할 수 있는 것끼리 짝 지어 기호를 쓰세요.

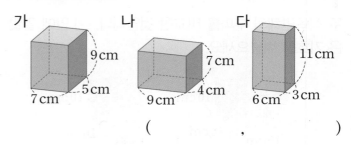

가   나   다

9 cm

5 cm

7 cm

7 cm

4 cm

9 cm

11 cm

3 cm

6 cm

(,)

13

직육면체의 부피가 $270\,cm^3$일 때, 높이는 몇 cm인지 구하세요.

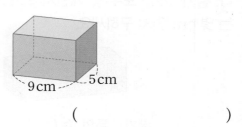

9 cm   5 cm

( )

14

한 모서리의 길이가 1 cm인 정육면체 모양 8개를 각각 쌓아 만든 직육면체입니다. 겉넓이가 가장 넓은 것을 찾아 기호를 쓰세요.

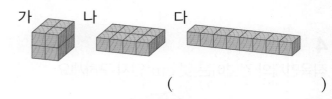

가   나   다

( )

15 서술형

두 직육면체의 부피의 차는 몇 m^3인지 해결 과정을 쓰고, 답을 구하세요.

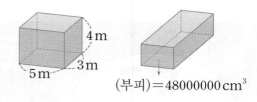

(부피)$= 48000000 \, cm^3$

_____

_____

(   )

16

한 모서리의 길이가 6cm인 정육면체 모양의 상자가 있습니다. 이 상자의 각 모서리의 길이를 2배로 늘인 정육면체의 부피는 몇 cm^3인지 구하세요.

(   )

17

직육면체의 겉넓이는 $202 \, cm^2$입니다. □ 안에 알맞은 수를 써넣으세요.

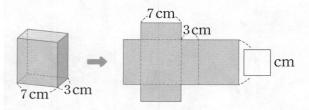

18 서술형

왼쪽 직육면체와 오른쪽 정육면체의 겉넓이가 같을 때, 직육면체의 가로는 몇 cm인지 해결 과정을 쓰고, 답을 구하세요.

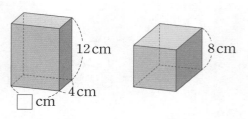

_____

_____

(   )

19

입체도형의 부피는 몇 cm^3인지 구하세요.

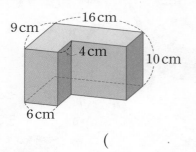

(   )

20

오른쪽과 같이 직육면체 모양의 수조에 돌을 완전히 잠기도록 넣었습니다. 돌의 부피가 $702 \, cm^3$일 때, 돌을 넣은 후의 물의 높이는 처음 물의 높이보다 몇 cm 높아졌을지 구하세요. (단, 수조의 두께는 생각하지 않습니다.)

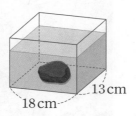

(   )

숨은 그림을 찾아보세요.

● 정답 45쪽

동아출판 초등 무료 스마트러닝

무료 스마트러닝

동아출판 초등 **무료 스마트러닝**으로 쉽고 재미있게!

bookdonga.com

초등 ▾

전체 교재   학습 자료   스마트러닝

전체 빠작 큐브수학 자습서&평가문제집 초능력

검색 자료 215

큐브수학

큐브 유형 2-1 동영상 강의
각종 경시대회에 출제되는 응용, 심화 문제를 통해 실력을 한 단계 높일 수 있습니다.

과목별 · 영역별 특화 강의

수학 개념 강의

국어 독해 지문 분석 강의

구구단 송

그림으로 이해하는 비주얼씽킹 강의

과학 실험 동영상 강의

과목별 문제 풀이 강의

서비스 제공 교재   큐브 | 백점 과학 | 빠작 초등 국어 | 초능력 | 초고필 | 하이탑 초등 과학

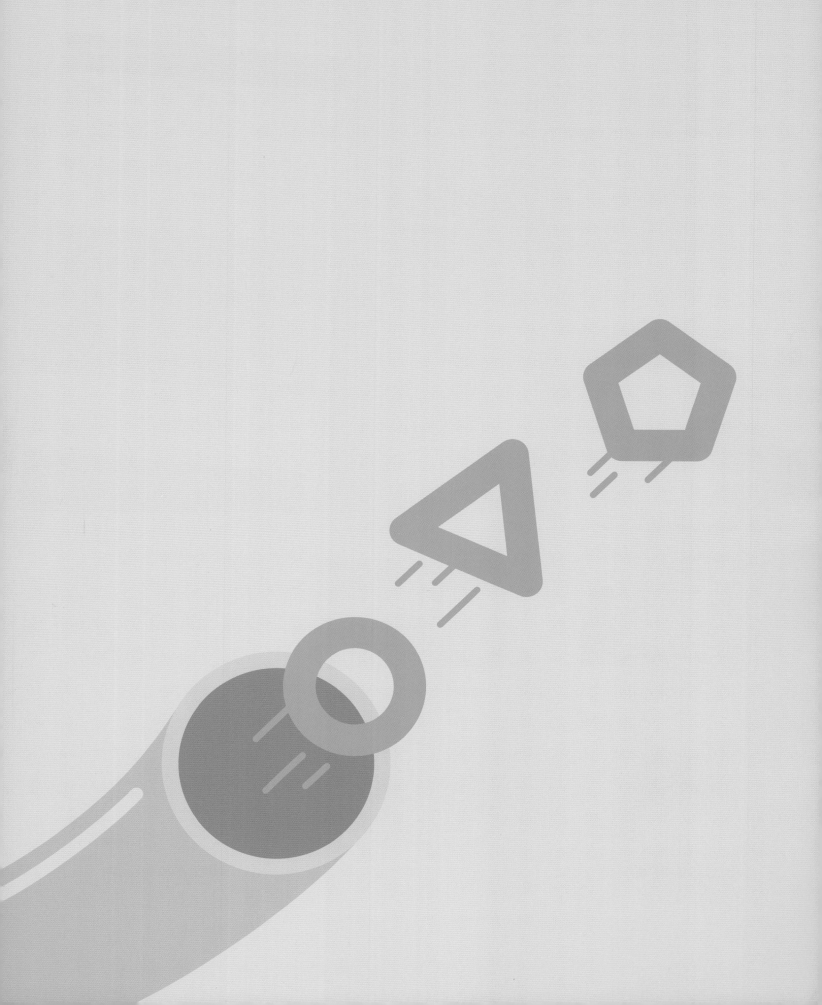

백점

수학 6·1

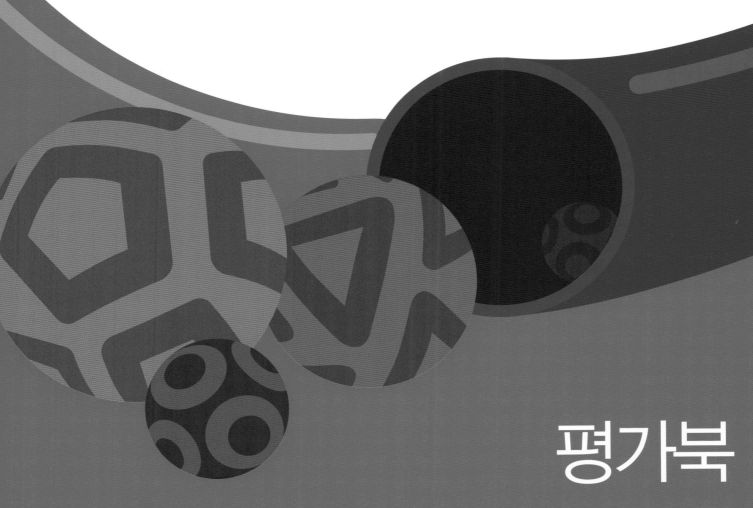

평가북

- 학교 시험 대비 수준별 **단원 평가**
- 출제율이 높은 차시별 **수행 평가**

동아출판

평가북 구성과 특징

1 **수준별 단원 평가**가 있습니다.
· 기본형, 심화형 두 가지 형태의 **단원 평가**를 제공

2 **차시별 수행 평가**가 있습니다.
· 수시로 치러지는 수행 평가를 대비할 수 있도록 차시별 **수행 평가**를 제공

3 **1학기 총정리**가 있습니다.
· 한 학기의 학습을 마무리할 수 있도록 **총정리**를 제공

백점

BOOK 2 평가북

● 차례

1. 분수의 나눗셈 ·············· 2

2. 각기둥과 각뿔 ·············· 12

3. 소수의 나눗셈 ·············· 22

4. 비와 비율 ·············· 32

5. 여러 가지 그래프 ·············· 42

6. 직육면체의 부피와 겉넓이 ·············· 52

1학기 총정리 ·············· 62

수학 6·1

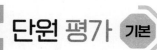
1

그림을 보고 □ 안에 알맞은 수를 써넣으세요.

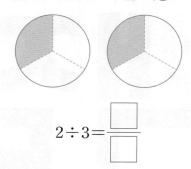

$$2 \div 3 = \dfrac{\square}{\square}$$

2

□ 안에 알맞은 수를 써넣으세요.

$$\dfrac{8}{9} \div 4 = \dfrac{8 \div \square}{9} = \dfrac{\square}{9}$$

3

보기 와 같이 나눗셈을 곱셈으로 나타내어 계산하세요.

보기

$$\dfrac{11}{6} \div 9 = \dfrac{11}{6} \times \dfrac{1}{9} = \dfrac{11}{54}$$

$$\dfrac{13}{4} \div 5$$

4

$1 \div 7$을 이용하여 $9 \div 7$의 몫을 구하려고 합니다. □ 안에 알맞은 수를 써넣으세요.

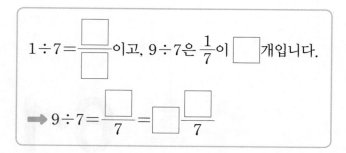

$1 \div 7 = \dfrac{\square}{\square}$ 이고, $9 \div 7$은 $\dfrac{1}{7}$이 □ 개입니다.

➡ $9 \div 7 = \dfrac{\square}{7} = \square \dfrac{\square}{7}$

5

$\dfrac{2}{3} \div 4$의 몫을 그림으로 나타내고, 몫을 구하세요.

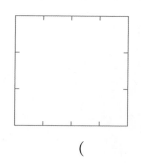

(   )

6

계산을 하세요.

$$2\dfrac{4}{5} \div 3$$

7 서술형

작은 수를 큰 수로 나눈 몫을 구하려고 합니다. 해결 과정을 쓰고, 답을 구하세요.

| 4 | $\dfrac{15}{16}$ |

(   )

8

관계있는 것끼리 이으세요.

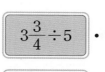 $3\dfrac{3}{4} \div 5$ •

$\dfrac{18}{7} \div 6$ •

• $\dfrac{3}{7}$

• $\dfrac{3}{4}$

• $\dfrac{3}{20}$

9

계산 결과를 비교하여 ○ 안에 >, =, <를 알맞게 써넣으세요.

$\dfrac{19}{6} \div 4$ $\dfrac{23}{8} \div 3$

10

빈 곳에 알맞은 분수를 써넣으세요.

 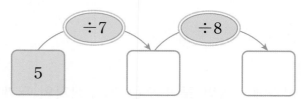

5 →(÷7)→ ☐ →(÷8)→ ☐

11

불고기 2 kg을 5봉지에 똑같이 나누어 담았습니다. 한 봉지에 담은 불고기는 몇 kg인지 분수로 나타내세요.

(   )

12

준우가 집에서 도서관까지 자전거를 타고 일정한 빠르기로 가는 데 6분이 걸렸습니다. 준우가 1분 동안 간 거리는 몇 km일까요?

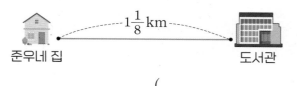
준우네 집 ----- $1\dfrac{1}{8}$ km ----- 도서관

(   )

13 서술형

가로가 7 cm이고 넓이가 $\dfrac{49}{9}$ cm²인 직사각형의 세로는 몇 cm인지 해결 과정을 쓰고, 답을 구하세요.

_____

_____

_____

_____

(   )

14

■에 알맞은 분수를 구하세요.

$6 \times ■ = 4\dfrac{1}{7}$

(   )

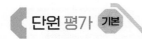

15

□ 안에 들어갈 수 있는 자연수는 모두 몇 개일까요?

$$8\frac{4}{9} \div 4 > \square$$

(   )

16

흙 10 L는 화분 3개에, 흙 20 L는 화분 7개에 남김없이 똑같이 나누어 담으려고 합니다. 나누어 담는 화분의 모양과 크기가 같다면 가와 나 중 어느 화분에 흙이 더 많을까요?

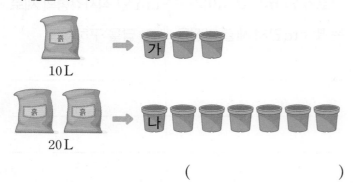

10 L

20 L

(   )

17 서술형

어떤 수를 8로 나누어야 할 것을 잘못하여 곱했더니 56이 되었습니다. 바르게 계산했을 때의 몫을 분수로 나타내려고 합니다. 해결 과정을 쓰고, 답을 구하세요.

_____

_____

_____

(   )

18

수 카드 3장을 □ 안에 한 번씩만 써넣어 몫이 가장 작은 나눗셈식을 만들고, 몫을 구하세요.

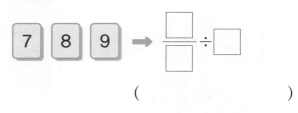

(   )

19

한 변의 길이가 $\frac{2}{7}$ cm인 정사각형과 둘레가 같은 정육각형이 있습니다. 이 정육각형의 한 변의 길이는 몇 cm일까요?

(   )

20

한 상자에 6개씩 들어 있는 배 3상자의 무게는 $13\frac{2}{5}$ kg입니다. 빈 상자 한 개의 무게가 $\frac{1}{5}$ kg이라면 배 한 개의 무게는 몇 kg일까요? (단, 배의 무게는 모두 같습니다.)

(   )

1

$4 \div 5$의 몫을 그림으로 나타내고, ☐ 안에 알맞은 수를 써넣으세요.

$$4 \div 5 = \frac{\boxed{}}{\boxed{}}$$

2

☐ 안에 알맞은 수를 써넣으세요.

$$\frac{5}{6} \div 4 = \frac{\boxed{}}{24} \div 4 = \frac{\boxed{} \div 4}{24} = \frac{\boxed{}}{24}$$

3

분수의 나눗셈을 분수의 곱셈으로 나타내어 계산하세요.

$$\frac{4}{7} \div 3$$

4

$1\frac{8}{9} \div 4$의 계산에서 잘못된 부분을 찾아 바르게 계산하세요.

> 틀린 계산
>
> $$1\frac{8}{9} \div 4 = 1\frac{8 \div 4}{9} = 1\frac{2}{9}$$

> 바른 계산
>

5

분수를 자연수로 나눈 몫을 구하세요.

$\dfrac{4}{9}$	2

(   )

6

오른쪽 그림은 넓이가 $\frac{10}{13}$ cm²인 정오각형을 5등분 한 것입니다. 색칠한 부분의 넓이는 몇 cm²일까요?

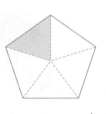

(   )

7 서술형

나눗셈의 몫을 기약분수로 나타낸 것입니다. ㉠과 ㉡의 합은 얼마인지 해결 과정을 쓰고, 답을 구하세요.

$$\frac{6}{17} \div 8 = \frac{㉠}{㉡}$$

_____

_____

_____

(   )

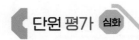

8

계산 결과를 비교하여 ○ 안에 >, =, <를 알맞게 써넣으세요.

$$15 \div 6 \bigcirc 18 \div 8$$

9

계산을 바르게 한 사람의 이름을 쓰세요.

준서

$$\frac{12}{5} \div 8 = \frac{3}{10}$$

지혜

$$\frac{9}{8} \div 6 = 6\frac{3}{4}$$

( )

10 서술형

음료수 $2\frac{5}{8}$ L를 남김없이 컵 7개에 똑같이 나누어 담았습니다. 컵 한 개에 담은 음료수는 몇 L인지 해결 과정을 쓰고, 답을 구하세요.

_____

_____

_____

( )

11

몫이 가장 작은 것을 찾아 기호를 쓰세요.

$$\bigcirc \ \frac{3}{4} \div 5 \qquad \bigcirc \ \frac{16}{15} \div 8 \qquad \bigcirc \ 2\frac{3}{5} \div 4$$

( )

12

□ 안에 들어갈 수 있는 자연수 중에서 가장 큰 수를 구하세요.

$$\square < 13 \div 4$$

( )

13

㉠에 알맞은 기약분수를 구하세요.

$$1\frac{3}{8} \div 6 \div \bigcirc = 2$$

( )

14

페인트 4통으로 바닥 $10\frac{2}{3}$ m²를 칠했습니다. 페인트 5통으로 바닥을 칠하면 몇 m²를 칠할 수 있을까요?

( )

15

한 변의 길이가 더 긴 도형을 만든 사람의 이름을 쓰세요.

> 현호: 털실 $\dfrac{17}{2}$ cm를 겹치지 않게 모두 사용하여
> 정육각형을 만들었어.
>
> 정민: 노끈 $\dfrac{56}{5}$ cm를 겹치지 않게 모두 사용하여
> 정팔각형을 만들었어.

(　　　　　)

16

□ 안에 들어갈 수 있는 자연수를 모두 구하세요.

$$\dfrac{\square}{8} < 1\dfrac{1}{2} \div 4$$

(　　　　　)

17

무게가 똑같은 참외 9개가 놓여 있는 쟁반의 무게가 $4\dfrac{1}{7}$ kg입니다. 빈 쟁반의 무게가 $\dfrac{5}{7}$ kg이라면 참외 한 개의 무게는 몇 kg일까요?

(　　　　　)

18 서술형

어떤 수를 5로 나누어야 할 것을 잘못하여 곱했더니 $7\dfrac{1}{3}$이 되었습니다. 바르게 계산했을 때의 몫은 얼마인지 해결 과정을 쓰고, 답을 구하세요.

_____

_____

_____

(　　　　　)

19

밑변의 길이가 3 cm이고 넓이가 $\dfrac{23}{3}$ cm²인 삼각형의 높이는 몇 cm일까요?

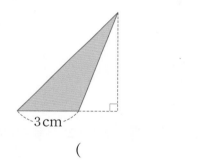
3 cm

(　　　　　)

20

가 자동차는 9분 동안 $10\dfrac{4}{5}$ km를 갈 수 있고, 나 자동차는 5분 동안 $6\dfrac{2}{3}$ km를 갈 수 있습니다. 두 자동차가 각각 일정한 속력으로 달릴 때, 1분 동안 달린 거리의 차는 몇 km일까요?

(　　　　　)

평가 주제	(자연수)÷(자연수)
평가 목표	(자연수)÷(자연수)의 몫을 분수로 나타낼 수 있습니다.

1 나눗셈의 몫을 그림으로 나타내고, □ 안에 알맞은 수를 써넣으세요.

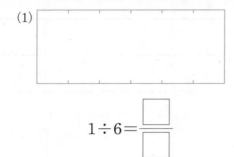

(1) $1 \div 6 = \dfrac{\square}{\square}$

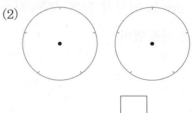

(2) $2 \div 5 = \dfrac{\square}{\square}$

2 $1 \div 3$을 이용하여 $5 \div 3$의 몫을 구하려고 합니다. □ 안에 알맞은 수를 써넣으세요.

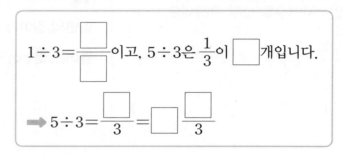

$1 \div 3 = \dfrac{\square}{\square}$ 이고, $5 \div 3$은 $\dfrac{1}{3}$이 $\square$개입니다.

➡ $5 \div 3 = \dfrac{\square}{3} = \square \dfrac{\square}{3}$

3 $7 \div 4$의 몫을 구하려고 합니다. □ 안에 알맞은 수를 써넣으세요.

$7 \div 4 = 1 \cdots \square$ 이고, 나머지 $\square$을 4로 나누면 $\dfrac{\square}{4}$입니다.

➡ $7 \div 4 = \square \dfrac{\square}{4} = \dfrac{\square}{4}$

4 나눗셈의 몫을 분수로 나타내세요.

(1) $7 \div 12$ (2) $23 \div 9$

5 두께가 일정한 통나무 $11\,\text{m}$를 똑같은 길이가 되도록 8도막으로 자르려고 합니다. 한 도막의 길이는 몇 m일지 분수로 나타내세요.

(   )

평가 주제	분자가 자연수의 배수인 (분수)÷(자연수)
평가 목표	분자가 자연수의 배수인 (분수)÷(자연수)의 계산 원리를 이해하고 계산할 수 있습니다.

1 그림을 보고 □ 안에 알맞은 수를 써넣으세요.

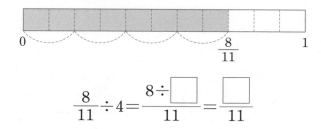

$$\frac{8}{11} \div 4 = \frac{8 \div \boxed{}}{11} = \frac{\boxed{}}{11}$$

2 □ 안에 알맞은 수를 써넣으세요.

(1) $\dfrac{12}{13} \div 6 = \dfrac{\boxed{} \div 6}{13} = \dfrac{\boxed{}}{13}$

(2) $\dfrac{14}{15} \div 2 = \dfrac{14 \div \boxed{}}{15} = \dfrac{\boxed{}}{15}$

3 계산을 하세요.

(1) $\dfrac{6}{11} \div 2$

(2) $\dfrac{15}{13} \div 3$

4 계산 결과를 비교하여 ○ 안에 >, =, <를 알맞게 써넣으세요.

$$\boxed{\dfrac{35}{39} \div 5} \quad \bigcirc \quad \boxed{\dfrac{44}{39} \div 4}$$

5 사탕 $\dfrac{4}{9}$ kg을 접시 2개에 똑같이 나누어 담았습니다. 접시 한 개에 담은 사탕의 무게는 몇 kg인지 구하세요.

(   )

평가 주제	분자가 자연수의 배수가 아닌 (분수)÷(자연수)
평가 목표	분자가 자연수의 배수가 아닌 (분수)÷(자연수)의 계산 원리를 이해하고 계산할 수 있습니다.

1 $\dfrac{2}{3} \div 5$의 몫을 구하려고 합니다. 그림을 보고 □ 안에 알맞은 수를 써넣으세요.

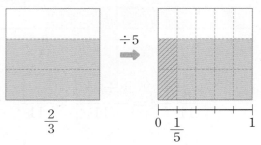

$$\frac{2}{3} \div 5 = \frac{2}{3} \times \frac{\square}{\square} = \frac{\square}{\square}$$

2 □ 안에 알맞은 수를 써넣으세요.

(1) $\dfrac{5}{8} \div 3 = \dfrac{\square}{24} \div 3 = \dfrac{\square \div 3}{24} = \dfrac{\square}{24}$

(2) $\dfrac{9}{4} \div 7 = \dfrac{9}{4} \times \dfrac{\square}{\square} = \dfrac{\square}{\square}$

3 보기 와 같이 계산하세요.

> 보기
>
> $$\frac{3}{4} \div 4 = \frac{12}{16} \div 4 = \frac{12 \div 4}{16} = \frac{3}{16}$$

$\dfrac{7}{3} \div 6$

4 분수의 나눗셈을 분수의 곱셈으로 나타내어 계산하세요.

(1) $\dfrac{5}{7} \div 2$ (2) $\dfrac{8}{3} \div 5$

5 민정이는 자전거를 타고 일정한 빠르기로 3분 동안 $\dfrac{13}{11}$ km를 갔습니다. 민정이가 자전거를 타고 1분 동안 간 거리는 몇 km인지 구하세요.

(   )

평가 주제	(대분수)÷(자연수)
평가 목표	(대분수)÷(자연수)의 계산 원리를 이해하고 계산할 수 있습니다.

1 그림을 보고 □ 안에 알맞은 수를 써넣으세요.

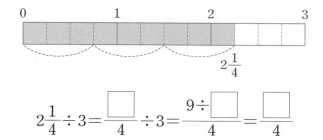

$$2\frac{1}{4} \div 3 = \frac{\square}{4} \div 3 = \frac{9 \div \square}{4} = \frac{\square}{4}$$

2 □ 안에 알맞은 수를 써넣으세요.

(1) $2\frac{2}{5} \div 4 = \dfrac{\square}{5} \div 4 = \dfrac{12 \div \square}{5} = \dfrac{\square}{5}$

(2) $1\frac{1}{6} \div 2 = \dfrac{\square}{6} \div 2 = \dfrac{\square}{6} \times \dfrac{\square}{\square} = \dfrac{\square}{\square}$

3 계산을 하세요.

(1) $1\frac{4}{7} \div 3$

(2) $2\frac{3}{4} \div 3$

4 계산 결과를 비교하여 ○ 안에 >, =, <를 알맞게 써넣으세요.

$$8\frac{3}{8} \div 6 \quad \bigcirc \quad 6\frac{4}{6} \div 5$$

5 재훈이는 식혜 $3\frac{2}{5}$ L를 일주일 동안 똑같이 나누어 모두 마셨습니다. 하루에 마신 식혜는 몇 L인지 구하세요.

(　　　　　　　　　　)

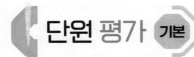
[1-2] 입체도형을 보고 물음에 답하세요.

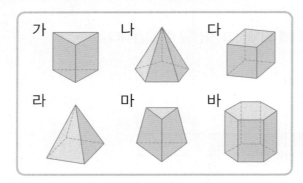

가   나   다
라   마   바

1
각기둥을 모두 찾아 기호를 쓰세요.

(   )

2
각뿔을 모두 찾아 기호를 쓰세요.

(   )

3
각기둥의 밑면을 모두 찾아 색칠하세요.

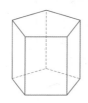

4
각기둥의 높이는 몇 cm일까요?

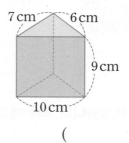

7 cm   6 cm
9 cm
10 cm

(   )

[5-6] 각뿔을 보고 물음에 답하세요.

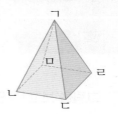

ㄱ
ㅁ
ㄴ   ㄷ   ㄹ

5
각뿔의 이름을 쓰세요.

(   )

6
옆면을 모두 찾아 쓰세요.

_____

7
보기 에서 알맞은 말을 골라 ☐ 안에 써넣으세요

보기
밑면   옆면   모서리   높이   각뿔의 꼭짓점

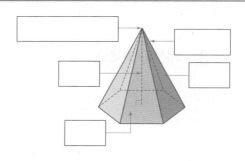

8 서술형
오른쪽 입체도형이 각기둥이 아닌 이유를 쓰세요.

이유
_____

9

다음 사각기둥의 전개도가 되는 것을 모두 찾아 기호를 쓰세요.

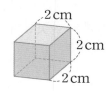

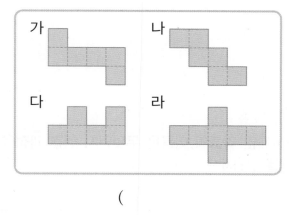

(   )

10

전개도를 접으면 어떤 입체도형이 되는지 이름을 쓰세요.

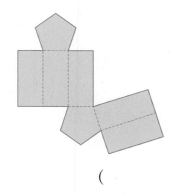

(   )

11

팔각뿔에 대한 설명으로 알맞은 것은 어느 것일까요?

(   )

① 밑면은 2개입니다.
② 꼭짓점은 9개입니다.
③ 모서리는 9개입니다.
④ 밑면은 삼각형입니다.
⑤ 옆면은 팔각형입니다.

12 서술형

두 입체도형의 같은 점과 다른 점을 1가지씩 쓰세요.

같은 점

_____

_____

다른 점

_____

_____

13

표를 완성하세요.

도형	삼각기둥	육각뿔
꼭짓점의 수(개)		
면의 수(개)		
모서리의 수(개)		

14

전개도를 접었을 때 선분 ㄹㅁ과 맞닿는 선분을 찾아 쓰세요.

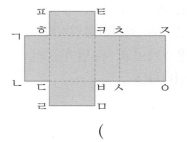

(   )

15

입체도형의 겨냥도를 보고 전개도를 그린 것입니다.
□ 안에 알맞은 수를 써넣으세요.

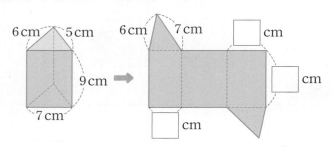

16

오른쪽 사각기둥의 전개도
를 그리세요.

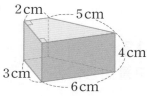

1 cm
1 cm

17

다음에서 설명하는 입체도형의 이름을 쓰세요.

- 밑면은 육각형입니다.
- 옆면은 모두 직사각형입니다.
- 밑면은 2개이고, 두 밑면은 서로 평행하고
  합동입니다.

( )

18

㉠과 ㉡의 차는 몇 개일까요?

㉠ 팔각기둥의 모서리의 수
㉡ 사각뿔의 꼭짓점의 수

( )

19 서술형

면이 6개인 각뿔의 이름은 무엇인지 해결 과정을 쓰
고, 답을 구하세요.

_____

_____

_____

_____

( )

20

오른쪽과 같은 이등변삼각형 8개를 옆면
으로 하고 밑면이 정다각형인 입체도형
이 있습니다. 이 입체도형의 모든 모서
리의 길이의 합은 몇 cm일까요?

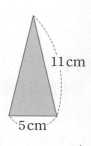

( )

1

입체도형의 이름을 쓰세요.

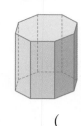

(   )

2

각기둥에서 각 부분의 이름을 쓴 것입니다. <u>잘못된</u> 것은 어느 것일까요? (   )

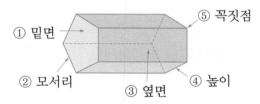

① 밑면
⑤ 꼭짓점
② 모서리
③ 옆면
④ 높이

[3-4] 각뿔을 보고 물음에 답하세요.

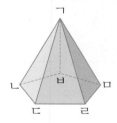

3

각뿔의 꼭짓점을 찾아 쓰세요.

(   )

4

밑면과 옆면을 모두 찾아 쓰세요.

밑면

옆면

5

각뿔의 높이를 바르게 잰 것을 찾아 기호를 쓰세요.

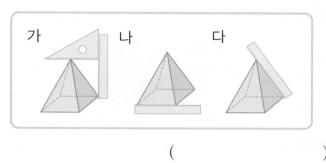

가   나   다

(   )

6

사각기둥의 전개도를 찾아 기호를 쓰세요.

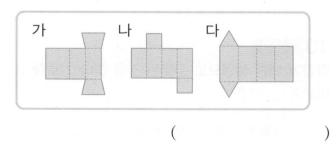

가   나   다

(   )

7

각기둥의 높이는 몇 cm일까요?

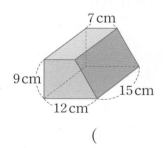

7 cm
9 cm
15 cm
12 cm

(   )

8

오각기둥에 대한 설명으로 알맞은 것을 모두 고르세요. (   )

① 밑면은 1개입니다.
② 꼭짓점은 6개입니다.
③ 모서리는 15개입니다.
④ 밑면은 오각형입니다.
⑤ 옆면은 삼각형입니다.

9 서술형

전개도를 접었을 때 삼각기둥을 만들 수 없는 이유를 쓰세요.

이유

10 서술형

각뿔에 대한 설명으로 잘못된 것을 찾아 기호를 쓰고, 바르게 고치세요.

> ㉠ 각뿔의 밑면은 1개입니다.
> ㉡ 각뿔의 옆면은 삼각형입니다.
> ㉢ 각뿔에서 각뿔의 꼭짓점은 항상 1개입니다.
> ㉣ 각뿔의 높이는 옆면과 옆면이 만나서 생긴 선분의 길이입니다.

기호

바르게 고치기

11

2개의 밑면과 5개의 옆면의 모양이 각각 다음과 같은 입체도형의 이름을 쓰세요.

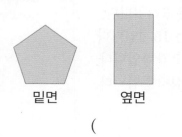

밑면　　　옆면

(　　　　　　　)

12

삼각기둥의 전개도입니다. 선분 ㄱㄴ의 길이는 몇 cm 일까요?

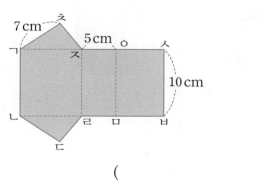

(　　　　　　　)

13

육각기둥을 보고 표를 완성하세요.

꼭짓점의 수 (개)	
면의 수 (개)	
모서리의 수 (개)	

14

전개도를 접었을 때 면 ㄹㅁㅂㅅ과 수직인 면을 모두 찾아 쓰세요.

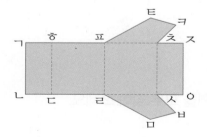

15

밑면이 오른쪽 그림과 같고, 높이가 2 cm인 삼각기둥의 전개도를 그리세요.

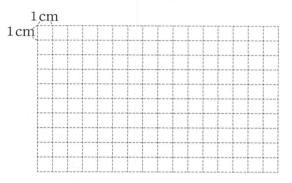

16

밑면의 모양이 다음과 같은 각뿔에 대해 정리하려고 합니다. 표의 빈칸에 알맞게 써넣으세요.

각뿔의 이름	꼭짓점의 수(개)	면의 수(개)	모서리의 수(개)

17

전개도를 접어서 각기둥을 만들려고 합니다. 전개도의 둘레가 70 cm일 때, 각기둥의 높이를 구하세요.

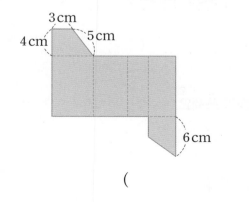

( )

18

개수가 많은 것부터 차례로 기호를 쓰세요.

> ㉠ 육각뿔의 모서리의 수
> ㉡ 육각기둥의 면의 수
> ㉢ 팔각뿔의 꼭짓점의 수

( )

19 서술형

모서리가 15개인 각기둥과 밑면의 모양이 같은 각뿔이 있습니다. 이 각뿔의 꼭짓점은 몇 개인지 해결 과정을 쓰고, 답을 구하세요.

_____

_____

_____

_____

( )

20

다음 전개도를 접어서 만든 각기둥에 대한 조건 을 보고 밑면의 한 변의 길이는 몇 cm인지 구하세요.

> 조건
> • 각기둥의 옆면은 모두 합동입니다.
> • 각기둥의 높이는 5 cm입니다.
> • 각기둥의 모든 모서리의 길이의 합은 54 cm입니다.

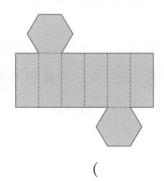

( )

● 정답 51쪽

평가 주제	각기둥
평가 목표	• 입체도형과 각기둥을 이해할 수 있습니다. • 각기둥의 밑면과 옆면을 이해할 수 있습니다.

[1-2] 도형을 보고 물음에 답하세요.

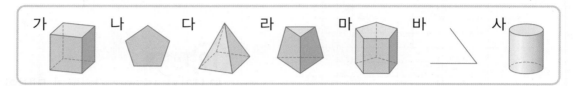

가   나   다   라   마   바   사

1 입체도형을 모두 찾아 기호를 쓰세요.

(   )

2 각기둥을 모두 찾아 기호를 쓰세요.

(   )

3 각기둥에서 밑면을 모두 찾아 색칠하세요.

(1) 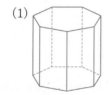   (2)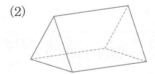

4 각기둥에서 밑면에 수직인 면은 모두 몇 개입니까?

(1) 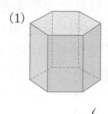   (2)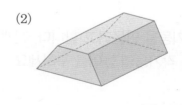

(   )   (   )

5 면 ㄱㄴㄷㄹ을 한 밑면으로 할 때, 옆면을 모두 찾아 쓰세요.

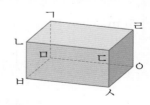

옆면

평가 주제	각기둥의 이름과 구성 요소
평가 목표	각기둥의 이름과 구성 요소(모서리, 꼭짓점, 높이)를 이해할 수 있습니다.

1　각기둥의 이름을 쓰세요.

(1) 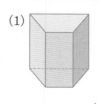　　　　(2)

(　　　　　　　　)　　　(　　　　　　　　)

2　사각기둥을 보고 표를 완성하세요.

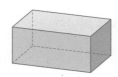

꼭짓점의 수 (개)	
면의 수 (개)	
모서리의 수 (개)	

3　각기둥의 높이는 몇 cm인지 구하세요.

(1) 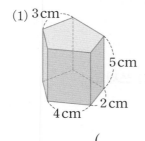 3 cm　5 cm　2 cm　4 cm

(2) 2 cm　7 cm　4 cm　3 cm　4 cm

(　　　　　　　　)　　　(　　　　　　　　)

4　다음에서 설명하는 입체도형의 이름을 쓰세요.

> • 밑면이 2개입니다.
> • 옆면은 모두 직사각형입니다.
> • 밑면과 옆면은 서로 수직입니다.
> • 두 밑면은 서로 평행하고 합동인 육각형입니다.

(　　　　　　　　)

5　삼각기둥의 면의 수와 모서리의 수의 합은 몇 개인지 구하세요.

(　　　　　　　　)

평가 주제	각기둥의 전개도
평가 목표	각기둥의 전개도를 이해하고, 그릴 수 있습니다.

[1-2] 오른쪽 전개도를 보고 물음에 답하세요.

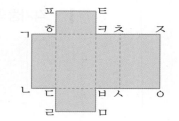

1 전개도를 접으면 어떤 입체도형이 되는지 이름을 쓰세요.

(   )

2 전개도를 접었을 때 선분 ㄱㄴ과 맞닿는 선분을 찾아 쓰세요.

(   )

3 각기둥과 전개도를 보고 □ 안에 알맞은 수를 써넣으세요.

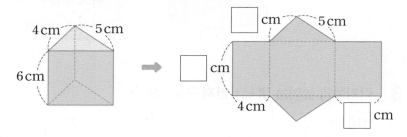

4 오른쪽 전개도를 접었을 때 면 ㉠과 마주 보는 면을 찾아 쓰세요.

(   )

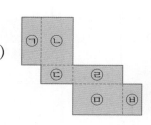

5 삼각기둥의 전개도를 완성하세요.

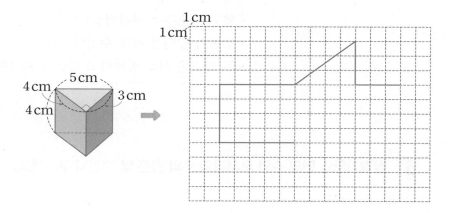

평가 주제	각뿔
평가 목표	• 각뿔과 각뿔의 밑면, 옆면을 이해할 수 있습니다. • 각뿔의 이름과 구성 요소(모서리, 꼭짓점, 높이)를 이해할 수 있습니다.

1 각뿔은 모두 몇 개인지 구하세요.

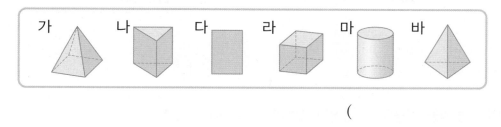

가　나　다　라　마　바

(　　　　　　　)

2 오른쪽 각뿔을 보고 밑면과 옆면은 각각 몇 개인지 구하세요.

밑면 (　　　　　　　)

옆면 (　　　　　　　)

3 각뿔의 이름을 쓰세요.

(1) 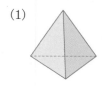　　　　　(2)

(　　　　　)　　　(　　　　　)

4 각뿔을 보고 표를 완성하세요.

꼭짓점의 수(개)	면의 수(개)	모서리의 수(개)

5 개수가 적은 것부터 차례로 기호를 쓰세요.

> ㉠ 삼각뿔의 모서리의 수
> ㉡ 사각뿔의 꼭짓점의 수
> ㉢ 육각뿔의 면의 수

(　　　　　　　)

1

□ 안에 알맞은 수를 써넣으세요.

$$36.68 \div 7 = \frac{\boxed{}}{100} \div 7 = \frac{\boxed{} \div 7}{100}$$

$$= \frac{\boxed{}}{100} = \boxed{}$$

2

자연수의 나눗셈을 이용하여 □ 안에 알맞은 수를 써넣으세요.

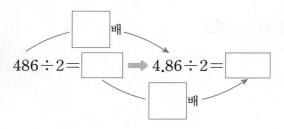

3

계산을 하세요.

$$6 \overline{)6.4\,2}$$

4

빈 곳에 알맞은 수를 써넣으세요.

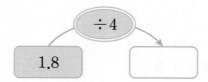

5

보기 와 같은 방법으로 몫을 구하세요.

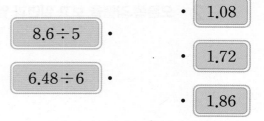

보기

$$7 \div 4 = \frac{7}{4} = \frac{175}{100} = 1.75$$

$17 \div 50$

6

관계있는 것끼리 이으세요.

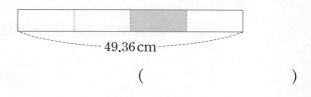

8.6 ÷ 5 ·   · 1.08

6.48 ÷ 6 ·   · 1.72

· 1.86

7

길이가 49.36 cm인 종이테이프를 그림과 같이 4등분 했습니다. 색칠된 부분의 길이는 몇 cm일까요?

-------- 49.36 cm --------

(   )

8

어림을 이용하여 알맞은 위치에 소수점을 찍으세요.

$$81.2 \div 4 = 2\square0\square3$$

9

무게가 같은 운동화 7켤레의 무게가 1.89 kg입니다. 운동화 한 켤레의 무게는 몇 kg인지 식을 쓰고, 답을 구하세요.

식 _____

답 _____

10

계산 결과를 비교하여 ○ 안에 >, =, <를 알맞게 써넣으세요.

$$10.8 \div 5 \quad \bigcirc \quad 16.24 \div 8$$

11 서술형

잘못 계산한 곳을 찾아 이유를 쓰고, 바르게 계산하세요.

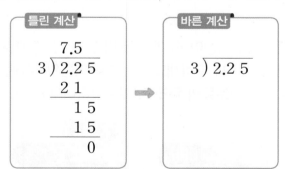

이유 _____

_____

12

가장 큰 수를 가장 작은 수로 나눈 몫을 구하세요.

| 6 | 39.9 | 20.7 | 19 |

(   )

13

■에 알맞은 소수를 구하세요.

$$■ \times 6 = 17.7$$

(   )

14 서술형

넓이가 58 m²인 평행사변형이 있습니다. 이 평행사변형의 높이가 8 m일 때 밑변의 길이는 몇 m인지 소수로 나타내려고 합니다. 해결 과정을 쓰고, 답을 구하세요.

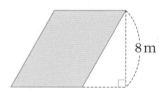

_____

_____

_____

(   )

15

일정한 빠르기로 2주일에 63분씩 빨라지는 시계가 있습니다. 이 시계는 하루에 몇 분씩 빨라지는지 소수로 나타내세요.

(   )

16 서술형

길이가 9.9 m인 도로에 가로등 7개를 같은 간격으로 그림과 같이 설치하려고 합니다. 가로등 사이의 간격을 몇 m로 해야 하는지 해결 과정을 쓰고, 답을 구하세요. (단, 가로등의 두께는 생각하지 않습니다.)

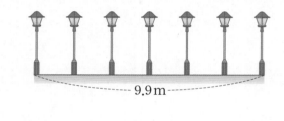

9.9 m

_____

_____

(   )

17

가로 4 m, 세로 2 m인 직사각형 모양의 벽을 페인트 27.2 L를 사용하여 칠했습니다. $1 m^2$의 벽을 칠하는 데 사용한 페인트는 몇 L일까요?

(   )

18

수 카드 4장 중 2장을 사용하여 몫이 가장 큰 나눗셈식을 만들고 몫을 소수로 나타내세요.

19

모서리의 길이가 모두 같은 삼각뿔이 있습니다. 모서리의 길이의 합이 6.24 m일 때 한 모서리의 길이는 몇 m일까요?

(   )

20

그림을 보고 복숭아 한 개와 토마토 한 개 중 어느 것이 더 무거운지 구하세요. (단, 복숭아들의 무게는 모두 같고, 토마토들의 무게도 모두 같습니다.)

(   )

1

자연수의 나눗셈을 이용하여 □ 안에 알맞은 수를 써넣으세요.

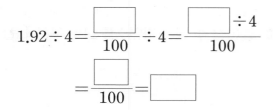

$528 \div 4 = 132$

$52.8 \div 4 = \boxed{}$

$5.28 \div 4 = \boxed{}$

2

□ 안에 알맞은 수를 써넣으세요.

$$1.92 \div 4 = \frac{\boxed{}}{100} \div 4 = \frac{\boxed{} \div 4}{100}$$

$$= \frac{\boxed{}}{100} = \boxed{}$$

3

계산을 하세요.

$$12 \overline{)27}$$

4

빈 곳에 알맞은 수를 써넣으세요.

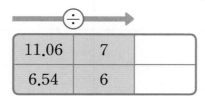

÷		
11.06	7	
6.54	6	

5

넓이가 $6.48\,\mathrm{m}^2$인 오른쪽 정사각형을 9등분 했습니다. 색칠된 부분의 넓이는 몇 m^2일까요?

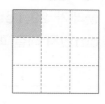

(   )

6

어느 가게에서 15일 동안 밀가루 $21\,\mathrm{kg}$을 사용했습니다. 매일 같은 양을 사용했을 때 하루 동안 사용한 밀가루는 몇 kg인지 소수로 나타내려고 합니다. 식을 쓰고, 답을 구하세요.

식 _____

답 _____

7

㉠, ㉡, ㉢에 알맞은 수를 구하세요.

$$
\begin{array}{r}
1.㉠8 \\
3\,\overline{)3.2㉡} \\
\underline{㉢} \\
2\ 4 \\
\underline{2\ 4} \\
0
\end{array}
$$

㉠ (   )

㉡ (   )

㉢ (   )

8 서술형

둘레가 29.1 cm인 정오각형의 한 변의 길이는 몇 cm인지 해결 과정을 쓰고, 답을 구하세요.

_____

_____

(   )

9

$1526 \div 4 = 381.5$를 이용하여 ■에 알맞은 소수를 구하세요.

$$■ \div 4 = 3.815$$

(   )

10

몫을 어림하여 몫이 1보다 작은 나눗셈을 모두 찾아 ○표 하세요.

$4.68 \div 3$	$7 \div 5$	$6.44 \div 7$
$3.78 \div 3$	$4 \div 5$	$7.21 \div 7$
$2.52 \div 3$	$6 \div 5$	$8.75 \div 7$

11

계산 결과를 비교하여 ○ 안에 >, =, <를 알맞게 써넣으세요.

$2.52 \div 3$ ○ $3 \div 4$

12 서술형

어림을 이용하여 소수점을 알맞은 위치에 찍고, 그 이유를 쓰세요.

$$65.4 \div 8 = 8\square1\square7\square5$$

이유

_____

_____

13

□ 안에 들어갈 수 있는 자연수를 모두 구하세요.

$$8.1 \div 2 > \square$$

(   )

14 서술형

잘못 계산한 곳을 찾아 이유를 쓰고, 바르게 계산하세요.

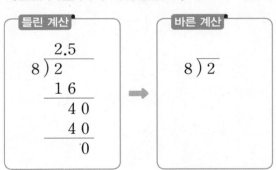

이유

_____

_____

15

몫이 작은 것부터 차례로 기호를 쓰세요.

㉠ 9.66÷6	㉡ 10÷8
㉢ 8.9÷5	㉣ 4.32÷4

(　　　　　　　)

16

일정한 빠르기로 타는 양초가 있습니다. 9분 동안 탄 길이가 3.42 cm일 때, 5분 동안 탄 길이는 몇 cm일까요?

(　　　　　　　)

17

수 카드 4장 중 3장을 골라 가장 작은 소수 두 자리 수를 만들고, 남은 수 카드의 수로 나누었을 때 몫을 구하세요.

(　　　　　　　)

18

넓이가 26.2 cm²인 삼각형이 있습니다. 이 삼각형의 밑변의 길이가 8 cm일 때 높이는 몇 cm일까요?

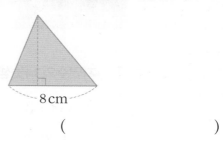

8 cm

(　　　　　　　)

19

무게가 같은 휴대 전화 12대가 담겨 있는 박스의 무게가 3.04 kg이었습니다. 휴대 전화 5대를 꺼내고 다시 잰 박스의 무게가 1.84 kg일 때 휴대 전화 한 대의 무게는 몇 kg일까요?

(　　　　　　　)

20

어떤 수를 8로 나누어야 할 것을 잘못하여 곱했더니 82.56이 되었습니다. 바르게 계산했을 때의 몫은 얼마일까요?

(　　　　　　　)

평가 주제	(소수)÷(자연수) (1), (2)
평가 목표	자연수의 나눗셈과 분수의 나눗셈을 이용하여 (소수)÷(자연수)의 계산 원리를 이해하고 계산할 수 있습니다.

1 자연수의 나눗셈을 이용하여 □ 안에 알맞은 수를 써넣으세요.

(1) $339 \div 3 = \boxed{}$

    ➡ $33.9 \div 3 = \boxed{}$

(2) $864 \div 4 = \boxed{}$

    ➡ $8.64 \div 4 = \boxed{}$

2 □ 안에 알맞은 수를 써넣으세요.

$$15.95 \div 5 = \frac{\boxed{}}{100} \div 5 = \frac{\boxed{} \div 5}{100} = \frac{\boxed{}}{100} = \boxed{}$$

3 □ 안에 알맞은 수를 써넣으세요.

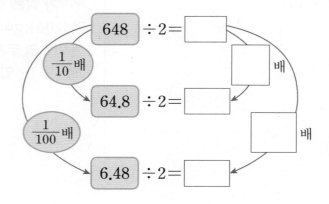

4 계산을 하세요.

(1)

$9 \overline{)\ 3\ 7.1\ 7}$

(2)

$8 \overline{)\ 4\ 2.7\ 2}$

5 $7\,km$를 달리는 데 $79.38\,L$의 휘발유를 사용하는 자동차가 있습니다. 이 자동차가 $1\,km$를 달리는 데 사용하는 휘발유는 몇 L인지 구하세요. (단, $1\,km$를 달리는 데 사용하는 휘발유의 양은 같습니다.)

(   )

평가 주제	(소수)÷(자연수) (3), (4)
평가 목표	• 몫이 1보다 작은 소수인 (소수)÷(자연수)를 계산할 수 있습니다. • 소수점 아래 0을 내려 계산해야 하는 (소수)÷(자연수)를 계산할 수 있습니다.

3
단원

1 □ 안에 알맞은 수를 써넣으세요.

$$2.7 \div 6 = \frac{\boxed{}}{100} \div 6 = \frac{\boxed{} \div 6}{100} = \frac{\boxed{}}{100} = \boxed{}$$

2 □ 안에 알맞은 수를 써넣으세요.

(1)
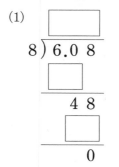

(2)
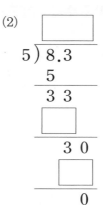

3 빈 곳에 알맞은 수를 써넣으세요.

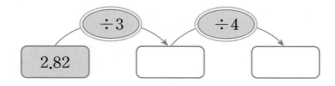

4 계산 결과를 비교하여 ○ 안에 >, =, <를 알맞게 써넣으세요.

$$3.32 \div 4 \quad \bigcirc \quad 3.75 \div 5$$

5 길이가 3.06 m인 화단에 장미 10송이를 같은 간격으로 그림과 같이 심으려고 합니다. 장미 사이의 간격을 몇 m로 해야 할까요? (단, 장미의 두께는 생각하지 않습니다.)

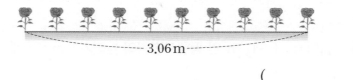

$-3.06\,\text{m}-$

(　　　　　　　　　)

평가 주제	(소수)÷(자연수) (5)
평가 목표	몫의 소수 첫째 자리에 0이 있는 (소수)÷(자연수)를 계산할 수 있습니다.

1 □ 안에 알맞은 수를 써넣으세요.

$$8.24 \div 4 = \frac{\boxed{}}{100} \div 4 = \frac{\boxed{} \div 4}{100} = \frac{\boxed{}}{100} = \boxed{}$$

2 □ 안에 알맞은 수를 써넣으세요.

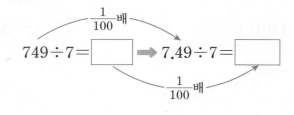

$$749 \div 7 = \boxed{} \implies 7.49 \div 7 = \boxed{}$$

3 계산을 하세요.

(1)
$$5\,)\overline{5.4\,5}$$

(2)
$$3\,)\overline{6.1\,5}$$

4 가장 큰 수를 가장 작은 수로 나눈 몫을 구하세요.

8	12.24	6	10.62

(　　　　　　　　　)

5 넓이가 $81.54\,\text{cm}^2$인 평행사변형의 높이가 $9\,\text{cm}$일 때, 밑변의 길이는 몇 cm인지 구하세요.

(　　　　　　　　　)

평가 주제	(자연수)÷(자연수), 몫의 소수점 위치
평가 목표	• (자연수)÷(자연수)의 몫을 소수로 나타낼 수 있습니다. • 몫을 어림하여 소수점 위치가 옳은지 확인할 수 있습니다.

3
단원

1 자연수의 나눗셈을 이용하여 □ 안에 알맞은 수를 써넣으세요.

(1) $40 \div 5 = 8$ ➡ $4 \div 5 =$ □   (2) $100 \div 4 = 25$ ➡ $1 \div 4 =$ □

2 어림을 이용하여 알맞은 위치에 소수점을 찍으세요.

(1) $20.58 \div 7$ (2) $9.37 \div 5$

어림 □ ÷7 ➡ 약 □   어림 □ ÷5 ➡ 약 □

몫 2□9□4   몫 1□8□7□4

3 보기 와 같은 방법으로 몫을 구하세요.

보기
$$5 \div 4 = \frac{5}{4} = \frac{125}{100} = 1.25$$

$4 \div 25$
_____

4 몫을 어림하여 올바른 식을 찾아 ○표 하세요.

$15.12 \div 7 = 21.6$ $15.12 \div 7 = 2.16$ $15.12 \div 7 = 0.216$

5 주스 3 L를 성희네 반 15명이 똑같이 나누어 마시려고 합니다. 한 명이 몇 L씩 마시면 되는지 소수로 나타내세요.

(   )

1

꽃병 수와 백합 수를 나눗셈으로 비교한 것입니다. □ 안에 알맞은 수를 써넣으세요.

백합 수는 꽃병 수의 ☐ 배입니다.

2

바지 수와 티셔츠 수의 비를 쓰세요.

(   )

3

비교하는 양과 기준량을 각각 찾아 쓰세요.

11 : 6

비교하는 양 (   )
기준량 (   )

4

비를 보고 비율을 분수와 소수로 각각 나타내세요.

비	분수	소수
3 : 12		

5

비율을 백분율로 나타내면 몇 %일까요?

0.43

(   )

6

자동차 부품 공장에서 만든 부품의 $\frac{1}{50}$ 은 불량품입니다. 불량품은 전체 부품의 몇 %일까요?

(   )

7

비율의 크기를 비교하여 ○ 안에 >, =, <를 알맞게 써넣으세요

$\frac{3}{4}$ ○ 66 %

8

올해 윤서는 13살, 동생은 10살입니다. 표를 완성하고, 5년 후에 윤서는 동생보다 몇 살 더 많은지 구하세요.

	올해	1년 후	2년 후
윤서 나이(살)	13		
동생 나이(살)	10		

(   )

9

전체에 대한 색칠한 부분의 비가 5 : 9가 되도록 색칠
하세요.

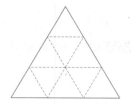

10

비로 잘못 나타낸 것을 찾아 기호를 쓰세요.

ㄱ 3과 8의 비 ➡ 3 : 8
ㄴ 5에 대한 7의 비 ➡ 5 : 7
ㄷ 9의 4에 대한 비 ➡ 9 : 4

(   )

11 서술형

진아네 반 학생은 23명이고 안경을 쓴 학생은 10명입
니다. 안경을 쓴 학생 수에 대한 안경을 쓰지 않은 학
생 수의 비를 구하려고 합니다. 해결 과정을 쓰고, 답
을 구하세요.

_____

_____

_____

(   )

12 서술형

비 20 : 25의 비율을 분수로 잘못 나타낸 사람은 누구
인지 해결 과정을 쓰고, 답을 구하세요.

$1\frac{1}{4}$	$\frac{4}{5}$	$\frac{20}{25}$
지혜	수민	태우

_____

_____

_____

(   )

13

어느 버스가 320 km를 가는 데 4시간이 걸렸습니다.
이 버스가 320 km를 가는 데 걸린 시간에 대한 간
거리의 비율을 구하세요.

(   )

14

관계있는 것끼리 이으세요.

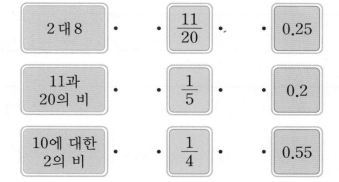

2 대 8	•	•	$\frac{11}{20}$	•	•	0.25
11과 20의 비	•	•	$\frac{1}{5}$	•	•	0.2
10에 대한 2의 비	•	•	$\frac{1}{4}$	•	•	0.55

15

주사위 한 개를 여러 번 던졌더니 짝수가 12번, 홀수가 18번 나왔습니다. 주사위를 던진 횟수에 대한 짝수가 나온 횟수의 비율을 분수와 소수로 각각 나타내세요.

분수 (   )

소수 (   )

16

기준량이 비교하는 양보다 작은 것을 모두 찾아 ○표 하세요.

$$\frac{10}{9} \qquad 0.72 \qquad 15\% \qquad \frac{2}{3} \qquad 120\%$$

17 서술형

우유 $1000\,mL$ 중에서 현아는 $300\,mL$를 마셨고, 동생은 $250\,mL$를 마셨습니다. 처음 우유 양에 대한 두 사람이 마신 우유 양의 비율은 몇 %인지 해결 과정을 쓰고, 답을 구하세요.

_____

_____

_____

(   )

18

1반과 2반 중 어느 반의 수학여행 참여율이 더 높을까요?

> 1반: 25명 중 17명이 참여했습니다.
>
> 2반: 전체 학생 중 65%의 학생이 참여했습니다.

(   )

19

좌석 수에 대한 관객 수의 비율을 백분율로 나타낸 것을 좌석 판매율이라고 합니다. ㉮ 공연과 ㉯ 공연의 좌석 판매율을 각각 구하고, 좌석 판매율이 더 높은 공연을 쓰세요.

공연	㉮	㉯
좌석 수(석)	8000	9100
관객 수(명)	7840	8645
좌석 판매율(%)		

(   )

20

넓이가 $500\,cm^2$인 직사각형이 있습니다. 이 직사각형의 세로가 $25\,cm$일 때, 가로에 대한 세로의 비율은 몇 %일까요?

(   )

1

그림을 보고 □ 안에 알맞은 수를 써넣으세요.

귤 수의 사과 수에 대한 비 ➡ □ : □

2

연필 수와 지우개 수를 바르게 비교한 것에 ○표 하세요.

연필 수가 지우개 수보다 6 더 많습니다.   (   )

연필 수는 지우개 수의 3배 입니다.   (   )

3

비를 2가지 방법으로 읽어 보세요.

5 : 8

(   )

4

비율을 분수로 나타내세요.

4 대 25

(   )

5

그림을 보고 전체에 대한 색칠한 부분의 비율을 백분율로 나타내면 몇 %일까요?

(   )

6 서술형

한 모둠은 6명씩이고, 한 모둠에 각도기를 2개씩 나누어 주었습니다. 표를 완성하고, 모둠 수에 따른 모둠원 수와 각도기 수를 나눗셈으로 비교하여 쓰세요.

모둠 수	1	2	3
모둠원 수(명)	6	12	
각도기 수(개)	2		

나눗셈

_____

_____

7

다음 중 기준량이 5인 것은 어느 것일까요? (   )

① 5 : 6   ② 5와 11의 비
③ 5에 대한 8의 비   ④ 5의 7에 대한 비
⑤ 9에 대한 5의 비

8

직업 체험 학습 신청자 25명 중 여자는 11명입니다. 여자 신청자 수에 대한 남자 신청자 수의 비를 쓰세요.

(   )

9

도서관에서 공원까지 거리에 대한 학교에서 도서관까지 거리의 비율을 분수와 소수로 각각 나타내세요.

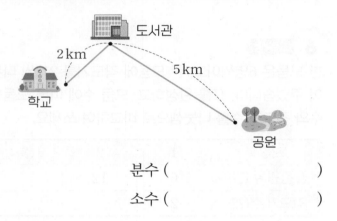

분수 (   )

소수 (   )

10

오른쪽 삼각형의 밑변의 길이에 대한 높이의 비율을 분수, 소수, 백분율로 각각 나타내세요.

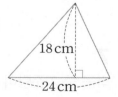

18 cm
24 cm

분수	소수	백분율

11 서술형

두 비를 비교하여 다른 점을 쓰세요.

| 9 : 6 | 6 : 9 |

다른 점 _____

_____

12

초록색 물감 8 mL와 흰색 물감 184 mL를 섞어 연두색 물감을 만들었습니다. 만든 연두색 물감에서 초록색 물감 양에 대한 흰색 물감 양의 비율을 구하세요.

(   )

13

어느 야구 선수가 지난해 전체 200타수 중에서 안타를 66개 쳤습니다. 이 선수의 지난해 전체 타수에 대한 안타 수의 비율을 소수로 나타내세요.

(   )

14

준영이네 농장에서는 닭 53마리, 오리 42마리, 염소 25마리를 기르고 있습니다. 준영이네 농장의 오리 수는 전체 가축 수의 몇 %일까요?

(   )

15

장난감을 할인하여 판매하고 있습니다. 장난감의 가격표를 보고 몇 % 할인하여 판매하고 있는지 구하세요.

장난감
~~16000원~~
↘ 12000원

(   )

16

비율이 가장 높은 것을 찾아 기호를 쓰세요.

ㄱ $\frac{3}{20}$ ㄴ 0.5   ㄷ 40 %

(   )

17

지도에서 거리가 1 cm일 때 실제 거리가 250 m인 지도가 있습니다. 이 지도에서 실제 거리에 대한 지도에서 거리의 비율을 분수로 나타내세요.

(   )

18

재영이는 물에 사과 원액 100 mL를 넣어 사과 주스 250 mL를 만들었고, 태호는 물에 사과 원액 140 mL를 넣어 사과 주스 400 mL를 만들었습니다. 두 사람 중 누가 만든 사과 주스가 더 진할까요?

(   )

19

빈 병 1개를 반납하면 받을 수 있는 빈 병 보증금이 50원에서 130원으로 올랐습니다. 빈 병 보증금의 인상률은 몇 %일까요?

(   )

20 서술형

안심 은행과 쑥쑥 은행에 저금한 돈과 이자를 나타낸 표입니다. 두 은행의 이자율을 비교하여 어느 은행에 저금하는 것이 더 좋은지 해결 과정을 쓰고, 답을 구하세요.

은행	저금한 돈(원)	이자(원)
안심 은행	50000	2000
쑥쑥 은행	80000	2400

_____

_____

_____

_____

(   )

평가 주제	두 수 비교하기
평가 목표	두 양의 크기를 뺄셈과 나눗셈으로 비교할 수 있습니다.

1 빨간색 구슬 수와 파란색 구슬 수를 비교하려고 합니다. ☐ 안에 알맞은 수를 써넣으세요.

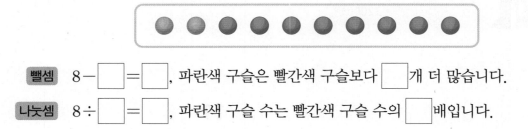

뺄셈   8 − ☐ = ☐ , 파란색 구슬은 빨간색 구슬보다 ☐ 개 더 많습니다.

나눗셈   8 ÷ ☐ = ☐ , 파란색 구슬 수는 빨간색 구슬 수의 ☐ 배입니다.

2 사과 수와 배 수를 뺄셈으로 비교하려고 합니다. ☐ 안에 알맞은 수를 쓰고, 사과는 배보다 몇 개 더 많은지 구하세요.

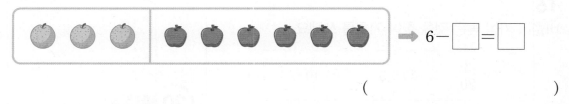

➡ 6 − ☐ = ☐

(   )

3 수첩 수와 연필 수를 나눗셈으로 비교하려고 합니다. ☐ 안에 알맞은 수를 쓰고, 연필 수는 수첩 수의 몇 배인지 구하세요.

➡ 8 ÷ ☐ = ☐

(   )

4 한 모둠의 학생 수는 3명입니다. 색연필을 한 모둠에 6자루씩 나누어 주려고 합니다. 모둠 수에 따른 학생 수와 색연필 수에 맞게 표를 완성하고, 학생 수와 색연필 수를 비교하세요.

모둠 수	1	2	3	4	5
학생 수(명)	3	6	9		
색연필 수(자루)	6				

뺄셈

_____

나눗셈

_____

평가 주제	비
평가 목표	비의 뜻을 알고 비의 기호를 사용하여 나타낼 수 있습니다.

1 그림을 보고 주어진 비를 쓰세요.

(1) 토끼 수에 대한 거북 수의 비

➡ ☐ : ☐

(2) 토끼 수의 거북 수에 대한 비

➡ ☐ : ☐

2 비를 여러 가지 방법으로 읽은 것입니다. ☐ 안에 알맞은 수를 써넣으세요.

(1)

7 : 5

 ☐ 대 5
7과 ☐ 의 비
☐ 에 대한 ☐ 의 비
☐ 의 ☐ 에 대한 비

(2)

12 : 15

☐ 대 ☐
☐ 에 대한 ☐ 의 비
☐ 의 ☐ 에 대한 비
☐ 와 ☐ 의 비

3 ☐ 안에 알맞은 수를 써넣으세요.

(1) 9 대 5 ➡ ☐ : ☐

(2) 4에 대한 11의 비 ➡ ☐ : ☐

4 같은 크기의 컵으로 밥솥에 쌀 3컵과 물 7컵을 넣어 밥을 지으려고 합니다. 쌀의 양과 물의 양의 비를 쓰세요.

(   )

5 검은 바둑돌이 11개, 흰 바둑돌이 5개 있습니다. 전체 바둑돌 수에 대한 검은 바둑돌 수의 비를 쓰세요.

(   )

평가 주제	비율
평가 목표	• 비율의 뜻을 알고, 비율을 구하여 크기를 비교할 수 있습니다. • 실생활에서 비율이 사용되는 여러 가지 경우를 알 수 있습니다.

1 비를 보고 비율을 분수와 소수로 각각 나타내세요.

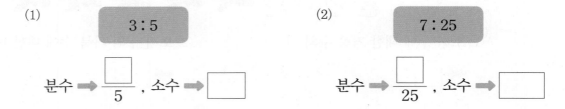

(1) 　3:5

분수 ➡ $\dfrac{\square}{5}$, 소수 ➡ ☐

(2) 　7:25

분수 ➡ $\dfrac{\square}{25}$, 소수 ➡ ☐

2 비교하는 양과 기준량을 찾아 쓰고 비율을 구하세요.

비	비교하는 양	기준량	비율
9:12			
6에 대한 18의 비			

3 은호는 50 m를 달리는 데 10초가 걸렸습니다. 은호가 50 m를 달리는 데 걸린 시간에 대한 달린 거리의 비율은 얼마인지 구하세요.

(　　　　　　　　　　　)

4 동전 한 개를 던져서 그림 면이 7번, 숫자 면이 3번 나왔습니다. 동전을 던진 횟수에 대한 숫자 면이 나온 횟수의 비율을 분수로 나타내세요.

(　　　　　　　　　　　)

5 두 지역 중 인구가 더 밀집한 지역을 찾아 쓰세요.

지역	가	나
인구(명)	75000	60000
넓이(km²)	15	10

(　　　　　　　　　　　)

평가 주제	백분율
평가 목표	• 백분율의 뜻을 알고, 비율을 백분율로 나타낼 수 있습니다. • 실생활에서 백분율이 사용되는 여러 가지 경우를 알 수 있습니다.

1 비율을 백분율로 나타내세요.

(1) $\dfrac{33}{100}$ ➡ (   )   (2) $\dfrac{3}{4}$ ➡ (   )

(3) 0.65 ➡ (   )   (4) 1.3 ➡ (   )

2 그림을 보고 전체에 대한 색칠한 부분의 비율을 백분율로 나타내세요.

(1) 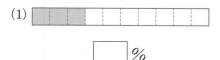   [   ] %

(2) 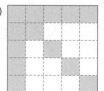   [   ] %

3 백분율로 나타냈을 때 비율이 높은 것부터 차례로 기호를 쓰세요.

㉠ 5 : 4	㉡ $\dfrac{9}{20}$	㉢ 0.52	㉣ 47 %

(   )

4 동식이는 수학 시험 20문제 중 14문제를 맞혔습니다. 동식이의 정답률은 몇 %인지 구하세요.

(   )

5 영호가 수족관에 갔습니다. 수족관 입장료는 8000원인데 영호는 할인권을 이용하여 입장료로 6000원을 냈습니다. 영호는 입장료를 몇 % 할인받았는지 구하세요.

(   )

[1-3] 재영이네 학교 학생들이 좋아하는 중국 음식을 조사하여 나타낸 띠그래프입니다. 물음에 답하세요.

좋아하는 중국 음식별 학생 수

0 10 20 30 40 50 60 70 80 90 100(%)

자장면 (30%)	탕수육 (30%)	볶음밥 (25%)	짬뽕 (15%)

1

볶음밥을 좋아하는 학생 수는 전체의 몇 %일까요?

( )

2

가장 적은 학생이 좋아하는 중국 음식은 무엇일까요?

( )

3

좋아하는 학생 수의 백분율이 같은 중국 음식을 모두 쓰세요.

( )

4

조사한 주제를 나타내기에 알맞은 그래프를 찾아 이으세요.

시간별 그림자의 길이 변화	·	·	막대그래프

· 원그래프

대륙별 인구 비율	·	·	꺾은선그래프

[5-7] 영호네 반 학생들이 점심시간에 하는 활동을 조사하여 나타낸 표입니다. 물음에 답하세요.

점심시간에 하는 활동별 학생 수

활동	축구	독서	숙제	기타	합계
학생 수(명)	9	6	12	3	30
백분율(%)		20		10	

5

전체 학생 수에 대한 축구를 하는 학생 수와 숙제를 하는 학생 수의 백분율을 각각 구하세요.

축구 ( )

숙제 ( )

6

각 활동별 백분율을 모두 더하면 얼마일까요?

( )

7

띠그래프로 나타내세요.

점심시간에 하는 활동별 학생 수

0 10 20 30 40 50 60 70 80 90 100(%)

[8-10] 준서네 학교 학생들이 주말에 다녀온 장소를 조사하여 나타낸 원그래프입니다. 물음에 답하세요.

주말에 다녀온 장소별 학생 수

8
야구장에 다녀온 학생 수는 전체의 몇 %일까요?

(　　　　　　　)

9 서술형
영화관에 다녀온 학생 수는 수영장에 다녀온 학생 수의 몇 배인지 해결 과정을 쓰고, 답을 구하세요.

_____

_____

(　　　　　　　)

10
공원에 다녀온 학생이 15명이라면 기타에 속하는 학생은 몇 명일까요?

(　　　　　　　)

[11-14] 혜원이가 한 달에 쓴 용돈의 쓰임새를 나타낸 표입니다. 물음에 답하세요.

용돈의 쓰임새별 금액

용돈의 쓰임새	저금	학용품	군것질	기타	합계
금액 (원)	10000	12000		2000	40000
백분율 (%)	25			5	100

11
위 표를 완성하세요.

12
원그래프로 나타내세요.

용돈의 쓰임새별 금액

13
혜원이가 용돈을 많이 쓴 쓰임새부터 차례로 쓰세요.
(단, 기타는 생각하지 않습니다.)

(　　　　　　　　　　　)

14 서술형
군것질에 사용하는 금액을 4000원 줄이고 저금에 사용하는 금액을 4000원 늘린다면, 군것질에 사용하는 금액은 전체의 몇 %가 될지 풀이 과정을 쓰고, 답을 구하세요.

_____

_____

_____

(　　　　　　　)

[15-17] 영훈이네 학교 학생들이 배우고 싶은 악기를 조사하여 나타낸 그림그래프입니다. 물음에 답하세요.

배우고 싶은 악기별 학생 수

악기	학생 수
피아노	☺☺☺☺☺☺☺
첼로	☺☺
드럼	☺☺☺☺☺
트럼펫	☺☺☺☺☺☺☺

☺100명
☺10명

15
표를 완성하세요.

배우고 싶은 악기별 학생 수

악기	피아노	첼로	드럼	트럼펫	합계
학생 수(명)					
백분율(%)					

16
위의 표를 보고 띠그래프로 나타내세요.

배우고 싶은 악기별 학생 수

0 10 20 30 40 50 60 70 80 90 100(%)

17 서술형
그림그래프와 띠그래프의 차이점을 쓰세요.

차이점 _____

_____

_____

[18-19] 어느 네 지역의 연강수량을 나타낸 표입니다. 물음에 답하세요.

지역별 연강수량

지역	강수량(mm)	어림값(mm)
가	7982	
나	3088	
다	3998	
라	1334	

18
강수량을 십의 자리에서 반올림하여 백의 자리까지 나타내어 위의 표를 완성하세요.

19
위의 표를 보고 그림그래프를 완성하세요.

권역별 연강수량

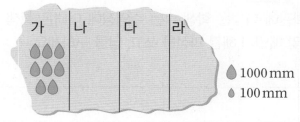

💧1000mm
💧100mm

20
은영이네 학교 학생 150명의 형제, 자매의 수를 조사하여 나타낸 원그래프입니다. 형제, 자매의 수가 2명 이상인 학생은 몇 명인지 구하세요.

형제, 자매의 수별 학생 수

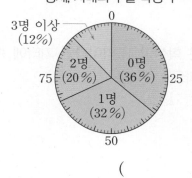

(   )

1

월별 토마토의 키의 변화를 그래프로 나타내려고 합니다. 어떤 그래프로 나타내면 좋을지 보기 에서 찾아 쓰세요.

┌─ 보기 ─────────────────────────────┐
│ 원그래프   그림그래프   꺾은선그래프 │
└────────────────────────────────────┘

(   )

[2-4] 윤수네 반 학생들이 스마트폰으로 주로 사용하는 기능을 조사하여 나타낸 그래프입니다. 물음에 답하세요.

스마트폰으로 주로 사용하는 기능

```
0   10  20  30  40  50  60  70  80  90  100(%)
├───┼───┼───┼───┼───┼───┼───┼───┼───┼───┤
│  게임  │ 메신저 │  검색  │  전화  │
│ (30%) │ (25%) │ (20%) │ (15%) │
```
공부(10%)

2

위와 같이 전체에 대한 각 부분의 비율을 띠 모양에 나타낸 그래프를 무엇이라고 할까요?

(   )

3

주로 사용하는 기능이 검색인 학생 수는 전체의 몇 %일까요?

(   )

4

주로 사용하는 기능이 게임인 학생 수는 주로 사용하는 기능이 전화인 학생 수의 몇 배일까요?

(   )

[5-8] 영아네 학교 6학년 학생들의 장래 희망을 조사하였더니 연예인 64명, 요리사 56명, 선생님 32명, 과학자 3명, 의사 2명, 경찰 3명이었습니다. 물음에 답하세요.

5

기타에 넣을 수 있는 장래 희망을 모두 쓰세요.

(   )

6

표를 완성하세요.

장래 희망별 학생 수

장래 희망	연예인	요리사	선생님	기타	합계
학생 수(명)	64	56	32		
백분율(%)					

7

띠그래프로 나타내세요.

장래 희망별 학생 수

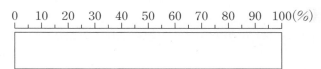

8

원그래프로 나타내세요.

장래 희망별 학생 수

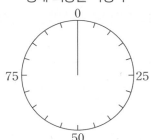

[9-11] 어느 해 권역별 논벼 생산량을 나타낸 그림 그래프입니다. 물음에 답하세요.

권역별 논벼 생산량

⬛ 10만 t
⬜ 1만 t

9

전체 논벼 생산량이 409만 t일 때 강원 권역의 논벼 생산량을 구하여 그림그래프에 나타내세요. (단, 제주 권역의 논벼 생산량은 0 t입니다.)

10

논벼 생산량이 가장 많은 권역은 어느 곳일까요?

(   )

11 서술형

그림그래프를 보고 더 알 수 있는 내용을 쓰세요.

알 수 있는 내용

_____

_____

[12-13] 정아네 학교 학생들이 가고 싶은 나라를 조사하여 나타낸 띠그래프입니다. 물음에 답하세요.

가고 싶은 나라별 학생 수

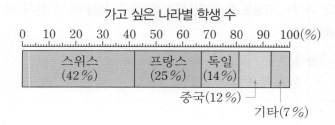

12

두 번째로 많은 학생이 가고 싶은 나라는 어느 나라일까요?

(   )

13

스위스 또는 중국에 가고 싶은 학생 수는 전체의 몇 %일까요?

(   )

[14-15] 어느 회사의 2020년과 2021년의 제품별 판매량을 조사하여 각각 띠그래프로 나타낸 것입니다. 물음에 답하세요.

어느 회사의 제품별 판매량

2020년	세탁기 (30%)	냉장고 (35%)	텔레비전 (35%)
2021년	세탁기 (15%)	냉장고 (40%)	텔레비전 (45%)

14

2020년에 비해 판매량의 비율이 감소한 제품은 무엇인가요?

(   )

15

2021년의 텔레비전 판매량은 2021년의 세탁기 판매량의 몇 배인가요?

(   )

[16-18] 강재네 학교 학생들이 학예회에 참가한 종목을 조사하여 나타낸 원그래프입니다. 합창에 참가한 학생 수는 합주에 참가한 학생 수의 2배일 때 물음에 답하세요.

학예회에 참가한 종목별 학생 수

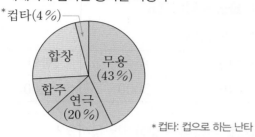

*컵타: 컵으로 하는 난타

16

합창에 참가한 학생 수는 전체의 몇 %일까요?

(   )

17

참가한 학생 수의 백분율이 20 % 미만인 종목을 모두 쓰세요.

(   )

18 서술형

연극에 참가한 학생이 80명이라면 컵타에 참가한 학생은 몇 명인지 해결 과정을 쓰고, 답을 구하세요.

_____

_____

_____

(   )

19 서술형

반별 비치 도서 수를 조사하여 나타낸 그림그래프입니다. 다섯 반의 평균 도서 수가 30권일 때, 4반의 비치 도서는 몇 권인지 해결 과정을 쓰고, 그림그래프에 나타내세요.

반별 비치 도서 수

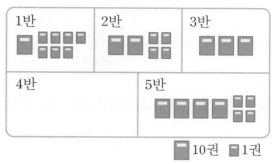

_____

_____

_____

20

왼쪽은 다은이가 산 풍선을 색별로 조사하여 나타낸 막대그래프입니다. 막대그래프를 보고 원그래프로 나타내세요.

색별 풍선 수   색별 풍선 수

평가 주제	그림그래프
평가 목표	자료를 그림그래프로 나타낼 수 있습니다.

[1-5] 지역별 수박 생산량을 나타낸 표입니다. 물음에 답하세요.

지역별 수박 생산량

지역	광주	대구	부여	함안
생산량(t)	2200	5400	5000	5600

1 표를 그림그래프로 나타낼 때 그림은 몇 가지로 나타내는 것이 알맞을까요?

(   )

2 지역별 수박 생산량을 그림그래프로 나타내세요.

지역별 수박 생산량

지역	수박 생산량
광주	
대구	
부여	
함안	

🍉 1000 t
🍉 100 t

3 2의 그림그래프를 보고 수박 생산량이 가장 적은 지역은 어디인지 쓰세요.

(   )

4 2의 그림그래프를 보고 수박 생산량이 가장 많은 지역은 어디인지 쓰세요.

(   )

5 알맞은 말에 ○표 하세요.

> 자료를 (표 , 그림그래프)로 나타내면 지역별 수박 생산량의
> 많고 적음을 쉽게 파악할 수 있습니다.

평가 주제	띠그래프
평가 목표	띠그래프를 알고 나타낼 수 있습니다.

[1-5] 정후네 반 학생들이 학교 도서관에서 빌린 책의 종류를 조사하여 나타낸 표입니다. 물음에 답하세요.

빌린 책의 종류별 권수

책의 종류	역사	문학	과학	언어	기타	합계
빌린 권수(권)	20	24	16	12	8	
백분율(%)		30			10	100

1 표를 완성하세요.

2 띠그래프로 나타내세요.

빌린 책의 종류별 권수

```
0   10   20   30   40   50   60   70   80   90   100(%)
┌─────────────────────────────────────────────────────┐
│                                                       │
└─────────────────────────────────────────────────────┘
```

3 두 번째로 많이 빌린 책의 종류는 무엇일까요?

(   )

4 빌린 권수의 백분율이 25 % 이상인 책의 종류를 모두 쓰세요.

(   )

5 문학책 권수의 백분율은 언어책 권수의 백분율의 몇 배일까요?

(   )

평가 주제	원그래프
평가 목표	원그래프를 알고 나타낼 수 있습니다.

[1-4] 혜수네 학교 6학년 학생들이 좋아하는 민속놀이를 조사하여 나타낸 원그래프입니다. 물음에 답하세요.

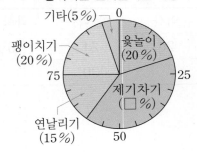

좋아하는 민속놀이별 학생 수

1 제기차기를 좋아하는 학생 수는 전체의 몇 %일까요?

(   )

2 윷놀이를 좋아하는 학생 수의 비율과 같은 민속놀이는 무엇일까요?

(   )

3 연날리기 또는 팽이치기를 좋아하는 학생 수는 전체의 몇 %일까요?

(   )

4 제기차기를 좋아하는 학생이 80명이라면 팽이치기를 좋아하는 학생은 몇 명일까요?

(   )

5 가게에 있는 사탕을 맛별로 조사하여 나타낸 표입니다. 표를 완성하고 원그래프로 나타내세요.

맛별 사탕 수

	딸기	초콜릿	커피	레몬	기타	합계
사탕 수 (개)	225	125	75	50	25	500
백분율 (%)	45				5	100

맛별 사탕 수

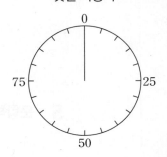

평가 주제	여러 가지 그래프
평가 목표	여러 가지 그래프를 비교하고 그래프의 종류와 특징을 알 수 있습니다.

5
단원

[1-3] 재활용품별 배출량을 여러 가지 그래프로 나타낸 것입니다. 물음에 답하세요.

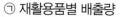

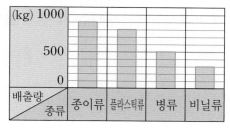

1　각 그래프의 이름을 각각 쓰세요.

ㄱ (　　　　　　　　　　)
ㄴ (　　　　　　　　　　)
ㄷ (　　　　　　　　　　)

2　재활용품별 배출량의 비율을 비교할 때 가장 적절한 그래프는 무엇인지 기호를 쓰세요.

(　　　　　　　　　　)

3　막대의 길이로 재활용품별 배출량의 많고 적음을 비교할 때 가장 적절한 그래프는 무엇인지 기호를 쓰세요.

(　　　　　　　　　　)

[4-5] 자료를 그래프로 나타낼 때 어떤 그래프가 좋을지 보기 에서 찾아 써넣으세요.

보기

　막대그래프　　　　띠그래프　　　　그림그래프　　　　꺾은선그래프

4　운동장의 온도 변화

(　　　　　　　　　　)

5　현정이네 반 학생들이 좋아하는 과일별 학생 수의 비율

(　　　　　　　　　　)

1

직육면체 모양의 상자입니다. 부피가 더 큰 것에 ○표 하세요.

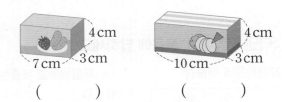

(   )   (   )

2

부피가 $1\,cm^3$인 쌓기나무로 직육면체를 만들었습니다. 사용된 쌓기나무의 수를 세어 직육면체의 부피를 구하세요.

 cm³

3

직육면체의 부피는 몇 cm^3일까요?

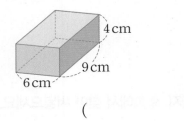

(   )

4

□ 안에 알맞은 수를 써넣으세요.

$3.7\,m^3 =$ ☐ cm^3

5

직육면체의 겉넓이를 구하려고 합니다. □ 안에 알맞은 수를 써넣으세요.

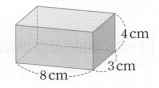

(한 꼭짓점에서 만나는 세 면의 넓이의 합)×2

$=($ ☐ $+$ ☐ $+$ ☐ $)×2=$ ☐ (cm^2)

6

두 상자에 크기와 모양이 같은 작은 상자를 담아 부피를 비교하려고 합니다. 가와 나 중 부피가 더 큰 상자는 어느 것일까요?

가   나

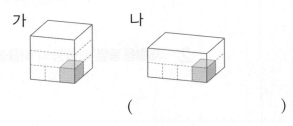

(   )

7

정육면체의 부피는 몇 m^3인지 식을 쓰고, 답을 구하세요.

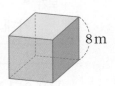

식 _____

답 _____

8

한 모서리의 길이가 13 cm인 정육면체의 겉넓이는 몇 cm²일까요?

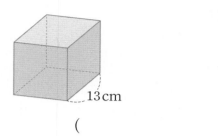

13 cm

(　　　　　　　)

9

m³와 cm³의 관계를 잘못 나타낸 것을 찾아 기호를 쓰세요.

> ㉠ $8.5 \, m^3 = 8500000 \, cm^3$
> ㉡ $630000 \, cm^3 = 63 \, m^3$
> ㉢ $4.82 \, m^3 = 4820000 \, cm^3$

(　　　　　　　)

10 서술형

직육면체 모양의 물건들 중 부피가 가장 작은 물건은 무엇인지 해결 과정을 쓰고, 답을 구하세요.

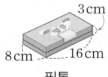　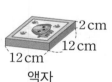　

필통　　　　　액자　　　　　큐브

_____

_____

_____

(　　　　　　　)

11

가로가 18 cm, 세로가 9 cm, 높이가 3 cm인 직육면체의 겉넓이는 몇 cm²일까요?

(　　　　　　　)

12

직육면체의 부피는 몇 m³일까요?

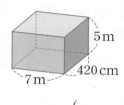

5 m
7 m　420 cm

(　　　　　　　)

13 서술형

두 직육면체의 겉넓이의 차는 몇 cm²인지 해결 과정을 쓰고, 답을 구하세요.

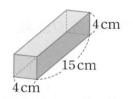　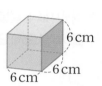

4 cm
15 cm
4 cm

6 cm
6 cm

_____

_____

_____

_____

(　　　　　　　)

14

다음 직육면체의 부피는 224 cm³입니다. 이 직육면체의 가로는 몇 cm일까요?

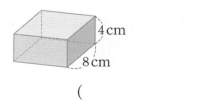

4 cm
8 cm

(　　　　　　　)

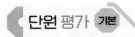
15

다음과 같은 직육면체 모양의 떡을 잘라서 정육면체 모양으로 만들려고 합니다. 만들 수 있는 가장 큰 정육면체 모양의 부피는 몇 cm^3일까요?

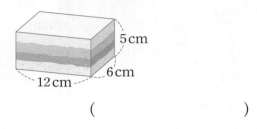

(   )

16

주어진 정육면체의 겉넓이가 다음과 같을 때, ☐ 안에 알맞은 수를 써넣으세요.

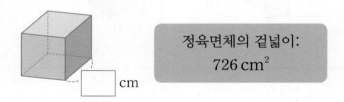

정육면체의 겉넓이:
$726 \, cm^2$

17

다음과 같은 전개도를 이용하여 만든 직육면체의 겉넓이가 $184 \, cm^2$일 때, ☐ 안에 알맞은 수를 써넣으세요.

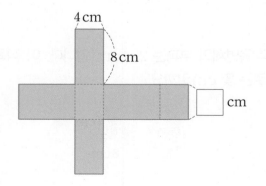

18

부피가 $1287000000 \, cm^3$인 직육면체의 한 밑면의 넓이가 $117 \, m^2$입니다. 이 직육면체의 높이는 몇 m일까요?

(   )

19 서술형

직육면체의 부피가 $180 \, cm^3$일 때, 겉넓이는 몇 cm^2인지 해결 과정을 쓰고, 답을 구하세요.

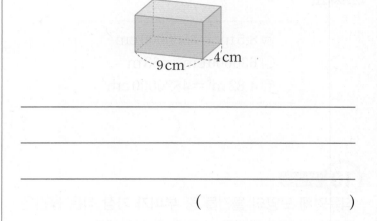

_____

_____

_____

(   )

20

두부를 똑같이 4조각으로 자를 때 두부 4조각의 겉넓이의 합은 처음 두부의 겉넓이보다 몇 cm^2만큼 더 늘어나는지 구하세요.

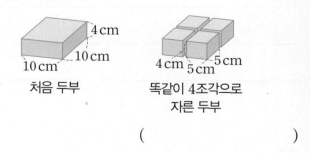

처음 두부   똑같이 4조각으로
                  자른 두부

(   )

1

부피가 큰 직육면체부터 차례로 기호를 쓰세요.

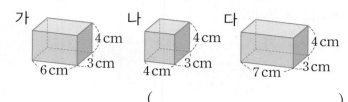

가   나   다

(   )

2

정육면체의 부피를 구하려고 합니다. ☐ 안에 알맞은 수를 써넣으세요.

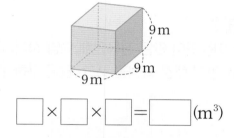

$\boxed{} \times \boxed{} \times \boxed{} = \boxed{}$ (m³)

3

☐ 안에 알맞은 수를 써넣으세요.

$70000000 \ cm^3 = \boxed{} \ m^3$

4

색칠한 면의 넓이가 $15 \ cm^2$인 직육면체의 부피는 몇 cm^3일까요?

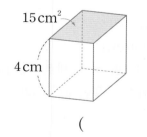

(   )

5

정육면체의 겉넓이는 몇 cm^2일까요?

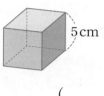

(   )

6

직육면체의 겉넓이는 몇 cm^2일까요?

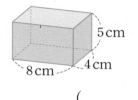

(   )

7

부피가 $1 \ cm^3$인 쌓기나무로 직육면체를 만들었습니다. 어느 직육면체의 부피가 몇 cm^3만큼 더 클까요?

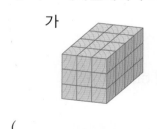

가   나

(   ), (   )

8

윤재는 가로가 18 cm, 세로가 6 cm, 높이가 4 cm인 직육면체 모양의 카스텔라를 샀습니다. 윤재가 산 카스텔라의 부피는 몇 cm³일까요?

( )

9

오른쪽 직육면체의 부피를 m³와 cm³로 나타내세요.

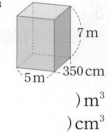

( ) m³
( ) cm³

10

오른쪽 직육면체에서 색칠한 밑면의 넓이는 25 m²이고 둘레는 20 m입니다. 이 직육면체의 겉넓이는 몇 m²일까요?

( )

11

두 정육면체의 부피의 차는 몇 cm³일까요?

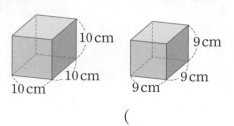

( )

12

직접 맞대었을 때 부피를 비교할 수 있는 것끼리 짝 지어 기호를 쓰세요.

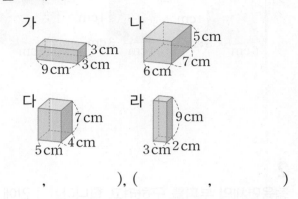

(,), (,)

13 서술형

전개도를 이용하여 만든 정육면체 모양 상자의 겉넓이는 몇 cm²인지 해결 과정을 쓰고, 답을 구하세요.

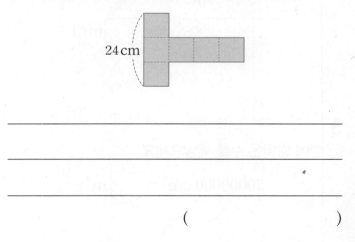

_____

_____

_____

( )

14

부피가 큰 것부터 차례로 기호를 쓰세요.

⊙ 7.5 m³
ⓒ 890000 cm³
ⓒ 가로가 120 cm, 세로가 2 m, 높이가 3.5 m인 직육면체의 부피

( )

15 서술형

직육면체 모양 상자의 겉면에 포장지를 겹치는 부분 없이 모두 붙이려고 합니다. 포장지가 더 많이 필요한 상자는 어느 것인지 해결 과정을 쓰고, 답을 구하세요.

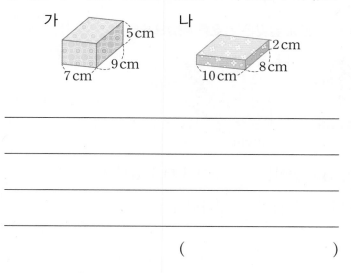

_____

_____

_____

(　　　　)

16

직육면체의 부피가 $1680 \, cm^3$일 때 □ 안에 알맞은 수를 써넣으세요.

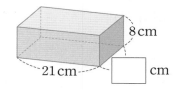

17

주어진 직육면체와 겉넓이가 같은 정육면체의 한 모서리의 길이는 몇 cm일까요?

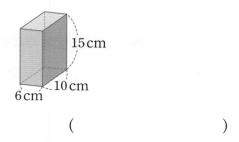

(　　　　)

18

가로가 $6 \, m$, 세로가 $4 \, m$, 높이가 $3 \, m$인 직육면체 모양의 창고가 있습니다. 이 창고에 한 모서리의 길이가 $20 \, cm$인 정육면체 모양의 상자를 빈틈없이 쌓으려고 합니다. 정육면체 모양의 상자를 모두 몇 개 쌓을 수 있을까요?

(　　　　)

19 서술형

큰 직육면체의 부피에서 작은 직육면체의 부피를 빼서 입체도형의 부피를 구하려고 합니다. 입체도형의 부피는 몇 cm^3인지 해결 과정을 쓰고, 답을 구하세요.

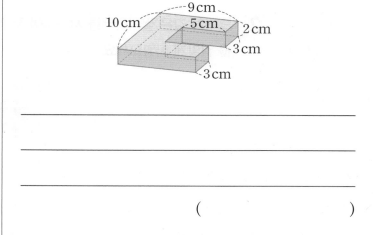

_____

_____

_____

(　　　　)

20

크기가 같은 정육면체 모양의 쌓기나무 36개로 직육면체 모양을 만들었습니다. 만든 직육면체의 겉넓이가 $594 \, cm^2$일 때, 직육면체의 부피는 몇 cm^3일까요?

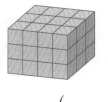

(　　　　)

평가 주제	직육면체의 부피 비교
평가 목표	직육면체의 부피를 비교할 수 있습니다.

1 두 상자의 부피를 직접 비교하려고 합니다. □ 안에 알맞은 기호를 써넣으세요.

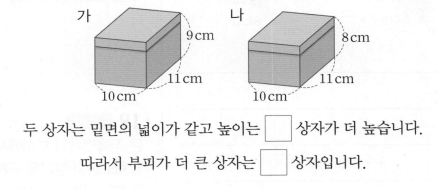

두 상자는 밑면의 넓이가 같고 높이는 □ 상자가 더 높습니다.

따라서 부피가 더 큰 상자는 □ 상자입니다.

2 크기가 같은 쌓기나무를 사용하여 두 직육면체의 부피를 비교하려고 합니다. ○ 안에 >, =, < 를 알맞게 써넣으세요.

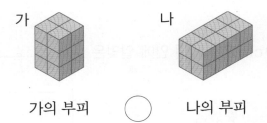

가의 부피   ○   나의 부피

3 부피가 가장 큰 직육면체의 기호를 쓰세요.

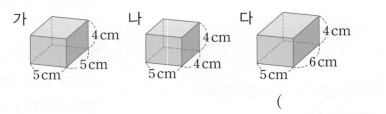

(   )

4 직육면체 모양의 세 상자 가, 나, 다에 크기와 모양이 같은 각설탕을 담아 부피를 비교하려고 합니다. 부피가 큰 상자부터 차례로 기호를 쓰세요.

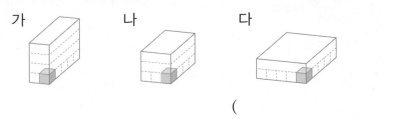

(   )

평가 주제	직육면체의 부피
평가 목표	1 cm³를 알고 직육면체와 정육면체의 부피를 구할 수 있습니다.

1 직육면체의 부피는 몇 cm³인지 구하세요.

(1)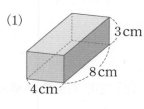

(2)

(　　　　　　　　)　　　(　　　　　　　　)

2 가로가 7 cm, 세로가 20 cm, 높이가 4 cm인 직육면체의 부피는 몇 cm³일까요?

(　　　　　　　　)

3 두 직육면체 중 부피가 더 큰 것의 기호를 쓰세요.

가　　　　　　나

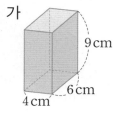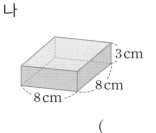

(　　　　　　　　)

4 직육면체의 부피는 168 cm³입니다. 이 직육면체의 높이는 몇 cm일까요?

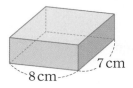

(　　　　　　　　)

5 직육면체 2개를 이어 붙여 만든 입체도형입니다. 이 도형의 부피는 몇 cm³일까요?

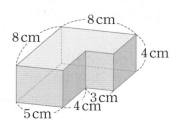

(　　　　　　　　)

평가 주제	$1\,m^3$
평가 목표	$1\,m^3$를 알고 $1\,cm^3$와 $1\,m^3$ 사이의 관계를 이해할 수 있습니다.

1 □ 안에 알맞은 수를 써넣으세요.

(1) $6\,m^3 =$ ☐ cm^3　　　　(2) $7.1\,m^3 =$ ☐ cm^3

2 다음 중 부피의 단위로 m^3를 사용하기에 가장 알맞은 것을 찾아 기호를 쓰세요.

> ㉠ 수첩의 부피　　㉡ 교실의 부피
> ㉢ 화분의 부피　　㉣ 각 휴지의 부피

(　　　　　　　　)

3 직육면체의 부피를 cm^3와 m^3로 각각 나타내세요.

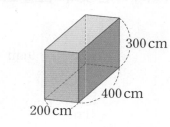

300 cm
400 cm
200 cm

☐ $cm^3 =$ ☐ m^3

4 직육면체의 부피는 몇 m^3인지 구하세요.

(1)
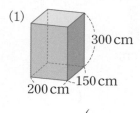
300 cm
200 cm 150 cm

(2)
200 cm
200 cm 200 cm

(　　　　　　)　　(　　　　　　)

5 부피가 큰 것부터 차례로 기호를 쓰세요.

> ㉠ $5.4\,m^3$
> ㉡ $980000\,cm^3$
> ㉢ 한 모서리의 길이가 $300\,cm$인 정육면체의 부피

(　　　　　　　　)

평가 주제	직육면체의 겉넓이
평가 목표	직육면체와 정육면체의 겉넓이를 구할 수 있습니다.

1 직육면체의 겉넓이를 다음과 같은 방법으로 구하려고 합니다. ☐ 안에 알맞은 수를 써넣으세요.

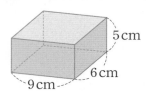

(옆면의 넓이)+(한 밑면의 넓이)×2

= ☐ + ☐ ×2

= ☐ (cm²)

2 직육면체의 겉넓이는 몇 cm²인지 구하세요.

(1)
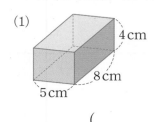

(   )

(2)
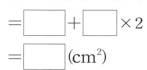

(   )

3 겉넓이가 더 넓은 과자 상자의 기호를 쓰세요.

가   나

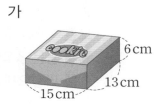

(   )

4 오른쪽 전개도를 이용하여 만든 정육면체의 겉넓이가 96 cm²일 때 정육면체의 한 모서리의 길이는 몇 cm인지 구하세요.

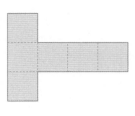

(   )

1

2÷5의 몫을 그림으로 나타내고, 몫을 구하세요.

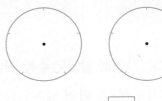

$$2 \div 5 = \frac{\square}{\square}$$

2

계산을 하세요.

$$\frac{9}{16} \div 3$$

3

넓이가 $2\frac{1}{7}$ cm²인 정육각형을 6등분 한 것입니다. 색칠한 부분의 넓이는 몇 cm²일까요?

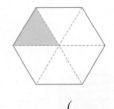

(   )

4

입체도형의 이름을 쓰세요.

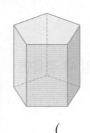

(   )

5

각뿔의 밑면을 찾아 쓰세요.

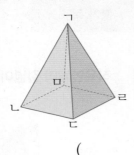

(   )

6 서술형

팔각뿔의 모서리는 몇 개인지 해결 과정을 쓰고, 답을 구하세요.

_____

_____

_____

(   )

7

오른쪽 각기둥의 모서리를 잘라서 펼쳐 놓은 것입니다. □ 안에 알맞은 수를 써넣으세요.

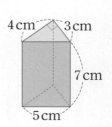

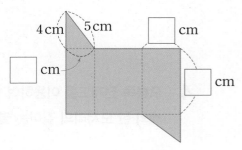

8

계산을 하세요.

$$6 \overline{)\, 4.0\,8}$$

9

계산 결과를 비교하여 ○ 안에 >, =, <를 알맞게 써넣으세요.

| 10.6÷4 | ○ | 9.15÷3 |

10 서술형

어떤 소수에 25를 곱했더니 17이 되었습니다. 어떤 소수는 얼마인지 해결 과정을 쓰고, 답을 구하세요.

_____

_____

_____

(   )

11

무게가 같은 복숭아 5개를 담은 바구니의 무게가 3.15 kg입니다. 그림을 보고 복숭아 한 개의 무게는 몇 kg인지 구하세요.

0.3kg   3.15kg
0.3kg   3.15kg

(   )

12

그림을 보고 티셔츠 수와 바지 수의 비를 쓰세요.

(   )

13

관계있는 것끼리 이으세요.

| 4 : 10 | · | · | $\frac{3}{4}$ | · | · | 0.55 |

| 20에 대한 11의 비 | · | · | $\frac{2}{5}$ | · | · | 0.4 |

| 3의 4에 대한 비 | · | · | $\frac{11}{20}$ | · | · | 0.75 |

14

연희가 미술관에 갔습니다. 미술관 입장료는 15000원인데 연희는 할인권을 이용하여 입장료로 12000원을 냈습니다. 연희는 입장료를 몇 % 할인받은 것일까요?

(   )

[15-16] 윤지네 학교 학생들이 배우고 싶은 외국어를 조사하여 나타낸 원그래프입니다. 물음에 답하세요.

배우고 싶은 외국어별 학생 수

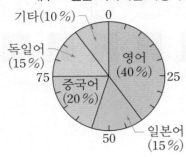

15

가장 많은 학생이 배우고 싶은 외국어는 무엇일까요?

(   )

16

중국어를 배우고 싶은 학생이 80명이라면 기타에 속하는 학생은 몇 명일까요?

(   )

17 서술형

인아네 반 학생들이 신청한 방과 후 수업을 조사하여 나타낸 띠그래프입니다. 띠그래프를 보고 알 수 있는 내용을 2가지 쓰세요.

방과 후 수업별 학생 수

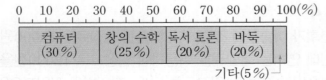

알 수 있는 내용
_____

_____

_____

18

직육면체의 부피는 몇 m³일까요?

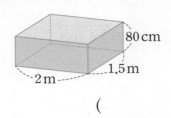

(   )

19

직육면체의 겉넓이는 몇 cm²일까요?

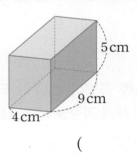

(   )

20

왼쪽 정육면체와 오른쪽 직육면체의 부피가 서로 같습니다. 오른쪽 직육면체의 높이는 몇 cm일까요?

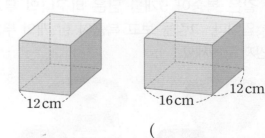

(   )

초등 고학년을 위한 중학교 필수 영역 초고필

국어

비문학 독해 1·2 / 문학 독해 1·2 / 국어 어휘 / 국어 문법

수학

유리수의 사칙연산 / 방정식 / 도형의 각도

한국사

한국사 1권 / 한국사 2권

평가북

초등학교   학년   반   번   이름

강의가 더해진, 교과서 맞춤 학습

백점

수학 6·1

친절한 해설북

- 한눈에 보이는 **정확한 답**
- 한번에 이해되는 **자세한 풀이**

모바일
빠른 정답

동아출판

차례

개념북 ·· 01

평가북 ·· 46

백점 수학 빠른 정답

QR코드를 찍으면 **정답과 해설을** 쉽고 빠르게 확인할 수 있습니다.

모바일
빠른 정답

❶ 분수의 나눗셈

1 (1) 1　(2) 3　(3) 4
2 (1) $\dfrac{1}{2}$　(2) $\dfrac{1}{5}$　(3) $\dfrac{2}{7}$　(4) $\dfrac{5}{8}$

1 (1) $1 \div 6$은 1을 똑같이 6으로 나눈 것 중의 하나이므로 $\dfrac{1}{6}$입니다.

2 (3) $1 \div 7$은 $\dfrac{1}{7}$이고 $2 \div 7$은 $\dfrac{1}{7}$이 2개이므로 $\dfrac{2}{7}$입니다.
　(4) $1 \div 8$은 $\dfrac{1}{8}$이고 $5 \div 8$은 $\dfrac{1}{8}$이 5개이므로 $\dfrac{5}{8}$입니다.

1 (1) 2, 1, 2, 1　(2) 2, 2, 2, 2　(3) 5　(4) 6
2 (1) $\dfrac{7}{4}$　(2) $\dfrac{9}{5}$　(3) $\dfrac{11}{6}$　(4) $\dfrac{10}{7}$

1 (1) 몫이 2이므로 2씩 나누어 갖고 남은 1을 다시 2로 나눕니다.
　(2) 몫이 2이므로 2씩 나누어 갖고 남은 2를 다시 3으로 나눕니다.

1 (1) 2　(2) 1　(3) 2　(4) 2
2 (1) 2, $\dfrac{2}{7}$　(2) 3, $\dfrac{3}{10}$　(3) 2, $\dfrac{4}{15}$　(4) 5, $\dfrac{2}{11}$
　(5) 8, $\dfrac{3}{25}$

2 분자가 자연수의 배수이므로 분자를 자연수로 나누어 계산합니다.

1 (1) 6, 6, 2　(2) $\dfrac{1}{3}$, 2
2 방법1 28, 28, $\dfrac{7}{36}$　방법2 $\dfrac{1}{4}$, $\dfrac{7}{36}$
3 방법1 20, 20, $\dfrac{4}{15}$　방법2 $\dfrac{1}{5}$, $\dfrac{4}{15}$

1 (1) 분자 2가 자연수 3의 배수가 되도록 크기가 같은 분수로 바꾼 다음 분자를 3으로 나누어 계산합니다.
　(2) $\dfrac{2}{5} \div 3$은 $\dfrac{2}{5}$를 똑같이 3으로 나눈 것 중 하나이므로 $\dfrac{2}{5} \times \dfrac{1}{3}$로 바꾸어 계산합니다.

1 (1) 3, 3, 1　(2) 3, 3, $\dfrac{1}{3}$, 3
2 방법1 25, 25, $\dfrac{5}{8}$
　방법2 25, $\dfrac{1}{5}$, $\dfrac{25}{40}\left(=\dfrac{5}{8}\right)$
3 방법1 12, 12, $\dfrac{4}{5}$
　방법2 12, $\dfrac{1}{3}$, $\dfrac{12}{15}\left(=\dfrac{4}{5}\right)$

1 (1) $1\dfrac{1}{2} = \dfrac{3}{2}$이고, 분자 3이 자연수 3의 배수이므로 분자를 자연수로 나누어 계산합니다.
　(2) $1\dfrac{1}{2} \div 3$은 $1\dfrac{1}{2}$을 똑같이 3으로 나눈 것 중 하나이므로 $\dfrac{3}{2} \times \dfrac{1}{3}$로 바꾸어 계산합니다.

2 • 가분수로 바꾼 분수의 분자가 25로 자연수 5의 배수이므로 분자를 자연수로 나누어 계산합니다.
　• 분수의 나눗셈을 분수의 곱셈으로 나타내어 계산합니다.
　참고 약분을 한 경우와 하지 않은 경우 모두 정답으로 인정합니다.

1 (1) 4, 12, 12, 4　(2) 4, 4, $\dfrac{1}{3}$, 4
2 방법1 9, 63, 63, $\dfrac{9}{28}$
　방법2 9, 9, $\dfrac{1}{7}$, $\dfrac{9}{28}$
3 방법1 7, 28, 28, $\dfrac{7}{24}$
　방법2 7, 7, $\dfrac{1}{4}$, $\dfrac{7}{24}$

1 (1) 분자 4가 자연수 3의 배수가 되도록 크기가 같은 분수로 바꾼 다음 분자를 3으로 나누어 계산합니다.

(2) $1\frac{1}{3} \div 3$은 $1\frac{1}{3}$을 똑같이 3으로 나눈 것 중 하나이므로 $\frac{4}{3} \times \frac{1}{3}$로 바꾸어 계산합니다.

12쪽~13쪽 　문제 학습 ①

1 (예)

／ $\frac{1}{8}$

2 1, 2, 2

3 (1) $\frac{1}{9}$ (2) $\frac{3}{7}$ (3) $\frac{9}{13}$ (4) $\frac{4}{15}$

4 $\frac{5}{9}$

5

6 (　) (○)　　　**7** $\frac{7}{15}$

8 <　　　　　**9** $\frac{3}{5}$ kg

10 8　　　　　**11** 나

12 4, $\frac{1}{4}$

---

1 $1 \div 8$은 1을 똑같이 8로 나눈 것 중 하나이므로 8칸으로 나누어 그중 1칸만큼 색칠합니다.

1을 똑같이 8로 나눈 것 중의 하나는 $\frac{1}{8}$입니다.

3 (자연수)÷(자연수)의 몫을 분수로 나타내는 방법은

●÷▲=$\frac{●}{▲}$입니다.

6 $1 \div 6 = \frac{1}{6}$, $6 \div 11 = \frac{6}{11}$

7 (자연수)÷(자연수)의 몫은 나누어지는 수를 분자, 나누는 수를 분모로 하는 분수로 나타내야 합니다.

8 $6 \div 7 = \frac{6}{7}\left(=\frac{48}{56}\right)$, $7 \div 8 = \frac{7}{8}\left(=\frac{49}{56}\right)$

➡ $\frac{6}{7} < \frac{7}{8}$이므로 $6 \div 7 < 7 \div 8$입니다.

9 (봉지 한 개에 담는 밀가루의 양)

＝(전체 밀가루의 양)÷(봉지의 수)

＝$3 \div 5 = \frac{3}{5}$ (kg)

---

10 $3 \div \bigcirc = \frac{3}{\bigcirc} = \frac{3}{8}$

➡ $\bigcirc$에 알맞은 자연수는 8입니다.

11 (가에 들어 있는 물의 양)＝$1 \div 3 = \frac{1}{3}\left(=\frac{5}{15}\right)$ (L)

(나에 들어 있는 물의 양)＝$2 \div 5 = \frac{2}{5}\left(=\frac{6}{15}\right)$ (L)

➡ $\frac{1}{3} < \frac{2}{5}$이므로 나에 물이 더 많이 들어 있습니다.

12 $1 \div 4 = \frac{1}{4}$, $1 \div 7 = \frac{1}{7}$, $1 \div 9 = \frac{1}{9}$

➡ $\frac{1}{4} > \frac{1}{7} > \frac{1}{9}$이므로 몫이 가장 큰 나눗셈식은

$1 \div 4 = \frac{1}{4}$입니다.

[다른 방법] 나누어지는 수가 같을 때 나누는 수가 작을수록 몫이 큽니다.

➡ $4 < 7 < 9$이므로 몫이 가장 큰 나눗셈식은 $1 \div 4 = \frac{1}{4}$입니다.

14쪽~15쪽 　문제 학습 ②

1 (예)

／ $\frac{5}{4}\left(=1\frac{1}{4}\right)$

2 1, 1 ／ 1 ／ 1, 7

3 (1) $\frac{7}{5}\left(=1\frac{2}{5}\right)$ (2) $\frac{11}{9}\left(=1\frac{2}{9}\right)$

(3) $\frac{17}{7}\left(=2\frac{3}{7}\right)$ (4) $\frac{25}{11}\left(=2\frac{3}{11}\right)$

4 $\frac{7}{6}\left(=1\frac{1}{6}\right)$　　**5** $\frac{13}{6}\left(=2\frac{1}{6}\right)$

6 ㉣　　　　　**7** $2\frac{1}{4}$, $2\frac{4}{13}$, $1\frac{7}{8}$

8 $\frac{8}{5}$ m$\left(=1\frac{3}{5}$ m$\right)$　**9** $\frac{17}{6}$ cm$\left(=2\frac{5}{6}$ cm$\right)$

10 11　　　　　**11** 1, 2, 3, 4

12 $\frac{5}{2}$ mL$\left(=2\frac{1}{2}$ mL$\right)$ **13** 지혜

---

1 그림 5개를 각각 똑같이 4로 나누어 그중 1씩 색칠하면 $\frac{1}{4}$이 5개이므로 $5 \div 4 = \frac{5}{4}$입니다.

[다른 방법] $5 \div 4 = 1 \cdots 1$이므로 그림 1개를 색칠하고, 남은 그림 1개를 똑같이 4로 나누어 그중 1에 색칠하면 $5 \div 4 = 1\frac{1}{4}$입니다.

---

4 $7 \div 6 = \dfrac{7}{6}\left(=1\dfrac{1}{6}\right)$

5 $6 < 13$

→ $13 \div 6 = \dfrac{13}{6}\left(=2\dfrac{1}{6}\right)$

6 ㉠ $5 \div 9 = \dfrac{5}{9} < 1$ ㉡ $7 \div 12 = \dfrac{7}{12} < 1$

㉢ $8 \div 11 = \dfrac{8}{11} < 1$ ㉣ $13 \div 9 = \dfrac{13}{9} > 1$

➡ 나눗셈의 몫이 1보다 큰 것은 ㉣입니다.

참고 나누어지는 수가 나누는 수보다 크면 몫은 1보다 큽니다.

7 • $30 \div 13 = \dfrac{30}{13} = 2\dfrac{4}{13}$

• $9 \div 4 = \dfrac{9}{4} = 2\dfrac{1}{4}$

• $15 \div 8 = \dfrac{15}{8} = 1\dfrac{7}{8}$

8 (한 사람이 가진 리본의 길이)

= (전체 리본의 길이) ÷ (똑같이 나누어 가진 사람 수)

= $8 \div 5 = \dfrac{8}{5}\left(=1\dfrac{3}{5}\right)$ (m)

9 정육각형은 여섯 변의 길이가 모두 같습니다.

➡ (정육각형의 한 변의 길이)

= (정육각형의 둘레) ÷ (변의 수)

= $17 \div 6 = \dfrac{17}{6}\left(=2\dfrac{5}{6}\right)$ (cm)

10 $2\dfrac{1}{5} = \dfrac{11}{5}$ ➡ ■ ÷ 5 = $\dfrac{11}{5}$, ■ = 11

11 $14 \div 3 = \dfrac{14}{3}\left(=4\dfrac{2}{3}\right)$ 이므로 $4\dfrac{2}{3} > \square$ 입니다.

➡ □ 안에 들어갈 수 있는 자연수는 1, 2, 3, 4입니다.

12 (새로운 색의 물감 전체의 양) = $\dfrac{5}{3} \times 3 = 5$ (mL)

➡ (지수가 사용한 물감의 양)

= (물감 전체의 양) ÷ 2

= $5 \div 2 = \dfrac{5}{2}\left(=2\dfrac{1}{2}\right)$ (mL)

13 • 지혜네 모둠: $15 \div 4 = \dfrac{15}{4}\left(=\dfrac{45}{12}\right)$ (m²)

• 준서네 모둠: $11 \div 3 = \dfrac{11}{3}\left(=\dfrac{44}{12}\right)$ (m²)

➡ $\dfrac{15}{4} > \dfrac{11}{3}$ 이므로 고추를 심을 텃밭이 더 넓은 모둠은 지혜네 모둠입니다.

16쪽~17쪽 문제 학습 ❸

1 $\dfrac{2}{10}\left(=\dfrac{1}{5}\right)$

2 (1) $\dfrac{1}{8}$ (2) $\dfrac{3}{14}$ (3) $\dfrac{2}{13}$ (4) $\dfrac{4}{35}$

3 $\dfrac{1}{5}, \dfrac{3}{16}$ **4** $\dfrac{5}{11}$

5 수지   **6** $\dfrac{2}{25}$

7 ㉡   **8** $\dfrac{4}{11}$ 배

9 $\dfrac{7}{25}$ m   **10** $\dfrac{2}{7}$

11 $\dfrac{1}{6}$ kg   **12** $\dfrac{2}{15}$

1 $\dfrac{8}{10}$ 은 $\dfrac{1}{10}$ 이 8개이므로 4로 나누면 $\dfrac{1}{10}$ 이 $8 \div 4 = 2$ (개)입니다.

$\dfrac{1}{10}$ 이 2개인 수 ➡ $\dfrac{2}{10}\left(=\dfrac{1}{5}\right)$

2 분수의 분자가 자연수의 배수이므로 분모는 그대로 두고 분자를 자연수로 나누어 계산합니다.

3 • $\dfrac{3}{5} \div 3 = \dfrac{3 \div 3}{5} = \dfrac{1}{5}$

• $\dfrac{15}{16} \div 5 = \dfrac{15 \div 5}{16} = \dfrac{3}{16}$

4 $\dfrac{10}{11} \div 2 = \dfrac{10 \div 2}{11} = \dfrac{5}{11}$

5 • 수지: $\dfrac{14}{16} \div 2 = \dfrac{14 \div 2}{16} = \dfrac{7}{16}$

• 태우: $\dfrac{6}{10} \div 2 = \dfrac{6 \div 2}{10} = \dfrac{3}{10}$

➡ 계산을 바르게 한 사람은 수지입니다.

6 ㉠ $\dfrac{12}{25} \div 3 = \dfrac{12 \div 3}{25} = \dfrac{4}{25}$

➡ ㉠ ÷ ㉡ = $\dfrac{4}{25} \div 2 = \dfrac{4 \div 2}{25} = \dfrac{2}{25}$

7 ㉠ $\dfrac{6}{10} \div 3 = \dfrac{6 \div 3}{10} = \dfrac{2}{10}$

㉡ $\dfrac{4}{8} \div 2 = \dfrac{4 \div 2}{8} = \dfrac{2}{8}$

➡ $\dfrac{2}{10} < \dfrac{2}{8}$ 이므로 몫이 더 큰 것은 ㉡입니다.

참고 분자가 같으면 분모가 작을수록 더 큰 수입니다.

BOOK ❶ 개념북

1 단원

8 (강우네 집~미술관)÷(강우네 집~박물관)

$$=\frac{8}{11}\div 2=\frac{8\div 2}{11}=\frac{4}{11}(배)$$

9 정삼각형은 세 변의 길이가 모두 같습니다.

➡ (정삼각형 모양의 한 변의 길이)

= (전체 끈의 길이)÷(변의 수)

$$=\frac{21}{25}\div 3=\frac{21\div 3}{25}=\frac{7}{25}(m)$$

10 수직선에서 작은 눈금 한 칸의 크기가 $\frac{1}{7}$이므로 ㉠이

나타내는 분수는 $\frac{6}{7}$입니다.

➡ $\frac{6}{7}\div 3=\frac{6\div 3}{7}=\frac{2}{7}$

11 (바닥을 만들고 남은 점토의 양)$=\frac{5}{6}-\frac{1}{6}=\frac{4}{6}(kg)$

➡ (한 사람이 가진 점토의 양)

$$=\frac{4}{6}\div 4=\frac{4\div 4}{6}=\frac{1}{6}(kg)$$

12 만들 수 있는 진분수는 $\frac{4}{15}$, $\frac{8}{15}$, $\frac{4}{8}$입니다.

$\frac{8}{15}>\frac{4}{8}>\frac{4}{15}$이므로 만들 수 있는 가장 큰 진분수

는 $\frac{8}{15}$입니다.

➡ $\frac{8}{15}\div 4=\frac{8\div 4}{15}=\frac{2}{15}$

18쪽~19쪽 문제 학습 ❹

1 (예)

 / $\frac{1}{12}$

2 (1) $\frac{5}{12}$ (2) $\frac{7}{32}$

(3) $\frac{12}{70}\left(=\frac{6}{35}\right)$ (4) $\frac{7}{6}\left(=1\frac{1}{6}\right)$

3 20 **4**

5 (위에서부터) $\frac{5}{27}$, $\frac{5}{63}$

6 ( )(○)( )

---

7 $\frac{8}{9}$, $\frac{8}{45}$ **8** ㉠

9 $\frac{3}{48}$ km$\left(=\frac{1}{16}$ km$\right)$

10 $\frac{8}{39}$ **11** $\frac{9}{8}$ cm$\left(=1\frac{1}{8}$ cm$\right)$

12 $\frac{8}{75}$ L

1 $\frac{1}{4}$을 3으로 나누려면 $\frac{1}{4}$을 $\frac{3}{12}$으로 만듭니다. 이를 똑같이 세 부분으로 나눈 것 중의 하나이므로 $\frac{1}{12}$입니다.

2 (1) $\frac{5}{6}\div 2=\frac{10}{12}\div 2=\frac{10\div 2}{12}=\frac{5}{12}$

(2) $\frac{7}{8}\div 4=\frac{7}{8}\times\frac{1}{4}=\frac{7}{32}$

(3) $\frac{12}{7}\div 10=\frac{12}{7}\times\frac{1}{10}=\frac{12}{70}\left(=\frac{6}{35}\right)$

(4) $\frac{7}{3}\div 2=\frac{7}{3}\times\frac{1}{2}=\frac{7}{6}\left(=1\frac{1}{6}\right)$

3 $\frac{2}{5}\div 3=\frac{2\times 3}{5\times 3}\div 3=\frac{6}{15}\div 3=\frac{6\div 3}{15}=\frac{2}{15}$

➡ ㉠=3, ㉡=15, ㉢=2이므로

㉠+㉡+㉢=3+15+2=20입니다.

4 • $\frac{5}{7}\div 4=\frac{5}{7}\times\frac{1}{4}=\frac{5}{28}$

• $\frac{3}{8}\div 2=\frac{3}{8}\times\frac{1}{2}=\frac{3}{16}$

• $\frac{11}{5}\div 3=\frac{11}{5}\times\frac{1}{3}=\frac{11}{15}$

5 • $\frac{5}{9}\div 3=\frac{5}{9}\times\frac{1}{3}=\frac{5}{27}$

• $\frac{5}{9}\div 7=\frac{5}{9}\times\frac{1}{7}=\frac{5}{63}$

6 • $\frac{3}{7}\div 4=\frac{3}{7}\times\frac{1}{4}=\frac{3}{28}$

• $\frac{4}{13}\div 3=\frac{4}{13}\times\frac{1}{3}=\frac{4}{39}$

• $\frac{3}{14}\div 2=\frac{3}{14}\times\frac{1}{2}=\frac{3}{28}$

➡ 몫이 다른 하나는 $\frac{4}{13}\div 3$입니다.

7 $8\div 9=\frac{8}{9}$, $\frac{8}{9}\div 5=\frac{8}{9}\times\frac{1}{5}=\frac{8}{45}$

8 ㉠ $\frac{7}{15} \div 2 = \frac{7}{15} \times \frac{1}{2} = \frac{7}{30}$

㉡ $\frac{1}{5} \div 6 = \frac{1}{5} \times \frac{1}{6} = \frac{1}{30}$

㉢ $\frac{4}{3} \div 10 = \frac{4}{3} \times \frac{1}{10} = \frac{4}{30}$

➡ $\frac{7}{30} > \frac{4}{30} > \frac{1}{30}$ 이므로 몫이 가장 큰 것은 ㉠입니다.

9 (민재가 1분 동안 간 거리)
= (민재가 걸어간 거리) ÷ (걸어간 시간)
= $\frac{3}{8} \div 6 = \frac{3}{8} \times \frac{1}{6} = \frac{3}{48} \left(= \frac{1}{16} \right)$ (km)

10 $\square \times 6 = \frac{16}{13}$ 이므로

$\square = \frac{16}{13} \div 6 = \frac{16}{13} \times \frac{1}{6} = \frac{16}{78} = \frac{8}{39}$ 입니다.

참고 ▲ × ● = ■ ⟨ ■ ÷ ● = ▲
■ ÷ ▲ = ●

11 (평행사변형의 넓이) = (밑변의 길이) × (높이)이므로
(높이) = (평행사변형의 넓이) ÷ (밑변의 길이)입니다.

➡ $\frac{9}{4} \div 2 = \frac{9}{4} \times \frac{1}{2} = \frac{9}{8} \left(= 1\frac{1}{8} \right)$ (cm)

12 (병 1개에 담은 수정과의 양)
= $\frac{24}{25} \div 3 = \frac{24 \div 3}{25} = \frac{8}{25}$ (L)

➡ (한 명이 마시는 수정과의 양)
= $\frac{8}{25} \div 3 = \frac{8}{25} \times \frac{1}{3} = \frac{8}{75}$ (L)

20쪽~21쪽 문제 학습 ⑤

1 ( )
(○)

2 (1) $\frac{4}{5}$ (2) $\frac{1}{4}$ (3) $\frac{7}{9}$ (4) $\frac{21}{24} \left(= \frac{7}{8} \right)$

3 $2\frac{4}{5} \div 4 = \frac{12}{5} \div 4 = \frac{12 \div 4}{5} = \frac{3}{5}$

4 방법 1 예 $4\frac{4}{7} \div 8 = \frac{32}{7} \div 8 = \frac{32 \div 8}{7} = \frac{4}{7}$

방법 2 예 $4\frac{4}{7} \div 8 = \frac{32}{7} \div 8$
$= \frac{32}{7} \times \frac{1}{8} = \frac{32}{56} \left(= \frac{4}{7} \right)$

5 $\frac{5}{9}$

6 강우

---

7 ㉢ **8** ㉡

9 $\frac{10}{7}$ km $\left(= 1\frac{3}{7} \right.$ km $\left. \right)$

10 $\frac{7}{4}$ 배 $\left(= 1\frac{3}{4} \right.$ 배 $\left. \right)$ **11** $\frac{8}{3} \left(= 2\frac{2}{3} \right)$

12 $\frac{4}{5}$ kg

1 $\frac{\blacktriangle}{\blacksquare} \div \bullet = \frac{\blacktriangle}{\blacksquare} \times \frac{1}{\bullet}$ 로 나타낼 수 있습니다.

2 (1) $3\frac{1}{5} \div 4 = \frac{16}{5} \div 4 = \frac{16 \div 4}{5} = \frac{4}{5}$

(2) $1\frac{3}{4} \div 7 = \frac{7}{4} \div 7 = \frac{7 \div 7}{4} = \frac{1}{4}$

(3) $1\frac{5}{9} \div 2 = \frac{14}{9} \div 2 = \frac{14 \div 2}{9} = \frac{7}{9}$

(4) $2\frac{5}{8} \div 3 = \frac{21}{8} \div 3 = \frac{21}{8} \times \frac{1}{3} = \frac{21}{24} \left(= \frac{7}{8} \right)$

3 보기 는 대분수를 가분수로 바꾼 다음 분수의 분자를 자연수로 나누어 계산하는 방법입니다.

4 (대분수) ÷ (자연수)는 대분수를 가분수로 바꾼 다음 분자를 자연수로 나누어 계산하거나 분수의 나눗셈을 분수의 곱셈으로 나타내어 계산할 수 있습니다.

5 $2\frac{2}{9} \div 4 = \frac{20}{9} \div 4 = \frac{20 \div 4}{9} = \frac{5}{9}$

6 • 수민: $4\frac{2}{3} \div 14 = \frac{14}{3} \div 14 = \frac{14 \div 14}{3} = \frac{1}{3}$

• 강우: $7\frac{1}{3} \div 11 = \frac{22}{3} \div 11 = \frac{22 \div 11}{3} = \frac{2}{3}$

➡ 나눗셈의 몫이 $\frac{2}{3}$ 인 사람은 강우입니다.

7 ㉠ $4\frac{1}{5} \div 3 = \frac{21}{5} \div 3 = \frac{21 \div 3}{5} = \frac{7}{5}$ ➡ 가분수

㉡ $7\frac{1}{2} \div 5 = \frac{15}{2} \div 5 = \frac{15 \div 5}{2} = \frac{3}{2}$ ➡ 가분수

㉢ $2\frac{2}{3} \div 4 = \frac{8}{3} \div 4 = \frac{8 \div 4}{3} = \frac{2}{3}$ ➡ 진분수

8 ㉡ $1\frac{1}{8} \div 3 = \frac{9}{8} \div 3 = \frac{9 \div 3}{8} = \frac{3}{8}$

9 (하루에 뛴 거리)
= (전체 뛴 거리) ÷ (뛴 날수)
= $7\frac{1}{7} \div 5 = \frac{50}{7} \div 5 = \frac{50 \div 5}{7}$
= $\frac{10}{7} \left(= 1\frac{3}{7} \right)$ (km)

BOOK **1** 개념북

1 단원

10 $12\frac{1}{4}>\frac{29}{3}\left(=9\frac{2}{3}\right)>7$이므로 가장 긴 색연필의

길이는 가장 짧은 색연필의 길이의

$12\frac{1}{4}\div7=\frac{49}{4}\div7=\frac{49\div7}{4}=\frac{7}{4}\left(=1\frac{3}{4}\right)$(배)

입니다.

11 어떤 수를 □라 하면 □$\times2=5\frac{1}{3}$입니다.

➡ $\square=5\frac{1}{3}\div2=\frac{16}{3}\div2=\frac{16\div2}{3}$

$=\frac{8}{3}\left(=2\frac{2}{3}\right)$

12 (배 7개의 무게)$=6\frac{1}{5}-\frac{3}{5}=5\frac{6}{5}-\frac{3}{5}=5\frac{3}{5}$ (kg)

➡ (배 한 개의 무게)

$=5\frac{3}{5}\div7=\frac{28}{5}\div7=\frac{28\div7}{5}=\frac{4}{5}$ (kg)

22쪽~23쪽 문제 학습 ⑥

1 ( )(○)

2 ⑴ $\frac{7}{12}$ ⑵ $\frac{14}{40}\left(=\frac{7}{20}\right)$

⑶ $\frac{11}{15}$ ⑷ $\frac{26}{28}\left(=\frac{13}{14}\right)$

3 $1\frac{3}{8}\div7=\frac{11}{8}\div7=\frac{77}{56}\div7=\frac{77\div7}{56}=\frac{11}{56}$

4 $\frac{21}{40}$ **5** $\frac{23}{42}$

6 ·

·

7 $<$

·

·

8 $\frac{33}{20}$ m²$\left(=1\frac{13}{20}$ m²$\right)$

9 ⑩ $2\frac{5}{6}\div5=\frac{17}{6}\div5=\frac{17}{6}\times\frac{1}{5}=\frac{17}{30}$ /

⑩ 대분수를 가분수로 바꾸지 않고 계산했기 때

문입니다.

10 $\frac{3}{20}$

11 $\frac{93}{5}$ cm²$\left(=18\frac{3}{5}$ cm²$\right)$

12 $\frac{7}{24}$ m

1 $3\frac{1}{12}\div7=\frac{37}{12}\div7=\frac{37}{12}\times\frac{1}{7}=\frac{37}{12\times7}=\frac{37}{84}$

---

2 ⑴ $1\frac{3}{4}\div3=\frac{7}{4}\div3=\frac{7}{4}\times\frac{1}{3}=\frac{7}{12}$

⑵ $2\frac{4}{5}\div8=\frac{14}{5}\div8=\frac{14}{5}\times\frac{1}{8}=\frac{14}{40}\left(=\frac{7}{20}\right)$

⑶ $3\frac{2}{3}\div5=\frac{11}{3}\div5=\frac{11}{3}\times\frac{1}{5}=\frac{11}{15}$

⑷ $3\frac{5}{7}\div4=\frac{26}{7}\div4=\frac{26}{7}\times\frac{1}{4}=\frac{26}{28}\left(=\frac{13}{14}\right)$

3 보기 는 대분수를 가분수로 바꾼 다음 크기가 같은

분수 중에서 분자가 자연수의 배수인 수로 바꾸어 계

산하는 방법입니다.

5 $3\frac{5}{6}\div7=\frac{23}{6}\div7=\frac{23}{6}\times\frac{1}{7}=\frac{23}{42}$

6 · $1\frac{1}{4}\div3=\frac{5}{4}\div3=\frac{5}{4}\times\frac{1}{3}=\frac{5}{12}$

· $2\frac{1}{6}\div2=\frac{13}{6}\div2=\frac{13}{6}\times\frac{1}{2}=\frac{13}{12}$

7 $\frac{7}{3}\div6=\frac{7}{3}\times\frac{1}{6}=\frac{7}{18}\left(=\frac{14}{36}\right)$

$1\frac{5}{12}\div3=\frac{17}{12}\div3=\frac{17}{12}\times\frac{1}{3}=\frac{17}{36}$

➡ $\frac{7}{18}<\frac{17}{36}$

8 (페인트 한 통으로 칠한 벽면의 넓이)

$=$(칠한 전체 벽면의 넓이)$\div$(사용한 페인트 통의 수)

$=6\frac{3}{5}\div4=\frac{33}{5}\div4=\frac{33}{5}\times\frac{1}{4}$

$=\frac{33}{20}\left(=1\frac{13}{20}\right)$(m²)

9 (대분수)$\div$(자연수)에서 대분수는 가분수로 바꾸어

야 합니다. 그후 크기가 같은 분수 중 분자가 자연수

의 배수인 수로 바꾼 다음 분자를 자연수로 나누어

계산하거나 분수의 곱셈으로 나타내어 계산합니다.

[평가 기준] 이유에서 '대분수를 가분수로 바꾸지 않고 계산했다.'

라는 표현이 있으면 정답으로 인정합니다.

10 ㉠$=3\frac{1}{2}\div5=\frac{7}{2}\div5=\frac{7}{2}\times\frac{1}{5}=\frac{7}{10}\left(=\frac{14}{20}\right)$

㉡$\times5=2\frac{3}{4}$ → ㉡$=2\frac{3}{4}\div5=\frac{11}{4}\div5$

$=\frac{11}{4}\times\frac{1}{5}=\frac{11}{20}$

➡ $\frac{7}{10}>\frac{11}{20}$이므로

$\frac{7}{10}-\frac{11}{20}=\frac{14}{20}-\frac{11}{20}=\frac{3}{20}$입니다.

11 (정오각형 한 칸의 넓이)

$$=23\frac{1}{4}\div 5=\frac{93}{4}\div 5=\frac{93}{4}\times\frac{1}{5}$$

$$=\frac{93}{20}\left(=4\frac{13}{20}\right)(cm^2)$$

➡ (색칠한 부분의 넓이)

$$=\frac{93}{\underset{5}{20}}\times\overset{1}{4}=\frac{93}{5}\left(=18\frac{3}{5}\right)(cm^2)$$

12 (정사각형 모양 한 개를 만드는 데 사용한 철사의 길이)

$$=2\frac{1}{3}\div 2=\frac{7}{3}\div 2=\frac{7}{3}\times\frac{1}{2}=\frac{7}{6}(m)$$

➡ (만든 정사각형의 한 변의 길이)

$$=\frac{7}{6}\div 4=\frac{7}{6}\times\frac{1}{4}=\frac{7}{24}(m)$$

24쪽   응용 학습 ❶

| 1단계 | $\frac{5}{16}$ | **1·1** 10 |
| 2단계 | 1, 2, 3, 4 | **1·2** 8, 9, 10, 11 |

1단계 $1\frac{1}{4}\div 4=\frac{5}{4}\div 4=\frac{5}{4}\times\frac{1}{4}=\frac{5}{16}$

2단계 $\dfrac{\square}{16}<\dfrac{5}{16}$이므로 □ 안에는 5보다 작은 자연수가 들어가야 합니다.

□ 안에 들어갈 수 있는 자연수는 1, 2, 3, 4입니다.

1·1 $\dfrac{27}{8}\div 3=\dfrac{27\div 3}{8}=\dfrac{9}{8}$

$\dfrac{9}{8}<\dfrac{\square}{8}$이므로 □ 안에는 9보다 큰 자연수가 들어가야 합니다.

➡ □ 안에 들어갈 수 있는 자연수 중에서 가장 작은 수는 10입니다.

1·2 $\dfrac{7}{5}\div 3=\dfrac{7}{5}\times\dfrac{1}{3}=\dfrac{7}{15}$

$3\dfrac{1}{5}\div 4=\dfrac{16}{5}\div 4=\dfrac{16\div 4}{5}=\dfrac{4}{5}\left(=\dfrac{12}{15}\right)$

$\dfrac{7}{15}<\dfrac{\square}{15}<\dfrac{12}{15}$이므로 □ 안에는 7보다 크고 12보다 작은 자연수가 들어가야 합니다.

➡ □ 안에 들어갈 수 있는 자연수는 8, 9, 10, 11입니다.

25쪽   응용 학습 ❷

1단계	3	**2·1** $9\frac{3}{8}$, 2 / $\frac{75}{16}$
2단계	$8\frac{5}{7}$	$\left(=4\frac{11}{16}\right)$
3단계	$8\frac{5}{7}$, 3, $\frac{61}{21}\left(=2\frac{19}{21}\right)$	**2·2** $1\frac{3}{4}$, 6 / $\frac{7}{24}$

1단계 몫이 가장 큰 나눗셈식을 만들려면 나누는 수는 가장 작은 3이어야 합니다.

2단계 나머지 수로 가장 큰 대분수를 만들면 $8\frac{5}{7}$입니다.

3단계 $8\frac{5}{7}\div 3=\dfrac{61}{7}\div 3=\dfrac{61}{7}\times\dfrac{1}{3}=\dfrac{61}{21}\left(=2\frac{19}{21}\right)$

2·1 몫이 가장 큰 나눗셈을 만들려면 나누는 수는 가장 작은 2여야 하고, 나머지 수로 가장 큰 대분수를 만들면 $9\frac{3}{8}$입니다.

➡ $9\frac{3}{8}\div 2=\dfrac{75}{8}\div 2=\dfrac{75}{8}\times\dfrac{1}{2}=\dfrac{75}{16}\left(=4\frac{11}{16}\right)$

2·2 몫이 가장 작은 나눗셈식을 만들려면 나누는 수는 가장 큰 6이어야 하고, 나머지 수로 가장 작은 대분수를 만들면 $1\frac{3}{4}$입니다.

➡ $1\frac{3}{4}\div 6=\dfrac{7}{4}\div 6=\dfrac{7}{4}\times\dfrac{1}{6}=\dfrac{7}{24}$

26쪽   응용 학습 ❸

| 1단계 | 6 | **3·1** $\frac{6}{20}\left(=\frac{3}{10}\right)$ |
| 2단계 | $\frac{6}{7}$ | **3·2** $\frac{25}{2}\left(=12\frac{1}{2}\right)$ |

1단계 어떤 수를 □라 하면
$\square\times 7=42$, $\square=42\div 7=6$입니다.

2단계 바르게 계산하면 $6\div 7=\dfrac{6}{7}$입니다.

3·1 어떤 수를 □라 하면 $\square\times 4=4\frac{4}{5}$,

$\square=4\frac{4}{5}\div 4=\dfrac{24}{5}\div 4=\dfrac{24\div 4}{5}=\dfrac{6}{5}$입니다.

바르게 계산하면 $\dfrac{6}{5}\div 4=\dfrac{6}{5}\times\dfrac{1}{4}=\dfrac{6}{20}\left(=\dfrac{3}{10}\right)$입니다.

BOOK ❶ 개념북

1 단원

3·2 어떤 수를 □라 하면 $□ \times 3 \div 5 = \dfrac{9}{2}$,

$□ = \dfrac{9}{2} \times 5 \div 3 = \dfrac{45}{2} \div 3 = \dfrac{45 \div 3}{2} = \dfrac{15}{2}$입니다.

바르게 계산하면 $\dfrac{15}{2} \div 3 \times 5 = \dfrac{15 \div 3}{2} \times 5$

$= \dfrac{5}{2} \times 5 = \dfrac{25}{2} \left(= 12\dfrac{1}{2} \right)$입니다.

27쪽 응용 학습 ④

1단계 8배		**4·1** $\dfrac{30}{11}$ cm $\left(= 2\dfrac{8}{11}$ cm $\right)$	
2단계 $\dfrac{3}{56}$ m		**4·2** $\dfrac{33}{20}$ m $\left(= 1\dfrac{13}{20}$ m $\right)$	
3단계 $\dfrac{3}{14}$ m			

1단계 큰 정사각형의 둘레는 색칠한 정사각형의 한 변의 길이의 8배입니다.

2단계 (색칠한 정사각형의 한 변의 길이)

$$= \dfrac{3}{7} \div 8 = \dfrac{3}{7} \times \dfrac{1}{8} = \dfrac{3}{56} \text{ (m)}$$

3단계 (색칠한 정사각형의 둘레) $= \dfrac{3}{\overset{}{\underset{14}{56}}} \times \overset{1}{4} = \dfrac{3}{14}$ (m)

4·1 큰 정삼각형의 둘레는 색칠한 정삼각형의 한 변의 길이의 6배입니다.

(색칠한 정삼각형의 한 변의 길이)

$$= 5\dfrac{5}{11} \div 6 = \dfrac{60}{11} \div 6 = \dfrac{60 \div 6}{11} = \dfrac{10}{11} \text{ (cm)}$$

➡ (색칠한 정삼각형의 둘레)

$$= \dfrac{10}{11} \times 3 = \dfrac{30}{11} \left(= 2\dfrac{8}{11} \right) \text{(cm)}$$

4·2 직사각형의 둘레는 색칠한 정사각형의 한 변의 길이의 10배입니다.

(색칠한 정사각형의 한 변의 길이)

$$= \dfrac{33}{8} \div 10 = \dfrac{33}{8} \times \dfrac{1}{10} = \dfrac{33}{80} \text{ (m)}$$

➡ (색칠한 정사각형의 둘레)

$$= \dfrac{33}{\overset{}{\underset{20}{80}}} \times \overset{1}{4} = \dfrac{33}{20} \left(= 1\dfrac{13}{20} \right) \text{(m)}$$

28쪽 응용 학습 ⑤

1단계 9군데		**5·1** $\dfrac{3}{7}$ km	
2단계 $\dfrac{3}{72}$ km $\left(= \dfrac{1}{24}$ km $\right)$		**5·2** $\dfrac{2}{3}$ km	

1단계 가로수 10그루를 심으면 가로수 사이의 간격은 $10 - 1 = 9$(군데)입니다.

2단계 (가로수 사이의 간격)

$$= \dfrac{3}{8} \div 9 = \dfrac{3}{8} \times \dfrac{1}{9} = \dfrac{3}{72} \left(= \dfrac{1}{24} \right) \text{(km)}$$

5·1 나무 13그루를 심으면 나무 사이의 간격은 $13 - 1 = 12$(군데)입니다.

➡ (나무 사이의 간격)

$$= 5\dfrac{1}{7} \div 12 = \dfrac{36}{7} \div 12 = \dfrac{36 \div 12}{7} = \dfrac{3}{7} \text{ (km)}$$

5·2 도로의 한쪽에 세우려는 가로등은 $28 \div 2 = 14$(개)입니다. 도로의 한쪽에 가로등 14개를 세우면 가로등 사이의 간격은 $14 - 1 = 13$(군데)입니다.

➡ (가로등 사이의 간격)

$$= 8\dfrac{2}{3} \div 13 = \dfrac{26}{3} \div 13 = \dfrac{26 \div 13}{3} = \dfrac{2}{3} \text{ (km)}$$

29쪽 응용 학습 ⑥

1단계 $7, \dfrac{63}{8}$		**6·1** $\dfrac{16}{5}$ m $\left(= 3\dfrac{1}{5}$ m $\right)$	
2단계 $\dfrac{9}{4}$ cm $\left(= 2\dfrac{1}{4}$ cm $\right)$		**6·2** $\dfrac{11}{3}$ cm $\left(= 3\dfrac{2}{3}$ cm $\right)$	

1단계 (삼각형의 넓이)=(밑변의 길이)×(높이)÷2이므로 높이를 ■ cm라 하면 $7 \times ■ \div 2 = \dfrac{63}{8}$입니다.

2단계 $7 \times ■ \div 2 = \dfrac{63}{8}$,

$$■ = \dfrac{63}{\overset{}{\underset{4}{8}}} \times \overset{1}{2} \div 7 = \dfrac{63}{4} \div 7 = \dfrac{63 \div 7}{4}$$

$$= \dfrac{9}{4} \left(= 2\dfrac{1}{4} \right)$$

6·1 (마름모의 넓이)=(한 대각선의 길이)×(다른 대각선의 길이)÷2이므로 다른 대각선의 길이를 □ m라 하면 $6×□÷2=9\frac{3}{5}$입니다.

➡ $6×□÷2=9\frac{3}{5}$,

$□=9\frac{3}{5}×2÷6=\frac{48}{5}×2÷6=\frac{96}{5}÷6$

$=\frac{96÷6}{5}=\frac{16}{5}\left(=3\frac{1}{5}\right)$

6·2 (사다리꼴의 넓이)=((윗변의 길이)+(아랫변의 길이))×(높이)÷2이므로 사다리꼴의 높이를 □ cm라 하면 $(5+7)×□÷2=22$입니다.

➡ $(5+7)×□÷2=22$, $12×□÷2=22$,

$□=22×2÷12=44÷12=\frac{44}{12}$

$=\frac{11}{3}\left(=3\frac{2}{3}\right)$

30쪽 **교과서 통합** 핵심 개념

1 $\frac{7}{8}$ / $\frac{9}{4}$, 2, 1

2 4, 2 / 6, 6, 2   **3** $\frac{1}{7}$, $\frac{3}{35}$

4 21, 21, 3 / 21, $\frac{1}{7}$, 21, 3

31쪽~33쪽 **단원 평가**

1 $\frac{1}{4}$ **2** $\frac{1}{4}$, $\frac{3}{20}$

3 ( ) (○)   **4** $\frac{11}{14}$

5 $\frac{4}{7}÷3=\frac{12}{21}÷3=\frac{12÷3}{21}=\frac{4}{21}$

6 $\frac{3}{16}$ **7**

8 =

9 ❶ $\frac{25}{6}\left(=4\frac{1}{6}\right)<6\frac{1}{7}<8$이므로 가장 작은 수는 $\frac{25}{6}$이고, 가장 큰 수는 8입니다.
❷ 따라서 가장 작은 수를 가장 큰 수로 나눈 몫은
$\frac{25}{6}÷8=\frac{25}{6}×\frac{1}{8}=\frac{25}{48}$입니다.   답 $\frac{25}{48}$

10 $\frac{3}{5}$, $\frac{3}{20}$ **11** $\frac{2}{5}$ L

12 $\frac{17}{24}$ cm²

13 ❶ 예 $\frac{7}{12}÷3=\frac{7}{12}×\frac{1}{3}=\frac{7}{36}$ / ❷ 예 분자가 자연수의 배수가 아닐 때에는 크기가 같은 분수 중에서 분자가 자연수의 배수인 분수로 바꾸거나 분수의 곱셈으로 계산해야 하는데 분모를 자연수로 나누었으므로 잘못되었습니다.

14 $\frac{1}{9}$ m   **15** $\frac{5}{7}$

16 영재네 모둠   **17** 1, 2, 3, 4, 5, 6

18 ❶ 복숭아 8개의 무게는
$3\frac{2}{5}-\frac{3}{5}=2\frac{7}{5}-\frac{3}{5}=2\frac{4}{5}$(kg)입니다.
❷ 따라서 복숭아 한 개의 무게는
$2\frac{4}{5}÷8=\frac{14}{5}÷8=\frac{14}{5}×\frac{1}{8}=\frac{14}{40}\left(=\frac{7}{20}\right)$(kg)입니다.
답 $\frac{14}{40}$ kg$\left(=\frac{7}{20}$ kg$\right)$

19 $9\frac{3}{5}$, 2 / $\frac{24}{5}\left(=4\frac{4}{5}\right)$

20 $\frac{78}{35}$ cm$\left(=2\frac{8}{35}$ cm$\right)$

---

3 $7÷2=\frac{7}{2}\left(=3\frac{1}{2}\right)$

4 $1\frac{4}{7}÷2=\frac{11}{7}÷2=\frac{11}{7}×\frac{1}{2}=\frac{11}{14}$

5 보기 는 분자가 자연수의 배수가 아니므로 크기가 같은 분수 중 분자가 자연수의 배수인 수로 바꾸어 계산하는 방법입니다.

7 • $\frac{5}{6}÷4=\frac{5}{6}×\frac{1}{4}=\frac{5}{24}$

• $\frac{17}{5}÷9=\frac{17}{5}×\frac{1}{9}=\frac{17}{45}$

8 • $\frac{3}{4}÷2=\frac{3}{4}×\frac{1}{2}=\frac{3}{8}$ • $\frac{9}{8}÷3=\frac{9÷3}{8}=\frac{3}{8}$

➡ $\frac{3}{4}÷2 \bigcirc= \frac{9}{8}÷3$

9

채점 기준		
❶ 가장 작은 수와 가장 큰 수를 각각 구한 경우	2점	
❷ 가장 작은 수를 가장 큰 수로 나눈 몫을 구한 경우	3점	5점

10 • $4\frac{4}{5}÷8=\frac{24}{5}÷8=\frac{24÷8}{5}=\frac{3}{5}$

• $\frac{3}{5}÷4=\frac{3}{5}×\frac{1}{4}=\frac{3}{20}$

11 (한 사람이 마신 주스의 양)=$2÷5=\frac{2}{5}$ (L)

12 (색칠한 부분의 넓이)

$$= 4\frac{1}{4} \div 6 = \frac{17}{4} \div 6 = \frac{17}{4} \times \frac{1}{6} = \frac{17}{24}\,(\text{cm}^2)$$

13

채점 기준			
❶ 바르게 계산한 경우	2점	5점
❷ 잘못된 이유를 쓴 경우	3점	

[평가 기준] 이유에서 '분모를 자연수로 나누었으므로 잘못되었다.' 라는 표현이 있으면 정답으로 인정합니다.

14 정오각형은 다섯 변의 길이가 모두 같습니다.

➡ (정오각형의 한 변의 길이)

$$= \frac{5}{9} \div 5 = \frac{5 \div 5}{9} = \frac{1}{9}\,(\text{m})$$

15 $\square \times 6 = 4\frac{2}{7}$

➡ $\square = 4\frac{2}{7} \div 6 = \frac{30}{7} \div 6 = \frac{30 \div 6}{7} = \frac{5}{7}$

16 • 민아네 모둠: $21 \div 4 = \frac{21}{4}\left(= \frac{63}{12}\right)(\text{m}^2)$

• 영재네 모둠: $17 \div 3 = \frac{17}{3}\left(= \frac{68}{12}\right)(\text{m}^2)$

➡ $\frac{21}{4} < \frac{17}{3}$이므로 노란색 페인트를 칠해야 하는 벽이 더 넓은 모둠은 영재네 모둠입니다.

17 $2\frac{1}{3} \div 2 = \frac{7}{3} \div 2 = \frac{7}{3} \times \frac{1}{2} = \frac{7}{6}$입니다.

$\frac{\square}{6} < \frac{7}{6}$이므로 $\square$ 안에는 7보다 작은 자연수가 들어가야 합니다.

➡ $\square$ 안에 들어갈 수 있는 자연수는 1, 2, 3, 4, 5, 6입니다.

18

채점 기준			
❶ 복숭아 8개의 무게를 구한 경우	2점	5점
❷ 복숭아 한 개의 무게를 구한 경우	3점	

19 몫이 가장 크려면 나누는 수는 가장 작아야 하므로 2이고, 나머지 수로 가장 큰 대분수를 만들면 $9\frac{3}{5}$입니다.

➡ $9\frac{3}{5} \div 2 = \frac{48}{5} \div 2 = \frac{48 \div 2}{5} = \frac{24}{5}\left(= 4\frac{4}{5}\right)$

20 (삼각형의 넓이)=(밑변의 길이)×(높이)÷2이므로 높이를 $\square$ cm라 하면 $7 \times \square \div 2 = \frac{39}{5}$입니다.

➡ $\square = \frac{39}{5} \times 2 \div 7 = \frac{78}{5} \div 7 = \frac{78}{5} \times \frac{1}{7}$

$$= \frac{78}{35}\left(= 2\frac{8}{35}\right)$$

② 각기둥과 각뿔

36쪽 개념 학습 ❶

1 (1) (◯) (×) (2) (×) (◯) (3) (×) (◯)

2 (1) 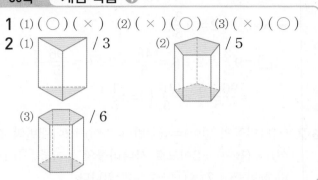 / 3 (2) / 5

(3) / 6

1 각기둥은 두 면이 서로 평행하고 합동인 다각형으로 이루어진 입체도형입니다.

(1) 오른쪽 도형은 두 면이 서로 평행하지만 합동이 아니므로 각기둥이 아닙니다.

(2) 왼쪽 도형은 서로 평행한 두 면이 없으므로 각기둥이 아닙니다.

(3) 왼쪽 도형에는 다각형이 아닌 면이 있으므로 각기둥이 아닙니다.

2 두 밑면과 만나는 면을 옆면이라고 합니다. 옆면의 수는 밑면의 변의 수와 같습니다.

37쪽 개념 학습 ❷

1 (1) 육각형, 육각기둥 (2) 칠각형, 칠각기둥

2 (1) (2)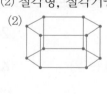

(3)

1 (1) 밑면의 모양이 육각형이므로 육각기둥입니다.

(2) 밑면의 모양이 칠각형이므로 칠각기둥입니다.

38쪽 개념 학습 ❸

1 (1) 육각형, 육각기둥 (2) 오각형, 오각기둥

2 (1) ㉢ (2) ㉫

1 (1) 전개도를 접었을 때 밑면의 모양이 육각형이고 옆면의 모양이 직사각형이므로 육각기둥이 됩니다.
　(2) 전개도를 접었을 때 밑면의 모양이 오각형이고 옆면의 모양이 직사각형이므로 오각기둥이 됩니다.

1 각뿔은 밑에 놓인 면이 다각형이고 옆으로 둘러싼 면이 모두 삼각형인 입체도형입니다.
　(1) 왼쪽 도형은 옆면이 직사각형이므로 각뿔이 아닙니다.
　(2) 오른쪽 도형은 다각형이 아닌 면이 있으므로 각뿔이 아닙니다.
　(3) 왼쪽 도형은 옆면이 사다리꼴이므로 각뿔이 아닙니다.

2 밑면과 만나는 면은 옆면이고, 옆면의 수는 밑면의 변의 수와 같습니다.

39쪽　개념 학습 ④

1 (1) 직사각형
　(2) 1 cm
　　1 cm
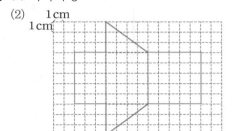

2 (1) 실선 / 점선
　(2) 1 cm
　　1 cm
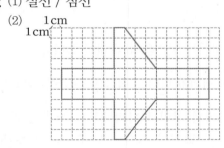

1 (1) 각기둥의 옆면은 모두 직사각형이므로 전개도에서도 직사각형입니다.
　(2) 전개도를 접었을 때 맞닿는 선분의 길이가 같도록 나머지 두 옆면을 그립니다.

2 (2) 전개도를 접었을 때 맞닿는 선분의 길이가 같도록 잘리지 않은 모서리를 찾아 점선으로 그립니다.

41쪽　개념 학습 ⑥

1 (1) 팔각형, 팔각뿔　(2) 육각형, 육각뿔
2 (1) 　(2)
　(3)

1 (1) 밑면의 모양이 팔각형이므로 팔각뿔입니다.
　(2) 밑면의 모양이 육각형이므로 육각뿔입니다.

42쪽~43쪽　문제 학습 ①

1 나, 마, 바
2 (위에서부터) (1) 밑면, 옆면　(2) 밑면, 옆면
3
／ 직사각형

4

5 면 ㄱㄴㄷㄹㅁ, 면 ㅂㅅㅇㅈㅊ /
　면 ㄴㅅㅇㄷ, 면 ㄷㅇㅈㄹ, 면 ㄹㅈㅊㅁ,
　면 ㄱㅂㅊㅁ, 면 ㄴㅅㅂㄱ
6 수민　　　**7** ③
8 다　　　**9** 6개
10 ㄹ　　　**11** ㄴ

40쪽　개념 학습 ⑤

1 (1) (×) (○)　(2) (○) (×)　(3) (×) (○)
2 (1) ／ 5　　(2) ／ 4
　(3) ／ 6

1 두 밑면이 서로 평행하고 합동인 다각형으로 이루어진 입체도형을 모두 찾으면 나, 마, 바입니다.

> 참고 • 가, 라: 두 밑면이 합동이 아니므로 각기둥이 아닙니다.
> • 다: 밑면이 1개이므로 각기둥이 아닙니다.

2 각기둥에서 서로 평행하고 합동인 두 면을 밑면이라 하고, 두 밑면과 만나는 면을 옆면이라고 합니다.

> 주의 각기둥의 옆면이 바닥에 닿게 놓여 있어도 서로 평행하고 합동인 두 면이 밑면임에 주의합니다.

3 각기둥에서 두 밑면과 만나는 면은 옆면입니다.
각기둥의 옆면은 모두 직사각형입니다.

4 보이는 모서리는 실선으로, 보이지 않는 모서리는 점선으로 그려 각기둥의 겨냥도를 완성합니다.

5 각기둥에서 밑면은 서로 평행하고 합동인 두 면이고, 옆면은 두 밑면과 만나는 면입니다.

> 참고 도형을 기호로 읽을 때 보통 시계 반대 방향으로 읽지만 시계 방향으로 읽어도 틀린 것은 아닙니다.

6 각기둥은 두 밑면이 서로 평행하고 합동인 다각형으로 이루어진 입체도형입니다.
주어진 입체도형은 두 밑면이 다각형이 아니므로 각기둥이 아닙니다.

7 옆면은 두 밑면과 만나는 면입니다.
③ 면 ㅁㅂㅅㅇ은 밑면인 면 ㄱㄴㄷㄹ과 만나지 않습니다. 면 ㄱㄴㄷㄹ과 서로 평행하고 합동이므로 주어진 각기둥의 또 다른 밑면입니다.

8 옆면은 두 밑면과 만나는 면이므로 각 입체도형에서 두 밑면과 만나는 면은 몇 개인지 세어 봅니다.
가: 4개, 나: 3개, 다: 6개
➡ 옆면이 6개인 각기둥은 다입니다.

9 각기둥에서 밑면은 2개이고, 한 밑면의 변의 수가 8개이므로 옆면은 8개입니다.
➡ 8-2=6(개)

10 ㄹ 각기둥에서 두 밑면은 서로 평행하고 합동입니다.

11

각기둥	가	나
㉠ 밑면의 모양	삼각형	칠각형
㉡ 밑면의 수	2개	2개
㉢ 옆면의 수	3개	7개

➡ 각기둥 가와 나의 밑면의 수가 같습니다.

44쪽~45쪽	문제 학습 ❷

1 사각기둥
2 (왼쪽에서부터) 높이, 꼭짓점, 모서리
3 팔각기둥
4 모서리 ㄱㄴ, 모서리 ㄴㄷ, 모서리 ㄷㄱ, 모서리 ㄱㄹ, 모서리 ㄴㅁ, 모서리 ㄷㅂ, 모서리 ㄹㅁ, 모서리 ㅁㅂ, 모서리 ㅂㄹ
5 꼭짓점 ㄱ, 꼭짓점 ㄴ, 꼭짓점 ㄷ, 꼭짓점 ㄹ, 꼭짓점 ㅁ, 꼭짓점 ㅂ
6 3개   **7** 9 cm
8 (왼쪽에서부터) 5, 10, 7, 15 / 6, 12, 8, 18
9 2, 2, 3   **10** 14개
11 ㉢   **12** ㉡, ㉢, ㉠
13 사각기둥

1 밑면의 모양이 사각형이므로 사각기둥입니다.

3 밑면의 모양이 팔각형이고 옆면의 모양이 직사각형이므로 팔각기둥입니다.

4 면과 면이 만나는 선분을 모두 찾아 씁니다.

5 모서리와 모서리가 만나는 점을 모두 찾아 씁니다.

6 두 밑면 사이의 거리를 나타내는 모서리를 찾으면 모서리 ㄱㄹ, 모서리 ㄴㅁ, 모서리 ㄷㅂ으로 모두 3개입니다.

7 각기둥의 높이는 두 밑면 사이의 거리이므로 9 cm입니다.

9 오각기둥과 육각기둥의 한 밑면의 변, 꼭짓점, 면, 모서리의 수를 살펴보면 다음과 같은 규칙을 찾을 수 있습니다.
• (꼭짓점의 수)=(한 밑면의 변의 수)×2
• (면의 수)=(한 밑면의 변의 수)+2
• (모서리의 수)=(한 밑면의 변의 수)×3

10 밑면의 모양이 칠각형이므로 칠각기둥입니다.
➡ (칠각기둥의 꼭짓점의 수)=7×2=14(개)

11 ㉠ 삼각기둥의 모서리는 3×3=9(개)입니다.
㉡ 오각기둥의 면은 5+2=7(개), 삼각기둥의 면은 3+2=5(개)이므로 오각기둥의 면은 삼각기둥의 면보다 7-5=2(개) 더 많습니다.
㉢ 한 각기둥에서 꼭짓점, 면, 모서리 중 모서리의 수가 가장 많습니다.

12 ㉠ (팔각기둥의 면의 수)=8+2=10(개)
㉡ (구각기둥의 모서리의 수)=9×3=27(개)
㉢ (십각기둥의 꼭짓점의 수)=10×2=20(개)
➡ 27>20>10이므로 개수가 많은 것부터 차례대로 기호를 쓰면 ㉡, ㉢, ㉠입니다.

13 한 밑면의 변의 수를 □개라 하면 □+2=6, □=4입니다. 한 밑면의 변이 4개이므로 밑면의 모양은 사각형입니다.
➡ 수지가 말하는 각기둥의 이름은 사각기둥입니다.

46쪽~47쪽 문제 학습 ❸

1 (○)( ) **2** 오각기둥
3 점 ㅅ, 점 ㅁ **4** 선분 ㅅㅇ
5 (위에서부터) 4, 6, 4, 5
6 칠각형
7 면 ㄱㄴㄷㅎ, 면 ㅎㄷㄹㅋ, 면 ㅋㄹㅁㅊ, 면 ㅊㅁㅇㅅ
8 7 cm **9** 12개
10 30 cm **11** 11 cm

1 삼각기둥을 만들려면 밑면인 삼각형이 2개 있어야 하는데 오른쪽 전개도는 삼각형이 1개만 있으므로 삼각기둥을 만들 수 없습니다.

2 밑면의 모양이 오각형이고 옆면의 모양이 직사각형이므로 만들어지는 입체도형은 오각기둥입니다.

4 전개도를 접었을 때 점 ㄱ은 점 ㅅ과 만나고 점 ㅊ은 점 ㅇ과 만납니다.
따라서 선분 ㄱㅊ과 맞닿는 선분은 선분 ㅅㅇ입니다.

5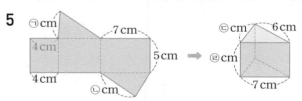

• 삼각기둥의 전개도와 삼각기둥을 살펴보면 한 밑면의 세 변의 길이는 각각 4 cm, 6 cm, 7 cm이므로 ㉠은 4 cm, ㉡은 6 cm, ㉢은 4 cm입니다.
• 각기둥의 높이는 전개도에서 옆면인 직사각형의 세로와 같으므로 ㉣은 5 cm입니다.

6 각기둥의 옆면이 7개이므로 한 밑면의 변은 7개입니다. 변이 7개인 다각형은 칠각형이므로 이 각기둥의 밑면은 칠각형입니다.

7 면 ㅋㅌㅍㅎ은 밑면이므로 마주 보는 면인 다른 밑면 ㅁㅂㅅㅇ을 제외한 나머지 면 4개와 만납니다.

8 각기둥에서 높이는 두 밑면 사이의 거리입니다. 삼각형 모양의 두 면이 밑면이므로 전개도를 접었을 때 만들어지는 각기둥의 높이는 7 cm입니다.

9 전개도를 접었을 때 만들어지는 각기둥은 육각기둥입니다.
➡ (육각기둥의 꼭짓점의 수)=6×2=12(개)

10 각기둥의 전개도에서 한 밑면은 오각형이고, 전개도를 접었을 때 맞닿는 선분의 길이가 같으므로 오각형의 다섯 변의 길이는 각각 7 cm, 6 cm, 7 cm, 5 cm, 5 cm입니다.
➡ (한 밑면의 둘레)=7+6+7+5+5=30 (cm)

11 전개도를 접었을 때 서로 맞닿는 선분의 길이는 같고, 선분 ㄱㄴ과 맞닿는 선분은 선분 ㅅㅂ이므로
(선분 ㄱㄴ)=(선분 ㅅㅂ)=7 cm입니다.
➡ (선분 ㄱㄷ)=(선분 ㄱㄴ)+(선분 ㄴㄷ)
=7+4=11 (cm)

48쪽~49쪽 문제 학습 ❹

1
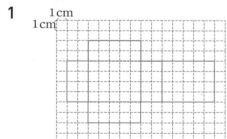

2 예
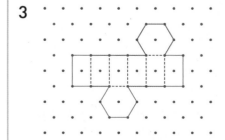

3

4 예
1 cm
1 cm
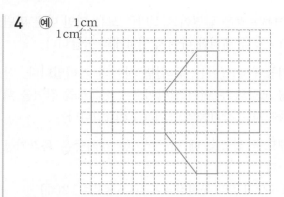

5 예 전개도를 접었을 때 두 면이 서로 겹치기 때문입니다..

6 예
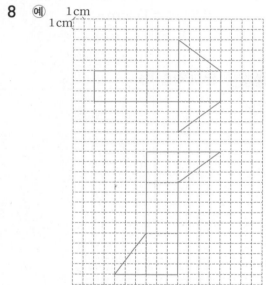

7 ㉡, ㉢

8 예
1 cm
1 cm

9 예
1 cm
1 cm

/ 12 cm²

1 전개도를 접었을 때 맞닿는 선분의 길이가 같도록 나머지 한 밑면과 세 옆면을 그립니다.

2 각기둥의 모서리를 자르는 방법에 따라 여러 가지 모양의 전개도를 그릴 수 있습니다.

3 육각기둥의 전개도는 밑면 2개, 옆면 6개가 되도록 그려야 합니다.
따라서 점선이 있는 부분 아래쪽에 밑면을 1개 그리고, 옆면이 6개가 되도록 옆면의 왼쪽과 오른쪽 점선 부분에 면을 연결하여 그립니다.

4 잘린 모서리는 실선으로, 잘리지 않은 모서리는 점선으로 하여 접었을 때 서로 맞닿는 선분의 길이가 같게 그립니다.

5 [평가 기준] '전개도를 접었을 때 서로 겹치는 면이 있다.' 또는 '옆면이 5개이다.'라는 표현이 있으면 정답으로 인정합니다.

6 겹치는 면이 없고 옆면이 4개가 되도록 그립니다.

7 ㉠ 밑면이 서로 합동이 되도록 그립니다.
㉣ 잘린 모서리는 실선으로 그립니다.

8 밑면의 위치에 따라 다양한 전개도를 그릴 수 있습니다.

9 전개도를 접었을 때 맞닿는 선분의 길이가 같아야 하므로 밑면은 한 변의 길이가 4 cm, 다른 한 변의 길이가 3 cm인 직사각형입니다.
➡ (한 밑면의 넓이)=4×3=12 (cm²)

50쪽~51쪽	문제 학습 ❺

1 현호
2 (위에서부터) 옆면, 밑면
3  / 삼각형

4 3개   **5** 면 ㄴㄷㄹㅁㅂㅅ
6 면 ㄱㄴㄷ, 면 ㄱㄷㄹ, 면 ㄱㄹㅁ, 면 ㄱㅂㅁ, 면 ㄱㅅㅂ, 면 ㄱㄴㅅ
7 5개   **8** 태우
9 6개
10 예 밑면이 육각형으로 같습니다.
/ 예 밑면의 수가 각각 2개, 1개로 다릅니다.
11 ㉡
12 예 밑면이 다각형이 아니고 옆면이 삼각형이 아니기 때문입니다.

1 밑면이 다각형이고 옆면이 모두 삼각형인 입체도형을 그린 사람은 현호입니다.

2 각뿔에서 밑에 놓인 면을 밑면이라 하고, 밑면과 만나는 면을 옆면이라고 합니다.

3 각뿔에서 밑면과 만나는 면은 옆면입니다.
각뿔의 옆면은 모두 삼각형입니다.

4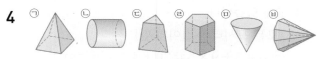

　　ⓛ, ⓜ: 밑면이 다각형이 아닌 입체도형이므로 각기둥도 각뿔도 아닙니다.
　　ⓒ: 밑면이 2개이므로 각뿔이 아니고, 두 밑면이 평행하지만 합동이 아니므로 각기둥도 아닙니다.

5 각뿔에서 밑에 놓인 면을 찾아 씁니다.

6 각뿔에서 밑면과 만나는 면이 옆면이므로 밑면인 면 ㄴㄷㄹㅁㅂㅅ과 만나는 면을 모두 찾아 씁니다.

7 각뿔의 옆면의 수는 밑면의 변의 수와 같습니다.
밑면이 오각형으로 변이 5개이므로 이 각뿔의 옆면은 5개입니다.

8 • 태우: 밑면의 수가 1개로 같습니다.
　　• 수지: 밑면의 모양은 각각 육각형, 사각형으로 다릅니다.
　　• 준서: 옆면의 수는 각각 6개와 4개로 다릅니다.

9 각뿔의 밑면은 1개이고, 밑면과 만나는 면은 7개이므로 옆면은 7개입니다. ➡ 7-1=6(개)

10 왼쪽 도형은 밑면이 육각형으로 2개이고, 옆면이 모두 직사각형으로 6개입니다.
오른쪽 도형은 밑면이 육각형으로 1개이고, 옆면이 모두 삼각형으로 6개입니다.
[평가 기준] 같은 점으로 '밑면의 모양' 또는 '옆면의 수', 다른 점으로 '밑면의 수' 또는 '옆면의 모양' 등을 이용하여 바르게 설명하면 정답으로 인정합니다.

11 ㉠ 옆면은 삼각형입니다.
㉢ 각뿔에서 밑면과 옆면은 수직으로 만날 수 없습니다.

12 각뿔은 밑면이 다각형이고 옆면이 모두 삼각형인 입체도형입니다.
[평가 기준] '밑면이 다각형이 아니다.' 또는 '옆면이 삼각형이 아니다.'라는 표현이 있으면 정답으로 인정합니다.

52쪽~53쪽　문제 학습 ⑥

1 삼각뿔　　　　　　**2** ④
3

4 모서리 ㄱㄴ, 모서리 ㄱㄷ, 모서리 ㄱㄹ, 모서리 ㄱㅁ, 모서리 ㄴㄷ, 모서리 ㄷㄹ, 모서리 ㄹㅁ, 모서리 ㄴㅁ
5 꼭짓점 ㄱ, 꼭짓점 ㄴ, 꼭짓점 ㄷ, 꼭짓점 ㄹ, 꼭짓점 ㅁ
6 선분 ㄱㅂ　　　　**7** 삼각뿔
8 (왼쪽에서부터) 5, 6, 6, 10 / 6, 7, 7, 12
9 1, 1, 2　　　　　**10** 10개
11 ①　　　　　　　**12** 1 cm
13 칠각뿔

---

1 밑면의 모양이 삼각형이므로 삼각뿔입니다.

2 ④ 모서리와 모서리가 만나는 점이므로 꼭짓점입니다.
[참고] 각뿔의 꼭짓점은 꼭짓점 중에서 옆면이 모두 만나는 점을 말합니다.

3 • 밑면의 모양이 사각형인 각뿔은 사각뿔입니다.
　　• 밑면의 모양이 오각형인 각뿔은 오각뿔입니다.
　　• 밑면의 모양이 육각형인 각뿔은 육각뿔입니다.

4 면과 면이 만나는 선분을 모두 찾아 씁니다.

5 모서리와 모서리가 만나는 점을 모두 찾아 씁니다.

6 각뿔의 꼭짓점에서 밑면에 수직인 선분은 선분 ㄱㅂ입니다.

7 각뿔의 면의 수는 밑면의 변의 수에 따라 달라집니다. 변의 수가 가장 적은 다각형은 삼각형이므로 밑면이 삼각형인 각뿔의 면의 수가 가장 적고, 이름은 삼각뿔입니다.

9 오각뿔과 육각뿔의 밑면의 변, 꼭짓점, 면, 모서리의 수를 살펴보면 다음과 같은 규칙을 찾을 수 있습니다.
　　• (꼭짓점의 수)=(밑면의 변의 수)+1
　　• (면의 수)=(밑면의 변의 수)+1
　　• (모서리의 수)=(밑면의 변의 수)×2

10 (삼각뿔의 모서리의 수)=3×2=6(개)
　　(삼각뿔의 꼭짓점의 수)=3+1=4(개)
　　➡ 6+4=10(개)

11 ① 사각뿔의 옆면은 4개이고, 밑면은 1개입니다.

12 각기둥의 높이는 9 cm이고, 각뿔의 높이는 8 cm입니다. ➡ 9−8=1(cm)

13 각뿔의 밑면의 변의 수를 □개라 하면 □+1=8, □=7입니다.
밑면의 변이 7개이므로 밑면의 모양은 칠각형입니다.
따라서 설명하는 입체도형은 칠각뿔입니다.

54쪽 **응용 학습 ❶**

1단계 각기둥		**1·1**	구각기둥
2단계 육각기둥		**1·2**	십일각뿔

1단계 두 밑면이 서로 평행하고 합동인 다각형이고, 옆면이 모두 직사각형인 입체도형은 각기둥입니다.

2단계 각기둥의 한 밑면의 변의 수를 □개라 하면
□×2=12, □=6입니다.
➡ 한 밑면의 변이 6개이므로 밑면의 모양이 육각형인 육각기둥입니다.

1·1 두 밑면이 서로 평행하고 합동인 다각형이고, 옆면이 모두 직사각형인 입체도형은 각기둥입니다.
각기둥의 한 밑면의 변의 수를 □개라 하면
□×3=27, □=9입니다.
➡ 한 밑면의 변이 9개이므로 밑면의 모양이 구각형인 구각기둥입니다.

1·2 밑면이 1개이고 다각형이면서 옆면이 모두 삼각형인 입체도형은 각뿔입니다.
각뿔의 밑면의 변의 수를 □개라 하면 □×2=22, □=11입니다.
➡ 밑면의 변이 11개이므로 밑면의 모양이 십일각형인 십일각뿔입니다.

55쪽 **응용 학습 ❷**

1단계 8개, 4개		**2·1**	36 cm
2단계 68 cm		**2·2**	75 cm

1단계 각기둥에는 길이가 5 cm인 모서리가 8개, 길이가 7 cm인 모서리가 4개 있습니다.

2단계 5×8+7×4=40+28=68(cm)

2·1 사각뿔에는 길이가 3 cm인 모서리가 4개, 길이가 6 cm인 모서리가 4개 있습니다.
➡ (모든 모서리의 길이의 합)
  =3×4+6×4=12+24=36(cm)

2·2 옆면이 5개이므로 밑면의 모양은 오각형이고, 밑면의 모양이 오각형인 각뿔은 오각뿔입니다.
오각뿔에서 6 cm인 모서리는 5개, 9 cm인 모서리는 5개 있습니다.
➡ (모든 모서리의 길이의 합)
  =6×5+9×5=30+45=75(cm)

56쪽 **응용 학습 ❸**

1단계 삼각기둥,		**3·1**	3개
사각기둥		**3·2**	6개
2단계 2개			

1단계 만들어진 두 각기둥은 삼각기둥과 사각기둥입니다.

2단계 (삼각기둥의 꼭짓점의 수)=3×2=6(개)
  (사각기둥의 꼭짓점의 수)=4×2=8(개)
➡ 8−6=2(개)

3·1 만들어진 두 각기둥은 삼각기둥과 사각기둥입니다.
(삼각기둥의 모서리의 수)=3×3=9(개)
(사각기둥의 모서리의 수)=4×3=12(개)
➡ 12−9=3(개)

3·2 만들어진 두 각기둥은 모두 사각기둥입니다.
사각기둥의 모서리는 4×3=12(개)이므로
만들어진 두 각기둥의 모서리의 수의 합은
12×2=24(개)입니다.
(육각기둥의 모서리의 수)=6×3=18(개)
➡ 만들어진 두 각기둥의 모서리의 수의 합은 처음 육각기둥의 모서리의 수보다 24−18=6(개) 더 많습니다.

57쪽 **응용 학습 ❹**

1단계 6개		**4·1**	6개
2단계 육각기둥		**4·2**	25개
3단계 18개			

1단계 각뿔의 밑면의 변의 수를 □개라 하면 □+1=7, □=6입니다.

2단계 밑면의 변이 6개이므로 각뿔의 밑면의 모양은 육각형이고 밑면의 모양이 육각형인 각기둥은 육각기둥입니다.

3단계 육각기둥의 모서리는 $6 \times 3 = 18$(개)입니다.

4·1 각기둥의 한 밑면의 변의 수를 □개라 하면 □$\times 3 = 15$, □$=5$입니다. 한 밑면의 변이 5개이므로 각기둥의 밑면의 모양은 오각형이고 밑면의 모양이 오각형인 각뿔은 오각뿔입니다.
➡ (오각뿔의 면의 수)$=5+1=6$(개)

4·2 각기둥의 한 밑면의 변의 수를 □개라 하면 □$+2=10$, □$=8$입니다.
한 밑면의 변이 8개이므로 각기둥의 밑면의 모양은 팔각형이고 밑면의 모양이 팔각형인 각뿔은 팔각뿔입니다.
(팔각뿔의 모서리의 수)$=8 \times 2=16$(개)
(팔각뿔의 꼭짓점의 수)$=8+1=9$(개)
➡ (팔각뿔의 모서리와 꼭짓점의 수의 합)
$=16+9=25$(개)

58쪽　**응용 학습 ⑤**

1단계 □$\times 3$ / □$\times 2$	**5·1** 칠각뿔
2단계 8개	**5·2** 구각뿔
3단계 팔각기둥	

1단계 각기둥의 한 밑면의 변의 수를 □개라 하면 모서리의 수는 (□$\times 3$)개, 꼭짓점의 수는 (□$\times 2$)개입니다.

2단계 □$\times 3+$□$\times 2=40$, □$\times 5=40$, □$=8$
참고 □$\times 3=$□$+$□$+$□이고 □$\times 2=$□$+$□이므로 □$\times 3+$□$\times 2=$□$+$□$+$□$+$□$+$□$=$□$\times 5$입니다.

3단계 한 밑면의 변이 8개이므로 밑면의 모양이 팔각형인 팔각기둥입니다.

5·1 각뿔의 밑면의 변의 수를 □개라 하면 꼭짓점의 수는 (□$+1$)개, 면의 수는 (□$+1$)개입니다.
□$+1+$□$+1=16$, □$\times 2+2=16$,
□$\times 2=14$, □$=7$
➡ 밑면의 변이 7개이므로 밑면의 모양이 칠각형인 칠각뿔입니다.

5·2 각뿔의 밑면의 변의 수를 □개라 하면 꼭짓점의 수는 (□$+1$)개, 면의 수는 (□$+1$)개, 모서리의 수는 (□$\times 2$)개입니다.
□$+1+$□$+1+$□$\times 2=38$, □$\times 4+2=38$,
□$\times 4=36$, □$=9$
➡ 밑면의 변이 9개이므로 밑면의 모양이 구각형인 구각뿔입니다.

59쪽　**응용 학습 ⑥**

| **1단계** 30 cm | **6·1** 6 cm |
| **2단계** 3 cm | **6·2** 4 cm |

1단계 (두 밑면의 둘레의 합)$=55-5 \times 5$
$=55-25=30$(cm)

2단계 각기둥의 옆면은 모두 합동이므로 밑면의 5개의 변의 길이가 모두 같습니다.
(한 밑면의 둘레)$=30 \div 2=15$(cm)
➡ (밑면의 한 변의 길이)$=15 \div 5=3$(cm)

6·1 (두 밑면의 둘레의 합)
$=84-9 \times 4=84-36=48$(cm)
각기둥의 옆면은 모두 합동이므로 밑면의 네 변의 길이가 같습니다.
(한 밑면의 둘레)$=48 \div 2=24$(cm)
➡ (밑면의 한 변의 길이)$=24 \div 4=6$(cm)

6·2 밑면의 한 변의 길이를 □ cm라 하면 전개도의 둘레에는 □ cm인 선분이 6개, 8 cm인 선분이 4개 있습니다.
➡ □$\times 6+8 \times 4=56$, □$\times 6+32=56$,
□$\times 6=24$, □$=4$

60쪽　**교과서 통합 핵심 개념**

1 (왼쪽에서부터) 옆면 / 꼭짓점 / 오각기둥
2 5 / 4, 3
3 (왼쪽에서부터) 밑면 / 모서리 / 사각뿔

1 가, 바   **2** 나, 라

3

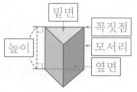

4 오각기둥   **5** 면 ㄴㄷㄹㅁ

6 꼭짓점 ㄱ   **7** 12 cm

8 예 서로 평행한 두 면이 합동이 아니므로 각기둥이 아닙니다.

9 사각기둥   **10** 선분 ㅇㅅ

11 예 전개도를 접었을 때 서로 겹쳐지는 면이 있으므로 사각기둥을 만들 수 없습니다.

12 (왼쪽에서부터) 5, 7 / 4, 8

13 (왼쪽에서부터) 10, 7, 15 / 9, 9, 16

14 팔각기둥

15 예

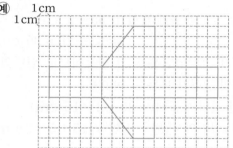

16 14개   **17** ㉢

18 56 cm

19 ❶ 각뿔의 밑면의 변의 수를 □개라 하면 □×2=12,
□=6입니다.
❷ 밑면의 변이 6개이므로 밑면의 모양이 육각형인 육각뿔입니다.   답 육각뿔

20 3 cm

---

4 밑면의 모양이 오각형인 각기둥이므로 오각기둥입니다.

7 각뿔의 꼭짓점에서 밑면에 수직인 선분의 길이가 높이입니다.
따라서 각뿔의 높이는 12 cm입니다.

8

채점 기준	각기둥이 아닌 이유를 쓴 경우	5점

[평가 기준] '서로 평행한 두 면이 합동이 아니다.'라는 표현이 있으면 정답으로 인정합니다.

9 밑면의 모양이 사각형이고 옆면의 모양이 직사각형이므로 만들어지는 입체도형은 사각기둥입니다.

10 전개도를 접었을 때 점 ㄹ은 점 ㅇ과 만나고 점 ㅁ은 점 ㅅ과 만납니다.

따라서 선분 ㄹㅁ과 맞닿는 선분은 선분 ㅇㅅ입니다.

11

채점 기준	사각기둥을 만들 수 없는 이유를 쓴 경우	5점

[평가 기준] '전개도를 접었을 때 서로 겹쳐지는 면이 있다.'라는 표현이 있으면 정답으로 인정합니다.

12

- 삼각기둥의 전개도와 삼각기둥을 살펴보면 한 밑면의 세 변의 길이는 각각 5 cm, 4 cm, 7 cm이므로 ㉠은 5 cm, ㉡은 7 cm, ㉢은 4 cm입니다.
- 각기둥의 높이는 전개도에서 옆면인 직사각형의 세로와 같으므로 ㉣은 8 cm입니다.

14 밑면이 2개이면서 옆면이 모두 직사각형이고 밑면과 옆면이 서로 수직인 입체도형은 각기둥입니다.
➡ 밑면의 모양이 팔각형인 각기둥은 팔각기둥입니다.

16 밑면의 모양이 칠각형이므로 칠각기둥입니다.
➡ (칠각기둥의 꼭짓점의 수)=7×2=14(개)

17 ㉠ (사각기둥의 꼭짓점의 수)=4×2=8(개)
㉡ 옆면이 7개인 각기둥은 밑면의 모양이 칠각형인 칠각기둥입니다.
㉢ (육각기둥의 면의 수)=6+2=8(개)
(삼각기둥의 면의 수)=3+2=5(개)
➡ 8은 5의 2배가 아닙니다. (×)
㉣ 한 각기둥에서
(모서리의 수)>(꼭짓점의 수)>(면의 수)입니다.

18 길이가 5 cm인 모서리가 4개, 길이가 9 cm인 모서리가 4개 있습니다.
➡ (모든 모서리의 길이의 합)
=5×4+9×4=20+36=56(cm)

19

채점 기준	❶ 각뿔의 밑면의 변의 수를 구한 경우	3점	5점
	❷ 각뿔의 이름은 무엇인지 구한 경우	2점	

20 (두 밑면의 둘레의 합)=72−6×6
=72−36=36(cm)
각기둥의 옆면은 모두 합동이므로 밑면의 여섯 변의 길이가 모두 같습니다.
(한 밑면의 둘레)=36÷2=18(cm)
➡ (밑면의 한 변의 길이)=18÷6=3(cm)

③ 소수의 나눗셈

66쪽 **개념 학습 ①**

1 (1) □□.□ (2) □.□□ (3) □□.□ (4) .□□
(5) .□□□

2 (1) 488, 488 / 122, 1.22
(2) 555, 555 / 185, 1.85
(3) 1125, 1125 / 125, 1.25

1 나누는 수가 같을 때 나누어지는 수가 $\frac{1}{10}$배, $\frac{1}{100}$배, $\frac{1}{1000}$배가 되었으므로 몫도 $\frac{1}{10}$배, $\frac{1}{100}$배, $\frac{1}{1000}$배가 됩니다.

2 소수 두 자리 수를 분모가 100인 분수로 바꾸어 계산합니다.

67쪽 **개념 학습 ②**

1 (1) .□□ (2) .□□
2 (위에서부터) (1) 1, 5, 9 / 2 / 1, 0 / 1, 8
(2) 5, 1, 4 / 4, 0 / 8 / 3, 2

1 (소수)÷(자연수)에서 몫의 소수점은 나누어지는 수의 소수점 위치에 맞춰 찍습니다.

2 (소수)÷(자연수)의 세로 계산은 자연수의 나눗셈과 같은 방법으로 계산한 다음 나누어지는 수의 소수점 위치에 맞춰 몫에 소수점을 찍습니다.

68쪽 **개념 학습 ③**

1 (1) 136, 136 / 34, 0.34
(2) 295, 295 / 59, 0.59
(3) 405, 405 / 45, 0.45
2 (위에서부터) (1) 0, 6, 5 / 4, 2 / 3, 5
(2) 0, 5, 4 / 3, 0 / 2, 4

2 (1) 4에는 7이 들어갈 수 없으므로 몫의 일의 자리에 0을 쓰고 계산합니다.
(2) 3에는 6이 들어갈 수 없으므로 몫의 일의 자리에 0을 쓰고 계산합니다.

69쪽 **개념 학습 ④**

1 (1) 360, 360 / 45, 0.45
(2) 870, 870 / 145, 1.45
(3) 140, 140 / 35, 0.35
2 (위에서부터) (1) 1, 8, 6 / 5 / 4, 0 / 3, 0
(2) 0, 9, 5 / 1, 8 / 1, 0

2 소수 첫째 자리에서 계산이 끝나지 않았으므로 나누어지는 수의 오른쪽 끝자리에 0이 있는 것으로 생각하여 계산합니다.

70쪽 **개념 학습 ⑤**

1 (1) 432, 432 / 108, 1.08
(2) 945, 945 / 105, 1.05
(3) 520, 520 / 104, 1.04
2 (위에서부터) (1) 1, 0, 7 / 6 / 4, 2
(2) 2, 0, 3 / 8 / 1, 2

1 (3) 52÷5는 자연수로 나누어떨어지지 않으므로 5.2를 분모가 100인 분수로 바꾸어 계산합니다.

2 (1) 4에는 6이 들어갈 수 없으므로 몫의 소수 첫째 자리에 0을 쓰고 소수 둘째 자리 수를 내려 계산합니다.
(2) 1에는 4가 들어갈 수 없으므로 몫의 소수 첫째 자리에 0을 쓰고 소수 둘째 자리 수를 내려 계산합니다.

71쪽 **개념 학습 ⑥**

1 (위에서부터) (1) 1, 7, 5 / 4 / 2, 8 / 2, 0
(2) 2, 5 / 4 / 1, 0
2 (1) .□□ (2) □□.□ (3) .□□

1 남은 수가 0이 될 때까지 0을 내려 계산합니다.

2 (1) 24.8÷5를 25÷5로 어림하면 몫은 약 5이므로 4.96이 가장 적절합니다.
(2) 43.5÷3을 44÷3으로 어림하면 몫은 약 15이므로 14.5가 가장 적절합니다.
(3) 16.08÷6을 16÷6으로 어림하면 몫은 약 3이므로 2.68이 가장 적절합니다.

72쪽～73쪽 문제 학습 ❶

1 (위에서부터) 22.1, $\dfrac{1}{100}$, 2.21

2 $13.65 \div 7 = \dfrac{1365}{100} \div 7 = \dfrac{1365 \div 7}{100}$
$= \dfrac{195}{100} = 1.95$

3 241, 24.1, 2.41

4 (선 잇기)

5 방법 1 $682 \div 2 = 341 \Rightarrow 6.82 \div 2 = 3.41$

방법 2 $6.82 \div 2 = \dfrac{682}{100} \div 2 = \dfrac{682 \div 2}{100}$
$= \dfrac{341}{100} = 3.41$

6 3.54　　　　　　**7** (○)( )

8 0.71　　　　　　**9** 46.5

10 1.13 m

11 (위에서부터) 213, $\dfrac{1}{100}$, 4.26, 2.13

/ 예 나누는 수가 2로 같으므로 몫이 $426 \div 2$의
$\dfrac{1}{100}$배가 되려면 나누어지는 수도 426의 $\dfrac{1}{100}$
배여야 하기 때문입니다.

12 2.7 L

2 보기 는 소수 두 자리 수를 분모가 100인 분수로 바
꾸어 분수의 나눗셈으로 계산하고, 다시 소수로 나타
내는 방법입니다.

4 · $11.25 \div 5 = \dfrac{1125}{100} \div 5 = \dfrac{1125 \div 5}{100}$
$= \dfrac{225}{100} = 2.25$

· $12.33 \div 9 = \dfrac{1233}{100} \div 9 = \dfrac{1233 \div 9}{100}$
$= \dfrac{137}{100} = 1.37$

· $13.92 \div 8 = \dfrac{1392}{100} \div 8 = \dfrac{1392 \div 8}{100}$
$= \dfrac{174}{100} = 1.74$

6 1이 10개이면 10, 0.1이 6개이면 0.6, 0.01이 2개
이면 0.02이므로 수지가 말하고 있는 소수 두 자리
수는 10.62입니다.
$\Rightarrow 10.62 \div 3 = 3.54$

7 $46.14 \div 6 = \dfrac{4614}{100} \div 6 = \dfrac{4614 \div 6}{100}$
$= \dfrac{769}{100} = 7.69$

$52.22 \div 7 = \dfrac{5222}{100} \div 7 = \dfrac{5222 \div 7}{100} = \dfrac{746}{100} = 7.46$

$\Rightarrow 7.69 > 7.46$

8 $6.33 \div 3 = \dfrac{633}{100} \div 3 = \dfrac{633 \div 3}{100} = \dfrac{211}{100} = 2.11$

$11.2 \div 8 = \dfrac{112}{10} \div 8 = \dfrac{112 \div 8}{10} = \dfrac{14}{10} = 1.4$

$\Rightarrow 2.11 > 1.4$이므로 $2.11 - 1.4 = 0.71$입니다.

9 나누는 수가 5로 같고 몫이 93에서 9.3으로 $\dfrac{1}{10}$배가
되었으므로 나누어지는 수도 $\dfrac{1}{10}$배가 되어야 합니다.

$\Rightarrow$ 465의 $\dfrac{1}{10}$배는 46.5이므로 □ 안에 알맞은 수는
46.5입니다.

10 $339 \div 3 = 113$ (cm)이고, 민호가 나눈 리본 한 도막
의 길이를 구하는 식은 $3.39 \div 3$입니다.
나누는 수가 3으로 같고 3.39는 339의 $\dfrac{1}{100}$배이므
로 $3.39 \div 3$의 몫은 113의 $\dfrac{1}{100}$배인 1.13이 됩니다.

11 [평가 기준] 이유에서 '나누는 수가 같을 때 몫이 $\dfrac{1}{100}$배가 되면
나누어지는 수도 $\dfrac{1}{100}$배가 된다.'는 표현이 있으면 정답으로 인정
합니다.

12 (페인트를 칠한 벽의 넓이)$= 3 \times 3 = 9$ (m²)
$\Rightarrow$ (1 m²의 벽을 칠하는 데 사용한 페인트의 양)
$= 24.3 \div 9 = 2.7$ (L)

74쪽～75쪽 문제 학습 ❷

1 (1) 1.37　(2) 12.97　**2** (○)
　　　　　　　　　　　　　( )

3 4.3　　　　　　　**4** 11.58, 1.93

5 1.46　　　　　　**6** 12.63

7 ㉡　　　　　　　**8** 18.23 kg

9

$$5 \overline{\smash{)}\ 3\ 1.8\ 5}$$
$$\underline{3\ 0}$$
$$1\ 8$$
$$\underline{1\ 5}$$
$$3\ 5$$
$$\underline{3\ 5}$$
$$0$$

몫: 6.3 7

예 몫의 소수점은 나누어지는 수의 소수점을 올려 찍어야 하는데 위치를 잘못 찍었기 때문입니다.

10 3.67　　　　　**11** 9.1 m

12 6.29, 5.23 / 감자밭　　**13** 1.39

---

1 (소수)÷(자연수)의 세로 계산은 자연수의 나눗셈과 같이 계산한 다음, 몫의 소수점은 나누어지는 수의 소수점 위치에 맞춰 찍습니다.

3 38.7: 소수, 9: 자연수

$$9 \overline{\smash{)}\ 3\ 8.7}$$
$$\underline{3\ 6}$$
$$2\ 7$$
$$\underline{2\ 7}$$
$$0$$

몫: 4.3

5 소수 첫째 자리 숫자가 8인 수는 5.84입니다.
➡ $5.84 \div 4 = 1.46$

6 사각형 안에 있는 수는 88.41이고, 삼각형 안에 있는 수는 7입니다.
➡ $88.41 \div 7 = 12.63$

참고 다각형의 이름은 변의 수에 따라 정해집니다.

7 ㉠ $47.67 \div 7 = 6.81$　　㉡ $55.62 \div 9 = 6.18$
㉢ $27.24 \div 4 = 6.81$
➡ 몫이 다른 하나는 ㉡입니다.

8 (자루 한 개에 담을 수 있는 모래의 양)
＝(전체 모래의 양)÷(자루의 수)
＝$72.92 \div 4 = 18.23$ (kg)

9 [평가 기준] 이유에서 '몫의 소수점의 위치가 잘못되었다.'는 표현이 있으면 정답으로 인정합니다.

10 $8 \times \blacksquare = 29.36$ ➡ $\blacksquare = 29.36 \div 8 = 3.67$

11 마름모는 네 변의 길이가 모두 같으므로
(한 변의 길이)＝(마름모의 둘레)÷4입니다.
➡ (마름모의 한 변의 길이)＝$36.4 \div 4 = 9.1$ (m)

---

12 (하루 동안 감자밭에 주는 물의 양)
＝$50.32 \div 8 = 6.29$ (L)
(하루 동안 상추밭에 주는 물의 양)
＝$31.38 \div 6 = 5.23$ (L)
➡ 6.29＞5.23이므로 하루 동안 주는 물의 양이 더 많은 곳은 감자밭입니다.

13 어떤 수를 □라 하면 □×7＝68.11,
□＝$68.11 \div 7 = 9.73$입니다.
➡ 바르게 계산하면 $9.73 \div 7 = 1.39$입니다.

76쪽~77쪽　　문제 학습 ❸

1 0.73　　　　　**2** (1) 0.19　(2) 0.64

3 0.67

4 $6.75 \div 9 = \dfrac{675}{100} \div 9 = \dfrac{675 \div 9}{100} = \dfrac{75}{100} = 0.75$

5 ①　　　　　**6** 수민

7 ＞　　　　　**8** 0.52

9

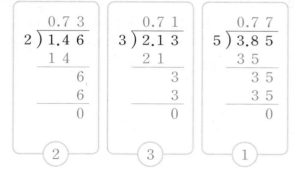

10 0.95　　　　　**11** 0.92 m²

12 0.79 kg　　　　**13** 0.39

---

1 나누는 수가 3으로 같고 나누어지는 수가 219의 $\dfrac{1}{100}$배가 되었으므로 몫도 $\dfrac{1}{100}$배가 됩니다.

2 나누어지는 수의 자연수 부분이 나누는 수보다 작으므로 몫의 일의 자리에 0을 쓰고 계산합니다.

3 $5.36 \div 8 = \dfrac{536}{100} \div 8 = \dfrac{536 \div 8}{100} = \dfrac{67}{100} = 0.67$

4 나누어지는 수가 소수 두 자리 수이므로 분모가 100인 분수로 바꾸어 계산해야 합니다.

5 나눗셈에서 나누어지는 수가 나누는 수보다 작으면
몫이 1보다 작습니다.

① $3.72 < 4$　　② $4.78 > 2$　　③ $5.65 > 5$

④ $7.92 > 6$　　⑤ $9.36 > 8$

6 $1.76 \div 2 = 0.88$, $6.23 \div 7 = 0.89$

➡ 나눗셈의 몫을 바르게 구한 사람은 수민입니다.

7 $7.28 \div 8 = 0.91$, $5.34 \div 6 = 0.89$

➡ $0.91 > 0.89$

8 $4.16 < 5 < 6.32 < 8$이므로 가장 작은 수는 4.16,
가장 큰 수는 8입니다.

➡ $4.16 \div 8 = 0.52$

9 $1.46 \div 2 = 0.73$, $2.13 \div 3 = 0.71$, $3.85 \div 5 = 0.77$

➡ $0.77 > 0.73 > 0.71$

10 $\square \times 9 = 8.55$ ➡ $\square = 8.55 \div 9 = 0.95$

11 (색칠한 부분의 넓이)

= (육각형의 넓이) ÷ (나눈 칸 수)

= $5.52 \div 6 = 0.92\,(\text{m}^2)$

12 (책 5권의 무게) = $4.25 - 0.3 = 3.95\,(\text{kg})$

➡ (책 한 권의 무게) = $3.95 \div 5 = 0.79\,(\text{kg})$

13 $2 < 3 < 4 < 6$이므로 수 카드 중 3장을 골라 만들 수
있는 가장 작은 소수 두 자리 수는 2.34입니다.

➡ 2.34를 남은 수 카드의 수 6으로 나누었을 때의
몫은 $2.34 \div 6 = 0.39$입니다.

78쪽~79쪽 **문제 학습 ④**

1 $3.9 \div 6 = \dfrac{390}{100} \div 6 = \dfrac{390 \div 6}{100} = \dfrac{65}{100} = 0.65$

2 (1) 1.15　(2) 0.65　　**3** 0.85, 0.68

4 ㉠　　　　　　　　　**5** (○) ( )

6 •——•
　　 ✕
　　•——•

7 ㉠

8 $0.95\,\text{m}$　　　　**9** 1.66

10 $3.95\,\text{cm}$　　　**11** $1.16\,\text{kg}$

12 1, 2, 3　　　　**13** $1.25\,\text{m}$

---

1 보기 는 소수 한 자리 수를 분모가 100인 분수로 바
꾸어 분수의 나눗셈으로 계산하고, 다시 소수로 나타
내는 방법입니다.

2 소수 첫째 자리에서 계산이 끝나지 않았으므로 나누
어지는 수의 오른쪽 끝자리에 0이 있는 것으로 생각
하여 계산합니다.

4 ㉠ $70 \div 2$의 몫은 35이고, 0.7은 70의 $\dfrac{1}{100}$배이므로

$0.7 \div 2$의 몫은 35의 $\dfrac{1}{100}$배인 0.35가 됩니다.

5

$$
\begin{array}{r}
0.1\,5 \\
4\,)\overline{\,0.6\,0} \\
\underline{4} \\
2\,0 \\
\underline{2\,0} \\
0
\end{array}
\qquad
\begin{array}{r}
1.4 \\
3\,)\overline{\,4.2} \\
\underline{3} \\
1\,2 \\
\underline{1\,2} \\
0
\end{array}
$$

➡ $0.6 \div 4$의 계산에서 소수 첫째 자리까지 계산했을
때 남은 수가 있으므로 소수점 아래 0을 내려 계
산해야 하는 것은 $0.6 \div 4$입니다.

6 • $2.7 \div 2 = 1.35$　　• $5.4 \div 4 = 1.35$

• $4.5 \div 6 = 0.75$　　• $4.4 \div 8 = 0.55$

• $2.2 \div 4 = 0.55$　　• $1.5 \div 2 = 0.75$

7 ㉠ $1.3 \div 2 = 0.65$　　㉡ $5.8 \div 4 = 1.45$

㉢ $10.8 \div 8 = 1.35$　　㉣ $3.7 \div 5 = 0.74$

➡ $0.65 < 0.74 < 1.35 < 1.45$이므로 나눗셈의 몫이
가장 작은 것은 ㉠입니다.

8 (민정이가 가지고 있는 철사의 길이)

= $5.7 \div 6 = 0.95\,(\text{m})$

9 $5 \times \square = 8.3$ ➡ $\square = 8.3 \div 5 = 1.66$

10 (직사각형의 넓이) = (가로) × (세로)이므로
(가로) = (직사각형의 넓이) ÷ (세로)입니다.

➡ $7.9 \div 2 = 3.95\,(\text{cm})$

11 (전체 쌀의 양) = $3.2 + 2.6 = 5.8\,(\text{kg})$

➡ (봉지 한 개에 담은 양) = $5.8 \div 5 = 1.16\,(\text{kg})$

12 $6.7 \div 2 = 3.35$이므로 $3.35 > \square$입니다.

➡ $\square$ 안에 들어갈 수 있는 자연수는 1, 2, 3입니다.

13 (간격의 수) = (모종의 수) − 1 = $7 - 1 = 6$(군데)

➡ (모종 사이의 간격) = (텃밭의 가로) ÷ (간격의 수)

= $7.5 \div 6 = 1.25\,(\text{m})$

80쪽~81쪽 문제 학습 ❺

1. ( )( )(○)
2. $9.18 \div 9 = \dfrac{918}{100} \div 9 = \dfrac{918 \div 9}{100} = \dfrac{102}{100} = 1.02$
3. (1) 1.07 (2) 3.05
4. 1.03
5. 태우
6. $9.27 \div 9$
7. ㉡
8. ㉢
9. 2.07 L
10. 다람쥐
11. 100배
12. 9.05초
13. 1.05 cm

1. 3.24는 324의 $\dfrac{1}{100}$배이므로 3.24÷3의 몫은 108 의 $\dfrac{1}{100}$배인 1.08이 됩니다.

2. 9.18을 분모가 100인 분수로 바꾸어 분수의 나눗셈 으로 계산하고, 다시 소수로 나타냅니다.

3. 소수 첫째 자리 계산에서 나누어야 할 수가 나누는 수보다 작으므로 몫의 소수 첫째 자리에 0을 쓰고 수를 하나 내려 계산합니다.

5. $6.24 \div 6 = \dfrac{624}{100} \div 6 = \dfrac{624 \div 6}{100} = \dfrac{104}{100} = 1.04$
   ➡ 계산을 바르게 한 사람은 태우입니다.

6. $7.28 \div 7 = 1.04$, $8.32 \div 8 = 1.04$, $9.27 \div 9 = 1.03$
   ➡ 나눗셈의 몫이 다른 하나는 9.27÷9입니다.

7. ㉠ $2.16 \div 2 = 1.08$ ➡ $\underset{㉠}{1.08} > \underset{㉡}{1.05}$
   ㉡ $3.15 \div 3 = 1.05$

8. ㉠ $4.2 \div 4 = 1.05$ ㉡ $5.15 \div 5 = 1.03$
   ㉢ $6.9 \div 6 = 1.15$ ㉣ $9.54 \div 9 = 1.06$
   ➡ 나눗셈의 몫의 소수 첫째 자리 숫자가 나머지와 다른 하나는 ㉢입니다.

9. (한 병에 담을 수 있는 물의 양)
   =(전체 물의 양)÷(병의 수)
   $=14.49 \div 7 = 2.07$(L)

10. ① $10.2 \div 5 = 2.04$ (다) ② $8.2 \div 4 = 2.05$ (람)
    ③ $8.48 \div 8 = 1.06$ (쥐)
    ➡ 번호 순서대로 쓰면 다람쥐입니다.

11. ㉠ $654 \div 6 = 109$ ㉡ $6.54 \div 6 = 1.09$
    109는 1.09의 100배이므로 ㉠은 ㉡의 100배입니다.
    다른 풀이 나누는 수가 같을 때 나누어지는 수가 100배가 되면 몫도 100배가 됩니다. 나누는 수가 6으로 같고 654는 6.54의 100배이므로 ㉠은 ㉡의 100배입니다.

12. (수현이네 모둠의 50 m 달리기 기록의 합)
    $=9.2 + 8.9 + 8.7 + 9.4 = 36.2$(초)
    ➡ (수현이네 모둠의 50 m 달리기 기록의 평균)
    $=36.2 \div 4 = 9.05$(초)

13. 사각뿔의 모서리는 모두 8개입니다.
    ➡ (한 모서리의 길이)
    =(모든 모서리의 길이의 합)÷(모서리의 수)
    $=8.4 \div 8 = 1.05$(cm)

82쪽~83쪽 문제 학습 ❻

1. $7 \div 5 = \dfrac{7}{5} = \dfrac{14}{10} = 1.4$
2. (1) 15, 1.5 (2) 75, 0.75
3. 예 35, 5, 7 / ·□ □ 4. (1) 1.8 (2) 0.16
5. $61.5 \div 3 = 20.5$
6. (위에서부터) 1.75 / 1.6 / 3.5, 3.2
7. 준서 8. $0.14 \div 7$
9. =
10.

$4.56 \div 3$	$3.9 \div 5$	$6.09 \div 7$
$3.12 \div 3$	$4.65 \div 5$	$8.26 \div 7$
$2.82 \div 3$	$5.35 \div 5$	$7.42 \div 7$

11. 세은 12. 1.2 km
13. 0.325 kg

1. 보기 는 몫을 분수로 나타낸 후, 소수로 바꾸는 방법 입니다.

3. 34.85÷5를 35÷5로 어림하면 몫은 약 7이므로 6.97이 가장 적절합니다.

4. (1)
```
       1.8
   5 ) 9.0
       5
       4 0
       4 0
         0
```
(2)
```
        0.1 6
   25 ) 4.0 0
        2 5
        1 5 0
        1 5 0
            0
```

5. 61.5÷3을 60÷3으로 어림하면 몫은 약 20이므로 20.5가 가장 적절합니다.

7. $24 \div 15 = 1.6$, $27 \div 18 = 1.5$
   ➡ 몫이 1.5인 사람은 준서입니다.

8 세 나눗셈식 모두 나누는 수가 7로 같으므로 나누어지는 수가 가장 작은 식의 몫이 가장 작습니다.
→ 나누어지는 수의 크기를 비교하면 $0.14 < 1.4 < 14$ 이므로 몫이 가장 작은 것은 $0.14 \div 7$입니다.

9 $7 \div 2 = 3.5$, $21 \div 6 = 3.5$ → $3.5 = 3.5$

10 나누어지는 수가 나누는 수보다 작으면 몫이 1보다 작습니다.

$4.56 > 3 \,(\times)$　　$3.9 < 5 \,(\bigcirc)$　　$6.09 < 7 \,(\bigcirc)$
$3.12 > 3 \,(\times)$　　$4.65 < 5 \,(\bigcirc)$　　$8.26 > 7 \,(\times)$
$2.82 < 3 \,(\bigcirc)$　　$5.35 > 5 \,(\times)$　　$7.42 > 7 \,(\times)$

11 $65.2 \div 8$을 $65 \div 8$로 어림하면 몫은 약 8로 어림할 수 있습니다.
→ 잘못 말한 사람은 세은입니다.

12 (1분 동안 달린 거리)
$= 18 \div 15 = 1.2 \,(\text{km})$

13 (사과 한 봉지의 무게) $= 13 \div 5 = 2.6 \,(\text{kg})$
→ (사과 한 개의 무게) $= 2.6 \div 8 = 0.325 \,(\text{kg})$

84쪽　응용 학습 ❶

1단계	8, 7, 5	**1·1**	3, 12 / 0.25
2단계	1.74	**1·2**	강우

1단계 $8 > 7 > 5$이므로 몫이 가장 큰 나눗셈식을 만들려면 나누어지는 수는 가장 큰 소수 한 자리 수인 8.7, 나누는 수는 가장 작은 한 자리 수인 5로 해야 합니다.

2단계 $8.7 \div 5 = 1.74$

1·1 $12 > 9 > 6 > 3$이므로 몫이 가장 작은 나눗셈식을 만들려면 나누어지는 수는 가장 작은 수인 3, 나누는 수는 가장 큰 수인 12로 해야 합니다.
→ $3 \div 12 = 0.25$

1·2 몫이 가장 큰 나눗셈식을 만들려면 나누어지는 수는 가장 큰 소수 한 자리 수, 나누는 수는 가장 작은 한 자리 수로 해야 합니다.
• 지혜: $7 > 5 > 3$ → $7.5 \div 3 = 2.5$
• 강우: $9 > 5 > 2$ → $9.5 \div 2 = 4.75$
$2.5 < 4.75$이므로 만든 나눗셈식의 몫이 더 큰 사람은 강우입니다.

85쪽　응용 학습 ❷

1단계	7.21, 7.24	**2·1**	0.46, 0.47, 0.48
2단계	7.22, 7.23	**2·2**	5.2, 5.3, 5.4, 5.5

1단계 $14.42 \div 2 = 7.21$, $43.44 \div 6 = 7.24$

2단계 $7.21 < \square < 7.24$이므로 $\square$ 안에 들어갈 수 있는 소수 두 자리 수는 7.22, 7.23입니다.

2·1 $3.15 \div 7 = 0.45$, $1.47 \div 3 = 0.49$
$0.45 < \square < 0.49$이므로 $\square$ 안에 들어갈 수 있는 소수 두 자리 수는 0.46, 0.47, 0.48입니다.

2·2 $33.3 \div 6 = 5.55$, $41.12 \div 8 = 5.14$
→ $5.55 > \square$이고, $5.14 < \square$이어야 하므로 $\square$ 안에 공통으로 들어갈 수 있는 소수 한 자리 수는 5.2, 5.3, 5.4, 5.5입니다.

86쪽　응용 학습 ❸

1단계	(위에서부터) 3 / 7 / 4, 5 / 2 / 2, 7
2단계	7

3·1 (위에서부터) 3 / 8, 4 / 8 / 4 / 2, 4
3·2 (위에서부터) 7 / 2 / 6, 2, 2 / 4 / 2

1단계

$$\begin{array}{r} 0.5\,\text{㉠} \\ 9\,)\,\overline{4.\blacksquare\,\text{㉡}} \\ \underline{\text{㉢}\,\text{㉣}} \\ \text{㉤}\,7 \\ \underline{\text{㉥}\,\text{㉦}} \\ 0 \end{array}$$

• $9 \times 5 = 45$이므로 ㉢$=4$, ㉣$=5$
• ㉡$=7$
• ㉤$7 - $㉥㉦$= 0$이므로 ㉤$=$㉥, ㉦$=7$
• $9 \times 3 = 27$이므로 ㉥$=2$, ㉤$=2$, ㉠$=3$

2단계 $4\blacksquare - 45 = 2$이므로 $\blacksquare = 7$입니다.

3·1

$$\begin{array}{r} 1.0\,\text{㉠} \\ \text{㉡}\,)\,\overline{8.2\,\text{㉢}} \\ \underline{\text{㉣}} \\ 2\,\text{㉤} \\ \underline{\text{㉥}\,\text{㉦}} \\ 0 \end{array}$$

• $8 - $㉣$= 0$이므로 ㉣$=8$
• ㉡$\times 1 = 8$이므로 ㉡$=8$
• 2㉤$- $㉥㉦$= 0$이므로 ㉤$=$㉦, ㉥$=2$
• $8 \times 3 = 24$이므로 ㉤$=$㉦$=4$, ㉠$=3$
• ㉢$=$㉤$=4$

3·2

$$6 \overline{\smash{)}\begin{array}{r} 1 \ . \ 3 \, ㉠ \\ 8 \ . \, ㉡ \, 2 \\ \hline ㉢ \\ ㉣ \ ㉤ \\ 1 \ 8 \\ \hline ㉥ \, 2 \\ 4 \, ㉦ \\ \hline 0 \end{array}}$$

- $6 \times 1 = 6$이므로 ㉢$=6$
- $8 - 6 = 2$이므로 ㉣$=2$
- ㉥$2 - 4㉦ = 0$이므로 ㉥$=4$, ㉦$=2$
- $6 \times ㉠ = 42$이므로 ㉠$=7$
- ㉣$=2$이므로 $2㉤ - 18 = 4$, ㉤$=2$
- ㉤$=2$이므로 ㉡$=2$

87쪽 **응용 학습 ❹**

| **1단계** $24.01\,\text{cm}^2$ | **4·1** $3.4\,\text{cm}$ |
| **2단계** $3.43\,\text{cm}$ | **4·2** $0.75\,\text{cm}$ |

1단계 $4.9 \times 4.9 = 24.01\,(\text{cm}^2)$

2단계 (직사각형의 넓이)$=$(가로)$\times$(세로)이므로
(세로)$=$(직사각형의 넓이)$\div$(가로)입니다.
두 도형의 넓이가 같으므로 오른쪽 직사각형의 넓이는 $24.01\,\text{cm}^2$입니다.
➡ (세로)$=24.01 \div 7 = 3.43\,(\text{cm})$

4·1 (삼각형의 넓이)$=8.5 \times 4 \div 2 = 17\,(\text{cm}^2)$
(평행사변형의 넓이)$=$(밑변의 길이)$\times$(높이)이므로
(밑변의 길이)$=$(평행사변형의 넓이)$\div$(높이)입니다.
두 도형의 넓이가 같으므로 평행사변형의 넓이는 $17\,\text{cm}^2$입니다.
➡ (밑변의 길이)$=17 \div 5 = 3.4\,(\text{cm})$

4·2 (직사각형의 넓이)$=7 \times 4.5 = 31.5\,(\text{cm}^2)$
(만들려는 직사각형의 가로)$=7 - 1 = 6\,(\text{cm})$
➡ (만들려는 직사각형의 세로)$=31.5 \div 6$
$=5.25\,(\text{cm})$
따라서 $5.25 - 4.5 = 0.75\,(\text{cm})$ 늘여야 합니다.

88쪽 **응용 학습 ❺**

1단계 6.52	**5·1** 5.36
2단계 1.63	**5·2** 23.57
3단계 2.89	

1단계 $7.78 - 1.26 = 6.52$
2단계 $6.52 \div 4 = 1.63$
3단계 $1.26 + 1.63 = 2.89$

5·1 (두 소수 사이의 거리)$=11.6 - 3.8 = 7.8$
(수직선의 작은 눈금 한 칸 사이의 거리)
$=7.8 \div 5 = 1.56$
➡ ㉠$=3.8 + 1.56 = 5.36$

5·2 (두 소수 사이의 거리)$=30.47 - 14.37 = 16.1$
(수직선의 작은 눈금 한 칸 사이의 거리)
$=16.1 \div 7 = 2.3$
➡ ㉠은 14.37에서부터 2.3씩 4칸 뛰어 센 곳이므로 ㉠이 나타내는 수는
$14.37 + 2.3 \times 4 = 14.37 + 9.2 = 23.57$입니다.

89쪽 **응용 학습 ❻**

| **1단계** 2.28분 | **6·1** 1시간 12분 |
| **2단계** 1시간 54분 | **6·2** 오후 1시 41분 |

1단계 일주일은 7일입니다.
(하루에 빨라지는 시간)$=15.96 \div 7 = 2.28$(분)
2단계 (50일 동안 빨라지는 시간)
$=2.28 \times 50 = 114$(분)
➡ 114분$=60$분$+54$분$=1$시간 54분

6·1 (하루에 늦어지는 시간)$=3.84 \div 4 = 0.96$(분)
(75일 동안 늦어지는 시간)$=0.96 \times 75 = 72$(분)
➡ 72분$=60$분$+12$분$=1$시간 12분

6·2 (하루에 빨라지는 시간)$=12.3 \div 6 = 2.05$(분)
(20일 동안 빨라지는 시간)$=2.05 \times 20 = 41$(분)
➡ (20일 후 오후 1시에 이 시계가 가리키는 시각)
$=$오후 1시$+41$분$=$오후 1시 41분

90쪽 **교과서 통합 핵심 개념**

1 **방법1** $6.4 \, / \, \dfrac{1}{100}, \, 1.02$

방법2 $384, 64, 6.4 \, / \, 510, 102, 1.02$

방법3 $6, 4, 2, 4 \, / \, 1, 0, 2, 1, 0$

2 $25, 0.25$ **3** $\square.\square$

91쪽~93쪽 단원 평가

1 2.31

2 1585, 1585 / 317, 3.17

3 0.35   **4** 1.35

5 0.32   **6** 예 24, 7, 3 / ·□

7
$$
\begin{array}{r}
1.0\ 8 \\
6\overline{)6.4\ 8} \\
\underline{6} \\
4\ 8 \\
\underline{4\ 8} \\
0
\end{array}
$$

8 <

9 7.56, 1.08   **10** 0.48 L

11 ㉠, ㉣   **12** 2.08

13 ❶ 나누는 수가 4로 같고, 몫이 426의 $\frac{1}{10}$배가 되었으므로 나누어지는 수도 $\frac{1}{10}$배가 되어야 합니다.

❷ 따라서 □ 안에 알맞은 수는 1704의 $\frac{1}{10}$배인 170.4입니다.

답 170.4

14 14.6분   **15** 1.45 m

16 0.68

17 ❶ 1<3<6<8이므로 수 카드 중 3장을 골라 만들 수 있는 가장 작은 소수 두 자리 수는 1.36이고, 남은 수 카드의 수는 8입니다.

❷ 따라서 1.36÷8=0.17입니다.   답 0.17

18 6, 7

19 ❶ 어떤 수를 □라 하면 □×5=26.5, □=26.5÷5=5.3 입니다.

❷ 따라서 바르게 계산하면 5.3÷5=1.06입니다.

답 1.06

20 사과, 0.06 kg

---

2 15.85를 분모가 100인 분수로 바꾸어 분수의 나눗셈으로 계산합니다.

3 2에는 7이 들어갈 수 없으므로 몫의 일의 자리에 0을 쓰고 계산합니다.

6 23.94÷7을 24÷7로 어림하면 몫은 약 3이므로 3.42가 가장 적절합니다.

7 4에는 6이 들어갈 수 없으므로 몫의 소수 첫째 자리에 0을 쓰고 소수 둘째 자리 수를 내려 계산해야 합니다.

8 10.85÷5=2.17, 9.8÷4=2.45 ➡ 2.17<2.45

9 • $189÷25=\dfrac{189}{25}=\dfrac{189×4}{25×4}=\dfrac{756}{100}=7.56$

• 7.56÷7=1.08

---

10 (컵 한 개에 담을 수 있는 음료수의 양)
= (전체 음료수의 양)÷(컵의 수)
= 4.32÷9=0.48 (L)

11 나누어지는 수가 나누는 수보다 크면 몫이 1보다 큽니다.

㉠ 4.28>4 (○)   ㉡ 3.75<5 (×)

㉢ 2.08<4 (×)   ㉣ 6.96>6 (○)

12 정육각형은 여섯 변의 길이가 모두 같습니다.
➡ □=12.48÷6=2.08

13

채점 기준			
❶ 1704÷4=426임을 이용하여 □ 안에 알맞은 수를 구하는 방법을 쓴 경우	3점	5점
❷ □ 안에 알맞은 수를 구한 경우	2점	

14 1시간 13분=60분+13분=73분
➡ (공원을 한 바퀴 도는 데 걸린 시간)
= (전체 걸린 시간)÷(바퀴 수)
= 73÷5=14.6(분)

15 (간격의 수)=(나무의 수)−1=9−1=8(군데)
➡ (나무 사이의 간격)
= (산책로의 길이)÷(간격의 수)
= 11.6÷8=1.45 (m)

16 1.53×4=6.12이므로 ●=6.12입니다.
➡ 6.12÷9=0.68이므로 ◆=0.68입니다.

17

채점 기준			
❶ 만들 수 있는 가장 작은 소수 두 자리 수를 구한 경우	2점	5점
❷ 몫을 구한 경우	3점	

18 74.25÷9=8.25, 41.4÷5=8.28
8.25<8.2□<8.28이므로 □ 안에는 5보다 크고 8보다 작은 자연수가 들어갈 수 있습니다.
➡ □ 안에 들어갈 수 있는 자연수는 6, 7입니다.

19

채점 기준			
❶ 어떤 수를 구한 경우	2점	5점
❷ 바르게 계산한 몫을 구한 경우	3점	

20 • (사과 3개의 무게)=1.02 kg
(사과 한 개의 무게)=1.02÷3=0.34 (kg)

• (참외 4개의 무게)=1.12 kg
(참외 한 개의 무게)=1.12÷4=0.28 (kg)

➡ 0.34>0.28이므로 사과 한 개가
0.34−0.28=0.06 (kg) 더 무겁습니다.

④ 비와 비율

96쪽 **개념 학습 ①**

1 (1) 8, 8　(2) 3, 3
2 (1) 2, 4, 6, 8　(2) 2

97쪽 **개념 학습 ②**

1 (1) 4, 1 / 1, 4　(2) 7, 2 / 2, 7　(3) 3, 4 / 4, 3
2 (1) 9, 5 / 9, 5 / 9, 5 / 5, 9
　　(2) 2, 9 / 2, 9 / 9, 2 / 2, 9
　　(3) 4, 8 / 8, 4 / 4, 8 / 4, 8

2
● : ▲
┌ ● 대 ▲
├ ●와 ▲의 비
├ ●의 ▲에 대한 비
└ ▲에 대한 ●의 비

98쪽 **개념 학습 ③**

1 (1) 6, 2　(2) 7, 10　(3) 11, 8
2 (1) $\frac{9}{10}$, 0.9　(2) $\frac{9}{4}$, 2.25　(3) $\frac{6}{12}\left(=\frac{1}{2}\right)$, 0.5

1 기호 : 의 오른쪽에 있는 수가 기준량,
　　왼쪽에 있는 수가 비교하는 양입니다.

2 (1) 비교하는 양은 9, 기준량은 10입니다.
　➡ 분수: $\frac{9}{10}$, 소수: $9 \div 10 = 0.9$
　(2) 비교하는 양은 9, 기준량은 4입니다.
　➡ 분수: $\frac{9}{4}$, 소수: $9 \div 4 = 2.25$
　(3) 비교하는 양은 6, 기준량은 12입니다.
　➡ 분수: $\frac{6}{12}\left(=\frac{1}{2}\right)$, 소수: $6 \div 12 = 0.5$

99쪽 **개념 학습 ④**

1 (1) 19 퍼센트　(2) 113 퍼센트　(3) 62 퍼센트
　(4) 46 %　(5) 78 %　(6) 240 %
2 (1) 78, 78　(2) 40, 40　(3) 12, 12　(4) 72, 72

2 (1) $\frac{39}{50} = \frac{39 \times 2}{50 \times 2} = \frac{78}{100}$ 이므로 78 %입니다.

　(2) $\frac{4}{10} = \frac{4 \times 10}{10 \times 10} = \frac{40}{100}$ 이므로 40 %입니다.

　(3) $\frac{3}{25} \times \overset{4}{\underset{1}{100}} = 12$ 이므로 12 %입니다.

　(4) $0.72 \times 100 = 72$ 이므로 72 %입니다.

100쪽~101쪽 **문제 학습 ①**

1 2, 6 / 6　　　**2** 2, 4 / 4
3 6, 24 / 4　　**4** 은경
5 ╳
6 ⓔ 36 − 12 = 24로 어린이는 어른보다 24명 더
　많습니다. / ⓔ 36 ÷ 12 = 3으로 어린이 수는 어
　른 수의 3배입니다.
7 30, 40, 50
8 ⓔ 모둠 수에 따라 지점토 수는 모둠원 수보다 각
　각 5, 10, 15, 20, 25 더 많습니다.
9 ⓔ 지점토 수는 항상 모둠원 수의 2배입니다.
10 나눗셈　　　**11** $\frac{1}{3}$ 배
12 15, 16, 17 / 1 / ⓔ 14 − 13 = 1, 15 − 14 = 1,
　16 − 15 = 1, …과 같이 뺄셈으로 비교했습니다.
13 12, 24, 36, 48 / 168개

3 세 반일 때 선생님은 $2 \times 3 = 6$(명),
　학생은 $8 \times 3 = 24$(명)입니다.
　$24 \div 6 = 4$이므로 학생 수는 선생님 수의 4배입니다.

4 자두는 6개, 접시는 3개입니다.
　• 민상: $6 − 3 = 3$이므로 자두가 접시보다 3개 더 많
　　습니다.
　• 은경: $6 \div 3 = 2$이므로 자두 수는 접시 수의 2배입
　　니다.

5 • 뺄셈: $25 − 20 = 5$이므로 양은 염소보다 5마리 더
　　많습니다.
　• 나눗셈: $25 \div 20 = 1.25$이므로 양 수는 염소 수의
　　1.25배입니다.

6 [평가 기준] 뺄셈과 나눗셈으로 두 수의 크기를 비교하면 정답입니
다. 따라서, 아래와 같이 답해도 정답으로 인정합니다.
뺄셈: $36 − 12 = 24$이므로 어른은 어린이보다 24명 더 적습니다.
나눗셈: $12 \div 36 = \frac{1}{3}$이므로 어른 수는 어린이 수의 $\frac{1}{3}$배입니다.

7 지점토 수는 모둠 수의 10배입니다.
$3 \times 10 = 30$(개), $4 \times 10 = 40$(개), $5 \times 10 = 50$(개)

8 $10 - 5 = 5$, $20 - 10 = 10$, $30 - 15 = 15$,
$40 - 20 = 20$, $50 - 25 = 25$이므로 모둠 수에 따라
지점토 수는 모둠원 수보다 각각 5, 10, 15, 20, 25
더 많습니다.
[평가 기준] 더 적은 수를 기준으로 '모둠 수에 따라 모둠원 수는
지점토 수보다 각각 5, 10, 15, 20, 25 더 적습니다.'라고 쓴 경우
도 정답으로 인정합니다.

9 $10 \div 5 = 2$, $20 \div 10 = 2$, $30 \div 15 = 2$,
$40 \div 20 = 2$, $50 \div 25 = 2$이므로 지점토 수는 항상
모둠원 수의 2배입니다.
[평가 기준] 모둠원 수를 지점토 수로 나누면 몫이 모두 $\frac{1}{2}$이므
로 '모둠원 수는 항상 지점토 수의 $\frac{1}{2}$배입니다.'라고 쓴 경우도 정
답으로 인정합니다.

11 나무의 높이는 $150\,cm$이고 나무의 그림자 길이는
$50\,cm$이므로 나무의 그림자 길이는 나무 높이의
$50 \div 150 = \frac{50}{150} = \frac{1}{3}$(배)입니다.

12 [평가 기준] 설명에서 '뺄셈(또는 덧셈)으로 비교했다.'는 내용이 포
함되어 있으면 정답으로 인정합니다.

13 $12 \div 4 = 3$, $24 \div 8 = 3$, $36 \div 12 = 3$, $48 \div 16 = 3$
이므로 사탕 수는 항상 초콜릿 수의 3배입니다.
➡ 초콜릿이 56개 있으면 사탕은 $56 \times 3 = 168$(개)
있습니다.

102쪽~103쪽	**문제 학습 ②**

1 $3 : 7$ **2** $7 : 3$
3 ✕   **4** ③
5 $8 : 12$ **6** 예

7 예 4와 15의 비, 15에 대한 4의 비
8 (○)(   )   **9** $35 : 15$
10 다릅니다 / 예 $10 : 5$는 기준이 5이지만 $5 : 10$은
기준이 10이기 때문입니다.
11 $11 : 30$ **12** $19 : 11$
13 $30 : 180$ (또는 $1 : 6$)
14 $61 : 45$

---

1 연필 수는 3, 지우개 수는 7입니다.
연필 수와 지우개 수의 비는 지우개 수가 기준이므로
$3 : 7$입니다.
참고 ●와 ★의 비 ➡ ● : ★

2 참고 ●에 대한 ★의 비 ➡ ★ : ●

3 참고 '●에 대한'이라고 읽을 때 비의 기준은 ●입니다.

4 ③ 12에 대한 6의 비 ➡ $6 : 12$

5 세로: $8\,cm$, 가로: $12\,cm$
세로와 가로의 비는 가로가 기준이므로 $8 : 12$입니다.

6 전체에 대한 색칠한 부분의 비가 $2 : 8$이 되려면 전체
8칸 중 2칸을 색칠하면 됩니다.

7
● : ▲ ┬ ● 대 ▲
         ├ ●와 ▲의 비
         ├ ●의 ▲에 대한 비
         └ ▲에 대한 ●의 비

8 판매 금액에 대한 기부 금액의 비는 판매 금액이 기
준이므로 $300 : 1000$입니다.

9 (ⓛ에서 ⓒ까지의 거리)$= 50 - 35 = 15\,(m)$
➡ ㉠에서 ⓛ까지의 거리와 ⓛ에서 ⓒ까지의 거리의
비는 $35 : 15$입니다.

10 [평가 기준] 이유에서 '기준이 되는 수가 다르다.'는 내용이 포함되
면 정답으로 인정합니다.

11 (남자 자원봉사자 수)$= 30 - 19 = 11$(명)
➡ 전체 자원봉사자 수에 대한 남자 자원봉사자 수의
비는 전체 자원봉사자 수가 기준이므로 $11 : 30$
입니다.

12 남자 자원봉사자 수에 대한 여자 자원봉사자 수의 비
는 남자 자원봉사자 수가 기준이므로 $19 : 11$입니다.

13 (사용한 리본의 길이)$= 180 - 150 = 30\,(cm)$
➡ 사용한 리본의 길이의 처음 리본의 길이에 대한
비는 처음 리본의 길이가 기준이므로 $30 : 180$입
니다.
다른 방법 처음 리본의 길이는 6칸이고, 사용한 리본의 길이는
$6 - 5 = 1$(칸)입니다. ➡ $1 : 6$

14 (천문 체험을 한 학생 수)$= 24 + 21 = 45$(명)
(로봇 체험을 한 학생 수)$= 28 + 33 = 61$(명)
➡ 로봇 체험을 한 학생 수의 천문 체험을 한 학생 수
에 대한 비는 천문 체험을 한 학생 수가 기준이므
로 $61 : 45$입니다.

104쪽~105쪽 **문제 학습 ❸**

1 (위에서부터) 16, 4, $\frac{16}{4}(=4)$

/ 9, 20, $\frac{9}{20}(=0.45)$

2 ㉣

3 (그림 선 연결)

4 $\frac{4}{20}\left(=\frac{1}{5}\right)$, 0.2

5 태우

6 $\frac{150}{2}(=75)$

7 (○) ( )

8 $\frac{10}{500}\left(=\frac{1}{50}=0.02\right)$

9 $\frac{2}{40000}\left(=\frac{1}{20000}\right)$

10 $\frac{6}{8}\left(=\frac{3}{4}\right)$, $\frac{9}{12}\left(=\frac{3}{4}\right)$

/ ⑩ 두 도형의 크기는 다르지만 밑변의 길이에 대한 높이의 비율은 같습니다.

11 $\frac{11540}{4}(=2885)$, $\frac{8850}{3}(=2950)$

12 나 지역

13 0.48, 0.75 / 영지

---

2 ㉠ 4 대 7 → 4 : 7

㉡ 7에 대한 10의 비 → 10 : 7

㉢ 6과 7의 비 → 6 : 7

㉣ 7의 8에 대한 비 → 7 : 8

기호 : 의 오른쪽에 있는 수가 기준량이므로 기준량이 나머지와 다른 하나는 ㉣입니다.

3 • 3에 대한 6의 비는 6 : 3이고 비교하는 양은 6, 기준량은 3입니다.

➡ 비율: $\frac{6}{3}$ 또는 6÷3=2

• 6에 대한 3의 비는 3 : 6이고 비교하는 양은 3, 기준량은 6입니다.

➡ 비율: $\frac{3}{6}$ 또는 3÷6=0.5

4 오이 수에 대한 호박 수의 비는 4 : 20이고 비교하는 양은 4, 기준량은 20입니다.

➡ 분수: $\frac{4}{20}\left(=\frac{1}{5}\right)$, 소수: 4÷20=0.2

5 • 준서: 2와 5의 비에서 비교하는 양은 2, 기준량은 5이므로 (비율)=$\frac{2}{5}=\frac{4}{10}$=0.4입니다.

• 수지: 12 대 30에서 비교하는 양은 12, 기준량은 30이므로 (비율)=$\frac{12}{30}=\frac{4}{10}$=0.4입니다.

• 태우: 4에 대한 9의 비에서 비교하는 양은 9, 기준량은 4이므로 (비율)=$\frac{9}{4}=\frac{225}{100}$=2.25입니다.

➡ 비율이 다른 비를 말한 사람은 태우입니다.

6 집에서 할머니 댁까지 가는 데 걸린 시간에 대한 간 거리의 비는 150 : 2이므로 비교하는 양은 150, 기준량은 2입니다.

➡ (비율)=$\frac{150}{2}(=75)$

7 • 4 : 5 → (비율)=$\frac{4}{5}=\frac{8}{10}$

• 7 : 10 → (비율)=$\frac{7}{10}$

➡ $\frac{8}{10} > \frac{7}{10}$

8 흰색 물감 양에 대한 빨간색 물감 양의 비는 10 : 500이고 비교하는 양은 10, 기준량은 500입니다.

➡ 분수: $\frac{10}{500}\left(=\frac{1}{50}\right)$, 소수: 10÷500=0.02

9 400 m=40000 cm

은행에서부터 경찰서까지 실제 거리에 대한 지도에서 거리의 비는 2 : 40000이고 비교하는 양은 2, 기준량은 40000입니다.

➡ (비율)=$\frac{2}{40000}\left(=\frac{1}{20000}\right)$

10 밑변의 길이를 기준량으로, 높이를 비교하는 양으로 하여 비율을 구합니다.

• 가: $\frac{6}{8}\left(=\frac{3}{4}\right)$

• 나: $\frac{9}{12}\left(=\frac{3}{4}\right)$

[평가 기준] '비율이 같다.'는 표현이 포함되면 정답으로 인정합니다.

11 넓이를 기준량으로, 인구를 비교하는 양으로 하여 비율을 구합니다.

• 가: $\frac{11540}{4}(=2885)$

• 나: $\frac{8850}{3}(=2950)$

12 넓이에 대한 인구의 비율을 비교하면 2885<2950 이므로 인구가 더 밀집한 곳은 나 지역입니다.

참고 넓이에 대한 인구의 비율이 높으면 같은 넓이에 대한 인구가 더 많은 것이므로 더 밀집한 곳입니다.

13 • 정민: $\frac{12}{25}=\frac{48}{100}$=0.48

• 영지: $\frac{9}{12}=\frac{3}{4}=\frac{75}{100}$=0.75

➡ 0.48<0.75이므로 비율이 더 높은 사람은 영지입니다.

BOOK ❶ 개념북

4 단원

1 $\frac{8}{25}$, 0.32, 32%		**2** 20%	

3 $\frac{66}{100}\left(=\frac{33}{50}\right)$, 0.66

4 (위에서부터) 35 / $\frac{7}{100}$, 7 / 0.25, 25

5 40%　　　　　　**6** 0.58
7 ㉠, ㉣　　　　　**8** 2%
9 20%　　　　　　**10** 20%, 25%
11 세호　　　　　　**12** 48, 50, 85 / 3반

1 8의 25에 대한 비는 8 : 25입니다.

　➡ 비율: $\frac{8}{25}=\frac{32}{100}=0.32$

　　백분율: $0.32\times100=32$이므로 32%입니다.

2 전체 50칸 중 색칠한 부분은 10칸이므로 전체에 대한 색칠한 부분의 비율은 $\frac{10}{50}$입니다.

　➡ $\frac{10}{\overset{1}{50}}\times\overset{2}{100}=20$이므로 20%입니다.

3 66% ➡ $\frac{66}{100}=0.66$

5 $\frac{2}{\overset{1}{5}}\times\overset{20}{100}=40$이므로 전체 피자의 양에 대한 먹은 피자의 양을 백분율로 나타내면 40%입니다.

6 비율을 모두 백분율로 나타내어 비교합니다.

　• $0.58\times100=58 \rightarrow 58\%$

　• $\frac{\overset{1}{3}}{\underset{\underset{1}{4}}{12}}\times\overset{25}{100}=25 \rightarrow 25\%$

　➡ $58\%>37\%>25\%$이므로 비율이 가장 높은 것은 0.58입니다.

　[다른 방법] 비율을 모두 소수로 나타내어 비교합니다.

　• $37\% \rightarrow 0.37$　• $\frac{3}{12}=\frac{1}{4}=\frac{1\times25}{4\times25}=\frac{25}{100}=0.25$

　➡ $0.58>0.37>0.25$이므로 비율이 가장 높은 것은 0.58입니다.

7 기준량이 비교하는 양보다 작으면 비율은 1보다 높습니다.

　㉠ $\frac{10}{2}>1$　　　　　　㉡ $45\% \rightarrow 0.45<1$

　㉢ $0.73<1$　　　　　　㉣ $120\% \rightarrow 1.2>1$

　➡ 기준량이 비교하는 양보다 작은 것은 ㉠, ㉣입니다.

8 전체 인형 수에 대한 불량품 수의 비율은 $\frac{8}{400}$입니다.

　➡ $\frac{\overset{1}{8}}{\underset{\underset{1}{50}}{400}}\times\overset{2}{100}=2$이므로 2%입니다.

9 (할인받은 금액)$=10000-8000=2000$(원)

　➡ $\frac{\overset{1}{2000}}{\underset{\underset{1}{5}}{10000}}\times\overset{20}{100}=20$이므로 시우는 입장료를

　　20% 할인받았습니다.

10 • 민주: $\frac{\overset{1}{55}}{\underset{\underset{1}{5}}{275}}\times\overset{20}{100}=20 \rightarrow 20\%$

　　• 세호: $\frac{\overset{1}{150}}{\underset{\underset{1}{4}}{600}}\times\overset{25}{100}=25 \rightarrow 25\%$

11 $20\%<25\%$이므로 세호가 만든 소금물이 더 진합니다.

12 찬성률은 전체 학생 수에 대한 찬성하는 학생 수의 비율입니다.

　• 1반: $\frac{12}{\underset{1}{25}}\times\overset{4}{100}=48$ ⎤

　• 2반: $\frac{\overset{1}{11}}{\underset{\underset{2}{22}}{22}}\times\overset{50}{100}=50$ ⎬ ➡ $85\%>50\%>48\%$이므로 찬성률이 가장 높은 반은 3반입니다.

　• 3반: $\frac{17}{\underset{1}{20}}\times\overset{5}{100}=85$ ⎦

1단계 16 cm	**1·1**	8 : 7
2단계 15 cm	**1·2**	9 : 11
3단계 15 : 16		

1단계 (정삼각형의 한 변의 길이)$=48\div3=16$(cm)
2단계 (정사각형의 한 변의 길이)$=60\div4=15$(cm)
3단계 정삼각형의 한 변의 길이에 대한 정사각형의 한 변의 길이의 비는 정삼각형의 한 변의 길이가 기준이므로 15 : 16입니다.

1·1 (정사각형의 한 변의 길이)$=32\div4=8\,(cm)$

(정오각형의 한 변의 길이)$=35\div5=7\,(cm)$

➡ 정오각형의 한 변의 길이에 대한 정사각형의 한 변의 길이의 비는 정오각형의 한 변의 길이가 기준이므로 $8:7$입니다.

1·2 정사각형 ㉮의 한 변의 길이를 ■라 하면

■$\times$■$=121$, ■$=11\,(cm)$이고,

정사각형 ㉯의 한 변의 길이를 ▲라 하면

▲$\times$▲$=81$, ▲$=9\,(cm)$입니다.

➡ 정사각형 ㉮의 한 변의 길이에 대한 정사각형 ㉯의 한 변의 길이의 비는 정사각형 ㉮의 한 변의 길이가 기준이므로 $9:11$입니다.

109쪽	응용 학습 ❷
1단계 비율	2·1 60 mL
2단계 200, 0.26	2·2 준서, 8개
3단계 52명	

2단계 전체 학생 수 200이 기준량이고, 여학생 수가 비교하는 양이므로 여학생 수는 (전체 학생 수)×(비율)로 구합니다.

3단계 $200\times0.26=52$(명)

2·1 $15\,\%$를 분수로 나타내면 $\dfrac{15}{100}$입니다.

➡ (은성이가 넣은 매실 원액의 양)

$=\overset{4}{\cancel{400}}\times\dfrac{15}{\underset{1}{\cancel{100}}}=60\,(mL)$

2·2 • 영호: $30\,\%$를 분수로 나타내면 $\dfrac{30}{100}$입니다.

→ (영호의 안타 수)$=\overset{1}{\cancel{20}}\times\dfrac{\overset{6}{\cancel{30}}}{\underset{\underset{1}{\cancel{3}}}{\cancel{100}}}=6$(개)

• 준서: $28\,\%$를 분수로 나타내면 $\dfrac{28}{100}$입니다.

→ (준서의 안타 수)$=\overset{1}{\cancel{50}}\times\dfrac{\overset{14}{\cancel{28}}}{\underset{\underset{1}{\cancel{2}}}{\cancel{100}}}=14$(개)

➡ $6<14$이므로 준서가 안타를 $14-6=8$(개) 더 많이 쳤습니다.

110쪽	응용 학습 ❸
1단계 500원, 400원	3·1 25 %
2단계 100원	3·2 12 %
3단계 20 %	

1단계 지난주: $2000\div4=500$(원)

이번 주: $1200\div3=400$(원)

2단계 (할인 금액)$=500-400=100$(원)

3단계 $\dfrac{\overset{1}{\cancel{100}}}{\underset{\underset{1}{\cancel{5}}}{\cancel{500}}}\times\overset{20}{\cancel{100}}=20$이므로 지우개 한 개의 할인율은 $20\,\%$입니다.

3·1 구슬 한 개의 가격을 구합니다.

지난주: $6400\div8=800$(원)

이번 주: $3000\div5=600$(원)

(할인 금액)$=800-600=200$(원)

➡ $\dfrac{\overset{1}{\cancel{200}}}{\underset{\underset{1}{\cancel{4}}}{\cancel{800}}}\times\overset{25}{\cancel{100}}=25$이므로 구슬 한 개의 할인율은 $25\,\%$입니다.

3·2 (티셔츠의 정가)$=42000+8000=50000$(원)

(할인한 티셔츠 1장의 가격)

$=88000\div2=44000$(원)

(할인 금액)$=50000-44000=6000$(원)

➡ $\dfrac{\overset{3}{\cancel{6000}}}{\underset{\underset{1}{\cancel{25}}}{\cancel{50000}}}\times\overset{4}{\cancel{100}}=12$이므로 티셔츠 1장의 정가에 대한 할인 금액의 비율은 $12\,\%$입니다.

111쪽	응용 학습 ❹
1단계 18 cm	4·1 1564 cm²
2단계 18 cm	4·2 405 cm²
3단계 324 cm²	

1단계 $20-\overset{1}{\cancel{20}}\times\dfrac{\overset{2}{\cancel{10}}}{\underset{\underset{1}{\cancel{3}}}{\cancel{100}}}=20-2=18\,(cm)$

2단계 $15+\overset{3}{\cancel{15}}\times\dfrac{\overset{1}{\cancel{20}}}{\underset{\underset{1}{\cancel{20}}}{\cancel{100}}}=15+3=18\,(cm)$

3단계 (넓이)$=18 \times 18 = 324 \, (\text{cm}^2)$

4·1 (가로)$=40 + \overset{2}{\cancel{40}} \times \dfrac{\overset{3}{\cancel{15}}}{\underset{\underset{1}{5}}{100}} = 40 + 6 = 46 \, (\text{cm})$

(세로)$=40 - \overset{2}{\cancel{40}} \times \dfrac{\overset{3}{\cancel{15}}}{\underset{\underset{1}{5}}{100}} = 40 - 6 = 34 \, (\text{cm})$

➡ (넓이)$=46 \times 34 = 1564 \, (\text{cm}^2)$

4·2 (밑변의 길이)

$= 36 - \overset{9}{\cancel{36}} \times \dfrac{\overset{1}{\cancel{25}}}{\underset{\underset{1}{\cancel{25}}}{100}} = 36 - 9 = 27 \, (\text{cm})$

(높이)$= 25 + \overset{1}{\cancel{25}} \times \dfrac{\overset{5}{\cancel{20}}}{\underset{\underset{1}{4}}{100}} = 25 + 5 = 30 \, (\text{cm})$

➡ (넓이)$= 27 \times 30 \div 2 = 405 \, (\text{cm}^2)$

112쪽	**교과서 통합 핵심 개념**
1 2 / 2	**2** 4, 4, 6, 6, 4
3 6	**4** 95, 95

113쪽~115쪽	**단원 평가**
1 4	**2** 9, 5
3 11, 10	**4** 0.3
5 42 %	**6** 4 / 나눗셈

7 ❶ ㉠ 5와 7의 비는 5 : 7입니다.
㉡ 5의 7에 대한 비는 5 : 7입니다.
㉢ 5에 대한 7의 비는 7 : 5입니다.
❷ 따라서 비가 나머지와 다른 하나는 ㉢입니다. **답** ㉢

8

9 28 %

10 $\dfrac{100}{25} (=4)$

11 60 %

12 ❶ 지웅이네 반 전체 학생은 $11 + 13 = 24$(명)입니다.
❷ 따라서 지웅이네 반 전체 학생 수에 대한 여학생 수의 비는 13 : 24입니다. **답** 13 : 24

13 <

14 가, 다

---

15 $\dfrac{6}{150} \left(= \dfrac{2}{50} = 0.04 \right)$, $\dfrac{8}{320} \left(= \dfrac{1}{40} = 0.025 \right)$
/ 사랑

16 강우, 76 %　　　　**17** $120 \, \text{m}^2$

18 81 : 49　　　　**19** 컵

20 ❶ 전체 투표수는 $145 + 270 + 80 + 5 = 500$(표)이고, 당선자는 득표수가 가장 많은 나 후보로 270표입니다.
❷ $\dfrac{270}{500} \times 100 = 54$이므로 당선자의 득표율은 54 %입니다.
답 54 %

4 9와 30의 비는 9 : 30이고 비교하는 양은 9, 기준량은 30입니다.
➡ 비율을 소수로 나타내면 $9 \div 30 = 0.3$입니다.

5 $\dfrac{21}{\underset{1}{50}} \times \overset{2}{\cancel{100}} = 42$이므로 42 %입니다.

7

채점 기준	❶ ㉠, ㉡, ㉢을 각각 비로 쓴 경우	3점	5점
	❷ 비가 다른 하나를 찾아 기호를 쓴 경우	2점	

참고 비를 나타내는 순서가 같지 않으면 다른 비입니다.

8 • $9 : 25 \Rightarrow \dfrac{9}{25} = \dfrac{36}{100} = 0.36$

• 4에 대한 3의 비 $\Rightarrow 3 : 4 \Rightarrow \dfrac{3}{4} = \dfrac{75}{100} = 0.75$

• 13과 20의 비 $\Rightarrow 13 : 20 \Rightarrow \dfrac{13}{20} = \dfrac{65}{100} = 0.65$

9 전체 25칸 중 색칠한 부분은 7칸입니다.
➡ $\dfrac{7}{\underset{1}{25}} \times \overset{4}{\cancel{100}} = 28$이므로 28 %입니다.

10 윤석이가 100 m를 달리는 데 걸린 시간에 대한 달린 거리의 비는 100 : 25이고, 비교하는 양은 100, 기준량은 25입니다. ➡ (비율)$=\dfrac{100}{25} (=4)$

11 동전을 던진 횟수는 10번이고, 숫자 면이 6번 나왔으므로 동전을 던진 횟수에 대한 숫자 면이 나온 횟수의 비율은 $\dfrac{6}{10}$입니다.
➡ $\dfrac{6}{\underset{1}{10}} \times \overset{10}{\cancel{100}} = 60$이므로 60 %입니다.

12

채점 기준	❶ 전체 학생 수를 구한 경우	2점	5점
	❷ 지웅이네 반 전체 학생 수에 대한 여학생 수의 비를 쓴 경우	3점	

13 $0.056 \times 100 = 5.6$이므로 5.6 %입니다.
➡ 5.6 % < 9 %

14 · 가: $\frac{9}{15}=\frac{3}{5}=0.6$

· 나: $\frac{6}{8}=\frac{3}{4}=0.75$ → 비율이 같은 것은 가와 다입니다.

· 다: $\frac{15}{25}=\frac{3}{5}=0.6$

15 · 사랑: $\frac{6}{150}\left(=\frac{2}{50}=0.04\right)$

· 행복: $\frac{8}{320}\left(=\frac{1}{40}=0.025\right)$

→ 0.04>0.025이므로 포도주스를 더 진하게 만든 사람은 사랑입니다.

16 · 수지: $\frac{\overset{3}{\cancel{15}}}{\underset{\underset{1}{\cancel{4}}}{\cancel{20}}}\times\overset{25}{\cancel{100}}=75$ · 강우: $\frac{19}{\underset{1}{\cancel{25}}}\times\overset{4}{\cancel{100}}=76$

75%<76%이므로 골 성공률이 높은 사람은 강우이고, 강우의 골 성공률은 76%입니다.

17 40%를 분수로 나타내면 $\frac{40}{100}$입니다.

→ (파를 심은 밭의 넓이)$=\overset{3}{\cancel{300}}\times\frac{40}{\underset{1}{\cancel{100}}}=120\,(\text{m}^2)$

참고 (비율)$=\dfrac{(비교하는양)}{(기준량)}$→(비교하는 양)=(기준량)×(비율)

18 (가의 한 변의 길이)=28÷4=7 (cm)

→ (가의 넓이)=7×7=49 (cm²)

(나의 한 변의 길이)=36÷4=9 (cm)

→ (나의 넓이)=9×9=81 (cm²)

➡ 정사각형 가의 넓이에 대한 정사각형 나의 넓이의 비는 81 : 49입니다.

19 · 접시: (할인 금액)=15000−12000=3000(원)

$\frac{\overset{1}{\cancel{3000}}}{\underset{\underset{1}{\cancel{5}}}{\cancel{15000}}}\times\overset{20}{\cancel{100}}=20$이므로 할인율은 20%입니다.

· 컵: (할인 금액)=8000−6000=2000(원)

$\frac{\overset{1}{\cancel{2000}}}{\underset{\underset{1}{\cancel{4}}}{\cancel{8000}}}\times\overset{25}{\cancel{100}}=25$이므로 할인율은 25%입니다.

➡ 20%<25%이므로 할인율이 더 높은 것은 컵입니다.

20

채점 기준	❶ 전체 투표수와 당선자의 득표수를 각각 구한 경우	2점	
	❷ 당선자의 득표율을 구한 경우	3점	5점

⑤ 여러 가지 그래프

118쪽 개념 학습 ❶

1 (1) 1, 2, 1

(2)

지역	감자 생산량
가	
나	
다	
라	

(3) 나 , 라

1 (3) 감자 생산량이 가장 많은 지역은 큰 그림(◉)의 수가 가장 많은 나 지역이고, 감자 생산량이 가장 적은 지역은 큰 그림(◉)의 수가 가장 적은 라 지역입니다.

119쪽 개념 학습 ❷

1 (1) 5 (2) 15 (3) 운동
2 (1) 30, 30 (2) 30

1 (3) 가장 많은 학생의 취미 생활은 띠그래프에서 길이가 가장 긴 항목인 운동입니다.

120쪽 개념 학습 ❸

1 (1) 5 (2) 20 (3) 중세관
2 (1) 20, 20 (2) (위에서부터) 10, 20

1 (3) 입장객이 가장 적은 전시관은 원그래프에서 차지하는 부분이 가장 좁은 항목인 중세관입니다.

121쪽 개념 학습 ❹

1 (1) 꺾은선그래프 (2) 그림그래프
(3) 막대그래프 (4) 원그래프

1 (1) 시간에 따라 연속적으로 변화하는 양을 나타내기 편리한 그래프는 꺾은선그래프입니다.

(2) 생산량의 많고 적음을 그림의 크기와 수로 비교할 수 있는 그래프는 그림그래프입니다.

(3) 막대의 길이로 수량의 많고 적음을 한눈에 비교하기 쉬운 그래프는 막대그래프입니다.

(4) 전체에 대한 각 부분의 비율을 한눈에 알아보기 쉬운 그래프는 원그래프입니다.

122쪽~123쪽 문제 학습 ①

1 호주 **2** 그림그래프

3 20만 건 **4** 대전·세종·충청 권역

5 35만 건

6 130000, 210000, 250000, 70000, 340000, 30000

7

8 예 농가 수가 가장 적은 권역은 제주입니다.

9 800 kg

10

11 예 그림의 크기와 수로 수량의 많고 적음을 쉽게 알 수 있습니다. / 복잡한 자료를 간단하게 보여 줍니다.

---

1 큰 그림(⬤)의 수가 가장 많은 호주와 대한민국 중에서 작은 그림(🔺)의 수가 더 많은 호주의 1인당 이산화 탄소 배출량이 가장 많습니다.

5 출동 건수가 가장 많은 권역은 서울·인천·경기 권역으로 37만 건이고, 가장 적은 권역은 제주 권역으로 2만 건입니다.
➡ 37만－2만＝35만(건)

6 천의 자리 숫자가 0, 1, 2, 3, 4이면 버리고, 5, 6, 7, 8, 9이면 올려서 어림값을 구합니다.

9 가 마을: 600 kg, 다 마을: 200 kg
➡ 600＋200＝800 (kg)

10 가 마을: 600 kg, 나 마을: 700 kg,
다 마을: 200 kg
(라 마을의 쓰레기 배출량)
＝1900－600－700－200＝400 (kg)

11 [평가 기준] '자료의 많고 적음을 쉽게 알 수 있다.' 또는 '자료를 간단하게 보여 줄 수 있다.'와 같이 그림그래프의 특징을 포함하여 답했으면 정답으로 인정합니다.

124쪽~125쪽 문제 학습 ②

1 20％ **2** 35％

3 2배 **4** 20명

5 35, 15, 10, 100

6 예

0	10	20	30	40	50	60	70	80	90	100(%)
운동화 (40%)				샌들 (35%)			구두 (15%)	기타 (10%)		

7 예 전체에 대한 각 부분의 비율을 한눈에 알아볼 수 있습니다.

8 24명

9 예 공예 체험, 요리 수업

10 (위에서부터) 24 / 20, 5

11 예

0	10	20	30	40	50	60	70	80	90	100(%)
과학 체험 (50%)					해외 탐방 (25%)		자원봉사 (20%)	기타 (5%)		

12 65세 이상 **13** 81％

14 예 65세 미만 인구는 줄어들고 65세 이상 인구는 늘어날 것 같습니다.

---

1 띠그래프의 작은 눈금 한 칸은 5％를 나타내고 고추를 심은 밭의 넓이는 작은 눈금 4칸이므로 전체의 20％입니다.

> **다른 방법** 각 항목의 백분율의 합계는 100％입니다.
> ➡ (고추를 심은 밭의 넓이의 백분율)
> ＝100－30－25－15－10＝20(％)

2 양파: 25％, 기타: 10％ ➡ 25＋10＝35 (％)

3 상추: 30％, 대파: 15％ ➡ 30÷15＝2(배)

4 (조사한 학생 수)＝8＋7＋3＋2＝20(명)

5 • 샌들: $\frac{7}{\underset{1}{20}} \times \overset{5}{100} = 35$ ➡ 35％

• 구두: $\frac{3}{\underset{1}{20}} \times \overset{5}{100} = 15$ ➡ 15％

• 기타: $\frac{2}{\underset{1}{20}} \times \overset{5}{100} = 10$ ➡ 10％

• 합계: 40＋35＋15＋10＝100 (％)

6 표를 보고 비율에 맞게 띠그래프로 나타냅니다.

7 [평가 기준] '전체에 대한 비율을 한눈에 알아볼 수 있다.'는 내용을 포함하면 정답으로 인정합니다.

8 (자원봉사에 참여하고 싶은 학생 수)
＝120－60－30－4－2＝24(명)

9 다른 항목에 비해 학생 수가 적은 공예 체험, 요리 수업을 기타 항목에 넣을 수 있습니다.

10 • 자원봉사: $\dfrac{\overset{2}{\cancel{24}}}{\underset{1}{\underset{10}{\cancel{120}}}} \times \overset{10}{\cancel{100}} = 20 \Rightarrow 20\%$

• 기타: $\dfrac{\overset{1}{\cancel{6}}}{\underset{1}{\underset{20}{\cancel{120}}}} \times \overset{5}{\cancel{100}} = 5 \Rightarrow 5\%$

11 참고 비율이 낮아 띠그래프 안에 항목의 내용과 백분율을 적기 어려운 경우 화살표를 사용하여 나타낼 수 있습니다.

12 65세 이상 인구의 비율은 2010년에 12%, 2020년에 19%로 2010년보다 2020년에 전체에 대한 인구의 비율이 늘어났습니다.

13 2020년의 15세 미만 인구는 11%이고, 15세 이상 65세 미만인 인구는 70%입니다.
➡ 11+70=81이므로 81%입니다.

14 2010년보다 2020년에 15세 미만 인구와 15세 이상 65세 미만 인구는 줄어들었고, 65세 이상 인구는 늘어났습니다.
[평가 기준] 인구의 변화를 이유로 앞으로의 인구 변화를 적절하게 설명했으면 정답으로 인정합니다.

126쪽~127쪽 **문제 학습 ❸**

1 25%
2 수민
3 영주
4 210명
5 35, 25, 20, 15
6 예
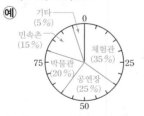
7 수달
8 2배
9 14%
10 25, 60, 100
11 45, 30, 5, 100
12 예 일정별 희망 학생 수 / 장소별 희망 학생 수
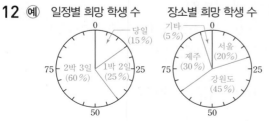

---

1 원그래프의 눈금 한 칸은 5%를 나타내고 현우의 득표수는 눈금 5칸이므로 전체의 25%입니다.

다른 방법 각 항목의 백분율의 합계는 100%입니다.
➡ (현우의 득표수의 백분율)
= 100−35−20−15−5=25(%)

3 35%>25%>20%>15%>5%이므로 학급 대표에 당선된 후보자는 영주입니다.

4 (체험관 입장객 수)
= 600−150−120−90−30=210(명)

5 • 체험관: $\dfrac{\overset{35}{\cancel{210}}}{\underset{1}{\underset{6}{\cancel{600}}}} \times \overset{1}{\cancel{100}} = 35 \Rightarrow 35\%$

• 공연장: $\dfrac{\overset{1}{\cancel{150}}}{\underset{1}{\underset{4}{\cancel{600}}}} \times \overset{25}{\cancel{100}} = 25 \Rightarrow 25\%$

• 박물관: $\dfrac{\overset{1}{\cancel{120}}}{\underset{1}{\underset{3}{\cancel{600}}}} \times \overset{20}{\cancel{100}} = 20 \Rightarrow 20\%$

• 민속촌: $\dfrac{\overset{15}{\cancel{90}}}{\underset{1}{\underset{6}{\cancel{600}}}} \times \overset{1}{\cancel{100}} = 15 \Rightarrow 15\%$

7 $\dfrac{1}{4} \times 100 = 25$이므로 전체의 25%가 보호하고 싶은 멸종 위기 동물은 수달입니다.

8 호랑이: 42%, 올빼미: 21%
➡ 42÷21=2(배)

9 전체 학생 수는 변하지 않고 산양을 보호하고 싶은 학생은 36+6=42(명)이 됩니다.
➡ $\dfrac{\overset{14}{\cancel{42}}}{\underset{1}{\underset{3}{\cancel{300}}}} \times \overset{1}{\cancel{100}} = 14$이므로 산양을 보호하고 싶은 학생은 전체의 14%가 됩니다.

10 안내장에서 일정별 희망 학생 수의 백분율은 1박 2일이 25%, 2박 3일이 60%입니다.
➡ (합계)=15+25+60=100(%)

11 안내장에서 장소별 희망 학생 수의 백분율은 강원도가 45%, 제주가 30%입니다. 또한 경상도가 3%, 충청도가 2%이므로 두 지역은 기타 5%로 나타냅니다.
➡ (합계)=20+45+30+5=100(%)

128쪽~129쪽 **문제 학습 ④**

1
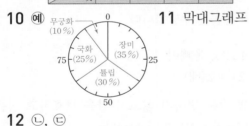

2

가	나
☺☺	☺☺☺
다	라
☺	☺☺☺

3 막대, 그림

4 40, 30, 20, 10, 100

5 예 띠그래프(또는 원그래프) / 예 각 항목끼리의 비율을 쉽게 비교할 수 있는 그래프는 띠그래프(또는 원그래프)이기 때문입니다.

6 예   종류별 책의 수

0 10 20 30 40 50 60 70 80 90 100(%)

| 소설책 (40%) | 위인전 (30%) | 동화책 (20%) | → 시집 (10%) |

7 ㉡

8 (위에서부터) 70, 60, 50, 20, 200 / 35, 30, 25, 10, 100

9 예 (명)

막대그래프: 장미, 튤립, 국화, 무궁화

10 예 무궁화 (10%)

국화 (25%), 장미 (35%), 튤립 (30%)

11 막대그래프

12 ㉡, ㉢

3 (가)는 막대의 길이로, (나)는 그림의 크기와 수로 수량의 많고 적음을 쉽게 비교할 수 있습니다.

4 • 소설책: $\dfrac{\overset{40}{\cancel{160}}}{\cancel{400}} \times \overset{1}{\cancel{100}} = 40 \Rightarrow 40\%$

• 위인전: $\dfrac{\overset{30}{\cancel{120}}}{\cancel{400}} \times \overset{1}{\cancel{100}} = 30 \Rightarrow 30\%$

• 동화책: $\dfrac{\overset{20}{\cancel{80}}}{\cancel{400}} \times \overset{1}{\cancel{100}} = 20 \Rightarrow 20\%$

• 시집: $\dfrac{\overset{1}{\cancel{40}}}{\cancel{400}} \times \overset{10}{\cancel{100}} = 10 \Rightarrow 10\%$

• 합계: $40+30+20+10=100\,(\%)$

5 [평가 기준] 띠그래프 또는 원그래프로 답하고 '비율을 쉽게 비교할 수 있다.'는 내용을 포함하면 정답으로 인정합니다.

7 ㉡은 꺾은선그래프로 나타내기 알맞습니다.

8 장미: 70명, 튤립: 60명, 국화: 50명, 무궁화: 20명
➡ (전체 학생 수)=70+60+50+20=200(명)

• 장미: $\dfrac{\overset{35}{\cancel{70}}}{\cancel{200}} \times \overset{1}{\cancel{100}} = 35 \Rightarrow 35\%$

• 튤립: $\dfrac{\overset{30}{\cancel{60}}}{\cancel{200}} \times \overset{1}{\cancel{100}} = 30 \Rightarrow 30\%$

• 국화: $\dfrac{\overset{25}{\cancel{50}}}{\cancel{200}} \times \overset{1}{\cancel{100}} = 25 \Rightarrow 25\%$

• 무궁화: $\dfrac{\overset{1}{\cancel{20}}}{\cancel{200}} \times \overset{10}{\cancel{100}} = 10 \Rightarrow 10\%$

• 백분율의 합계: $35+30+25+10=100\,(\%)$

11 학생 수의 많고 적음을 막대의 길이로 비교하기 쉬운 그래프는 막대그래프입니다.

12 각 특징에 알맞은 그래프를 쓰면 다음과 같습니다.
㉠ 그림그래프   ㉡ 꺾은선그래프
㉢ 띠그래프, 원그래프   ㉣ 막대그래프

130쪽 **응용 학습 ①**

1단계	20%	1·1	75명
2단계	36명	1·2	325만 원

1단계 (포도의 백분율)
$=100-30-25-15-10=20\,(\%)$

2단계 (포도를 좋아하는 학생 수)
$=\overset{36}{\cancel{180}} \times \dfrac{\overset{1}{\cancel{20}}}{\underset{5}{\cancel{100}}} = 36(명)$

1·1 (버스의 백분율)$=100-50-25-10=15\,(\%)$

➡ (버스로 등교하는 학생 수)

$$=\overset{5}{\cancel{100}}\times\frac{15}{\underset{1}{\cancel{100}}}=75\,(명)$$

1·2 (식료품의 백분율)$=100-36-35-9=20\,(\%)$

➡ $100\,\%$는 $20\,\%$의 5배이고,
전체의 $20\,\%$가 65만 원이므로 현수네 집의 한 달 생활비는 65만$\times5=325$만 (원)입니다.

131쪽 응용 학습 ②

| 1단계 60만 t | 2단계 11만 t |
| 3단계 | |

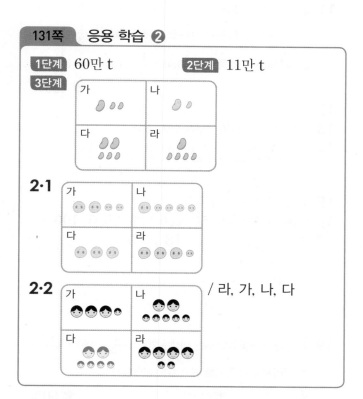

2·1

2·2 / 라, 가, 나, 다

1단계 (네 지역의 콩 생산량의 합계)
$$=15만\times4=60만\,(t)$$

2단계 가 지역: 12만 t, 다 지역: 23만 t, 라 지역: 14만 t
➡ (나 지역의 콩 생산량)
$$=60만-12만-23만-14만=11만\,(t)$$

2·1 (네 지역의 돼지 수의 합계)
$$=2425\times4=9700\,(마리)$$
가 지역: 2200마리, 나 지역: 1400마리,
다 지역: 3000마리
➡ (라 지역의 돼지 수)
$$=9700-2200-1400-3000=3100\,(마리)$$

2·2 (네 마을의 학생 수의 합계)$=305\times4=1220\,(명)$

가 마을: 310명, 나 마을: 250명, 라 마을: 420명
(다 마을의 학생 수)$=1220-310-250-420$
$$=240\,(명)$$

큰 그림이 많은 순서대로 쓰면 라(4개), 가(3개), 나와 다(2개)이고, 나와 다는 큰 그림의 수가 같으므로 작은 그림의 수를 비교합니다.

➡ 라 > 가 > 나 > 다

132쪽 응용 학습 ③

| 1단계 18 % | 3·1 154 kg |
| 2단계 27만 대 | 3·2 700그루 |

1단계 러시아에 수출한 휴대 전화의 백분율을 □ %라 하면 미국에 수출한 휴대 전화의 백분율은 (□×2) %입니다.

$41+16+□\times2+□+16=100,$
$□\times3+73=100,\ □\times3=27,\ □=9$
➡ 미국에 수출한 휴대 전화의 백분율은
$9\times2=18\,(\%)$입니다.

2단계 (미국에 수출한 휴대 전화 수)
$$=150만\times\frac{18}{100}=27만\,(대)$$

3·1 비닐류 배출량의 백분율을 □ %라 하면 플라스틱류 배출량의 백분율은 (□×4) %입니다.

$□\times4+20+17+□+8=100,$
$□\times5+45=100,\ □\times5=55,\ □=11$
플라스틱류 배출량의 백분율은 $11\times4=44\,(\%)$입니다.

➡ (플라스틱류 배출량)$=\overset{7}{\cancel{350}}\times\frac{\overset{22}{\cancel{44}}}{\underset{\underset{1}{2}}{\cancel{100}}}=154\,(kg)$

3·2 벚나무의 백분율을 □ %라 하면 소나무의 백분율은 (□×3) %입니다.

$□\times3+37+15+□+8=100,$
$□\times4+60=100,\ □\times4=40,\ □=10$
$100\,\%$는 $10\,\%$의 10배이고, 전체의 $10\,\%$가 70그루이므로 (수목원에 있는 나무의 수)
$$=(벚나무의 수)\times10=70\times10=700\,(그루)입니다.$$

133쪽 　응용 학습 ④

1단계	90명	4·1	50명
2단계	9명	4·2	$6\,km^2$

1단계 (여학생의 백분율)$=100-55=45\,(\%)$

$$\Rightarrow (\text{여학생 수})=\overset{2}{200}\times\frac{45}{\underset{1}{100}}=90(\text{명})$$

2단계 (여름에 태어난 여학생 수)$=\overset{9}{90}\times\frac{\overset{1}{10}}{\underset{\underset{1}{10}}{100}}=9(\text{명})$

4·1 (미국의 백분율)$=100-40-20-15=25\,(\%)$

(미국에 가고 싶은 학생 수)

$$=\overset{5}{500}\times\frac{25}{\underset{1}{100}}=125(\text{명})$$

(미국에 가고 싶은 남학생의 백분율)

$$=100-60=40\,(\%)$$

$\Rightarrow$ (미국에 가고 싶은 남학생 수)

$$=\overset{5}{125}\times\frac{\overset{10}{40}}{\underset{\underset{1}{4}}{100}}=50(\text{명})$$

4·2 (농경지의 넓이)$=100\times\frac{60}{100}=60\,(km^2)$

(밭의 백분율)$=100-60=40\,(\%)$

(밭의 넓이)$=\overset{12}{60}\times\frac{\overset{2}{40}}{\underset{\underset{1}{5}}{100}}=24\,(km^2)$

(고구마의 백분율)$=100-35-30-10=25\,(\%)$

$\Rightarrow$ (고구마를 심은 밭의 넓이)

$$=\overset{6}{24}\times\frac{\overset{1}{25}}{\underset{\underset{1}{4}}{100}}=6\,(km^2)$$

134쪽 　교과서 통합 핵심 개념

1 3000,

지역	자동차 수
가	🚗 🚗🚗🚗🚗
나	🚗 🚗🚗
다	🚗🚗🚗

2 에어컨, 30
3 강아지, 2
4 꺾은선그래프, 원그래프

135쪽~137쪽 　단원 평가

1 1, 2

2

지역	사과 생산량
가	🍎🍎🍎🍎🍎
나	🍎 🍎
다	🍎 🍎🍎
라	🍎🍎 🍎

3 라 지역
4 ⑩ 지역별 사과 생산량의 많고 적음을 한눈에 알 수 있습니다.
5 20 %　　　　**6** 피자
7 2배　　　　**8** 꺾은선그래프
9 25 %　　　　**10** 정민, 지수
11 ❶ 지수의 득표수는 전체의 10 %이고, 태희의 득표수는 전체의 30 %이므로 지수의 득표수는 태희의 득표수의 $\frac{1}{3}$배입니다.
　❷ 따라서 지수의 득표수는 $480\times\frac{1}{3}=160$(표)입니다.
　　　　　　　　　　　　　답 160표
12 ㉠
13 (위에서부터) 40 / 35, 20, 15
14 ⑩

0	10	20	30	40	50	60	70	80	90	100(%)

A형 (30%)	B형 (35%)	O형 (20%)	AB형 (15%)

15 ⑩ 포도나무, 살구나무
16 (위에서부터) 60, 50, 200 / 30, 25, 5, 100
17 ⑩

18 59 %
19 ❶ 휴대 전화를 받고 싶은 학생은 $200\times\frac{40}{100}=80$(명)입니다.
　❷ 따라서 휴대 전화를 받고 싶은 남학생은
　$80\times\frac{75}{100}=60$(명)입니다.　　**답** 60명
20 48명

---

3 큰 그림(🍎)의 수가 가장 많은 라 지역이 사과 생산량이 가장 많습니다.

4

채점 기준	그림그래프로 나타내면 좋은 점을 쓴 경우	5점

[평가 기준] '자료의 많고 적음을 한눈에 알 수 있다.'는 내용을 포함하면 정답으로 인정합니다.

7 떡볶이: 30 %, 김밥: 15 % ➡ $30\div15=2$(배)

9 $100-30-20-15-10=25\,(\%)$

11

채점 기준	❶ 지수의 득표수는 태희의 득표수의 몇 배인지 구한 경우	2점	5점
	❷ 지수의 득표수는 몇 표인지 구한 경우	3점	

12 ㉡ 혈액형별 학생 수의 비율을 쉽게 알 수 있는 그래프는 띠그래프 또는 원그래프입니다.

13 · B형: $\dfrac{14}{40}\times100=35 \Rightarrow 35\%$

· O형: $\dfrac{8}{40}\times100=20 \Rightarrow 20\%$

· AB형: $\dfrac{6}{40}\times100=15 \Rightarrow 15\%$

15 참고 자료의 항목이 너무 많을 때에는 다른 항목에 비해 수가 적은 것들을 모아서 기타에 넣을 수 있습니다.

16 (나무 수의 합계)$=80+60+50+10=200$(그루)

· 귤나무: $\dfrac{60}{200}\times100=30 \Rightarrow 30\%$

· 감나무: $\dfrac{50}{200}\times100=25 \Rightarrow 25\%$

· 기타: $\dfrac{10}{200}\times100=5 \Rightarrow 5\%$

· 합계: $40+30+25+5=100\,(\%)$

18 휴대 전화: 40%, 자전거: 19%
$\Rightarrow 40+19=59\,(\%)$

19

채점 기준	❶ 휴대 전화를 받고 싶은 학생 수를 구한 경우	2점	5점
	❷ 휴대 전화를 받고 싶은 남학생 수를 구한 경우	3점	

20 책을 받고 싶은 학생 수의 백분율을 □%라 하면 운동화를 받고 싶은 학생 수의 백분율은 (□×2)%입니다.
$40+$□$\times2+19+$□$+5=100$,
□$\times3+64=100$, □$\times3=36$, □$=12$
(운동화를 받고 싶은 학생 수의 백분율)
$=12\times2=24\,(\%)$
$\Rightarrow$ (운동화를 받고 싶은 학생 수)
$=200\times\dfrac{24}{100}=48$(명)

6 직육면체의 부피와 겉넓이

140쪽 개념 학습 ❶

1 (1) $=$, $<$, $<$ (2) $=$, $>$, $>$
2 (1) $>$ (2) $<$

1 (1) 두 직육면체의 밑면의 넓이가 $6\times5=30\,(\text{cm}^2)$으로 같으므로 높이가 더 높은 나의 부피가 더 큽니다.
(2) 두 직육면체의 밑면의 넓이가 $5\times4=20\,(\text{cm}^2)$으로 같으므로 높이가 더 높은 가의 부피가 더 큽니다.

2 쌓은 쌓기나무가 더 많은 직육면체의 부피가 더 큽니다.

141쪽 개념 학습 ❷

1 (1) 3, 7, 105   (2) 6, 8, 480
2 (1) 6, 6, 216   (2) 8, 8, 512

142쪽 개념 학습 ❸

1 (위에서부터) (1) 1 m, 1 m / 1, 1, 2
(2) 3 m, 5 m / 3, 5, 60
(3) 2 m, 0.5 m / 2, 0.5, 3
2 (1) 1000000   (2) 2000000   (3) 5500000
(4) 1   (5) 4   (6) 70

2 $1\,\text{m}^3=1000000\,\text{cm}^3$임을 이용합니다.

143쪽 개념 학습 ❹

1 (1) 40, 262   (2) 56, 35, 262   (3) 35, 35, 262
2 (1) 16, 16, 96   (2) 6, 16, 6, 96

1 ㉠$=$㉢$=8\times7=56\,(\text{cm}^2)$
㉡$=$㉣$=5\times7=35\,(\text{cm}^2)$
㉤$=$㉥$=8\times5=40\,(\text{cm}^2)$

2 각 면의 가로와 세로가 $4\,\text{cm}$로 모두 같으므로 한 면의 넓이는 $4\times4=16\,(\text{cm}^2)$입니다.

1 ( )(○)		**2** 가, 다	
3 16개, 18개		**4** 나	
5 강우		**6** 30, 24 / >	
7 ⓒ		**8** 나	
9 가		**10** 나, 다, 가	

11 가, 다 / ⓔ 6 cm, 4 cm인 변의 길이가 각각 같으므로 직접 맞대어 부피를 비교할 수 있습니다.

1 두 직육면체의 가로와 세로가 같으므로 높이가 더 높은 오른쪽 직육면체의 부피가 더 큽니다.

2 블록을 이용하여 부피를 비교할 때에는 크기와 모양이 같은 블록을 사용해야 합니다.
부피를 비교할 수 있는 상자는 크기와 모양이 같은 블록을 이용한 가와 다입니다.

3 가: 8개씩 2층으로 담을 수 있습니다. → 16개
나: 6개씩 3층으로 담을 수 있습니다. → 18개

4 16개<18개이므로 과자 상자를 더 많이 담을 수 있는 나의 부피가 더 큽니다.

5 강우: 작은 물건을 쌓아 비교할 때 크기와 모양이 모두 같은 물건을 사용해야 합니다.
지혜: 가로, 세로, 높이 중 두 종류의 길이가 같으면 나머지 한 모서리의 길이를 비교하여 부피를 비교할 수 있습니다.

6 가: 10개씩 3층으로 쌓았으므로 30개입니다.
나: 12개씩 2층으로 쌓았으므로 24개입니다.
→ 30개>24개이므로 가의 부피가 더 큽니다.

7 ㉠ 2×4=8(개)씩 4층으로 쌓았으므로 32개입니다.
㉡ 15개씩 3층으로 쌓았으므로 45개입니다.
→ 32개<45개이므로 부피가 더 큰 것은 ㉡입니다.

8 세 직육면체의 가로와 높이가 각각 같으므로 세로가 길수록 직육면체의 부피가 큽니다.
→ 세로를 비교하면 $\underset{나}{6\,cm}>\underset{다}{4\,cm}>\underset{가}{3\,cm}$이므로 부피가 가장 큰 직육면체는 나입니다.

9 두 직육면체의 높이가 같으므로 밑면의 넓이가 넓을수록 부피가 더 큽니다.
(가의 밑면의 넓이)=8×8=64 (cm²)
(나의 밑면의 넓이)=10×6=60 (cm²)
→ 64 cm²>60 cm²이므로 밑면의 넓이가 더 넓은 가의 부피가 더 큽니다.

10 • 가: 8개씩 3층으로 담을 수 있으므로 24개입니다.
• 나: 12개씩 3층으로 담을 수 있으므로 36개입니다.
• 다: 6개씩 5층으로 담을 수 있으므로 30개입니다.
→ 36개>30개>24개이므로 부피가 큰 상자부터 차례대로 기호를 쓰면 나, 다, 가입니다.

11 [평가 기준] 이유에서 '가로, 세로, 높이 중 두 종류의 길이가 같기 때문'이라는 표현이 있으면 정답으로 인정합니다.

1 각설탕		**2** 3, 5, 2 / 30	
3 280 cm³		**4** 125 cm³	
5 72 cm³		**6** 12 cm³	
7 64 cm³		**8** 나, 가, 다	
9 216 cm³		**10** 64배	
11 5 cm		**12** 729 cm³	

2 쌓기나무를 15개씩(가로 3개×세로 5개) 2층으로 쌓았으므로 3×5×2=30(개)입니다.
→ (부피)=30 cm³
참고 쌓기나무 1개의 부피가 1 cm³이므로 쌓기나무의 수가 직육면체의 부피가 됩니다.
→ (부피가 1 cm³인 쌓기나무 ■개의 부피)=■ cm³

3 (직육면체의 부피)=(한 밑면의 넓이)×(높이)
=40×7=280 (cm³)

4 정육면체에서 모든 모서리의 길이가 같으므로 가로, 세로, 높이 모두 5 cm입니다.
→ (정육면체의 부피)=5×5×5=125 (cm³)

5 (버터의 부피)=6×4×3=72 (cm³)

6 (왼쪽 직육면체의 부피)=2×4×3=24 (cm³)
(오른쪽 직육면체의 부피)=3×2×6=36 (cm³)
→ 36-24=12이므로 오른쪽 직육면체의 부피는 왼쪽 직육면체의 부피보다 12 cm³ 더 큽니다.

7 정육면체는 모든 모서리의 길이가 같습니다.
(한 모서리의 길이)=12÷3=4 (cm)
→ (정육면체의 부피)=4×4×4=64 (cm³)

8 ・가: $10 \times 14 \times 4 = 560 \,(\text{cm}^3)$

・나: $10 \times 20 \times 3 = 600 \,(\text{cm}^3)$

・다: $7 \times 7 \times 7 = 343 \,(\text{cm}^3)$

➡ $600 \,\text{cm}^3 > 560 \,\text{cm}^3 > 343 \,\text{cm}^3$이므로 부피가 큰 것부터 차례대로 기호를 쓰면 나, 가, 다입니다.

9 정육면체의 한 모서리의 길이를 □ cm라 하면 □ × □ = 36이고, $6 \times 6 = 36$이므로 □ = 6입니다.

➡ (정육면체의 부피) = $6 \times 6 \times 6 = 216 \,(\text{cm}^3)$

10 (처음 정육면체의 부피) = $3 \times 3 \times 3 = 27 \,(\text{cm}^3)$

(늘인 정육면체의 부피)

$= 12 \times 12 \times 12 = 1728 \,(\text{cm}^3)$

➡ $1728 \div 27 = 64$(배)

[다른 방법] 정육면체의 부피는 한 모서리의 길이를 세 번 곱한 것과 같으므로 각 모서리의 길이를 4배로 늘인다면 처음 부피의 $4 \times 4 \times 4 = 64$(배)가 됩니다.

11 (왼쪽 직육면체의 부피) = $10 \times 4 \times 4 = 160 \,(\text{cm}^3)$

오른쪽 직육면체의 높이를 □ cm라고 하면 $8 \times 4 \times □ = 160$입니다.

➡ $8 \times 4 \times □ = 160$, $32 \times □ = 160$,

□ $= 160 \div 32 = 5$

12 가장 큰 정육면체 모양을 만들기 위해서는 한 모서리의 길이를 직육면체의 가장 짧은 모서리의 길이인 9 cm로 해야 합니다.

➡ $9 \times 9 \times 9 = 729 \,(\text{cm}^3)$

148쪽~149쪽   문제 학습 ③

1 (1) m^3 (2) cm^3	**2** 75000000, 75
3	**4** $24 \,\text{m}^3$
5 $18 \,\text{m}^3$	**6** $512 \,\text{m}^3$
7 80000000, 80	**8** ④
9 가	**10** 2
11 $0.86 \,\text{m}^3$	**12** ⓒ, ⓒ, ㉠, ㉣
13 23개	

1 (1) 큰 물건의 부피는 m^3로 나타냅니다.

(2) 주사위는 한 변의 길이가 1 m보다 짧으므로 cm^3로 나타냅니다.

2 (왼쪽 직육면체의 부피)

$= 300 \times 500 \times 500 = 75000000 \,(\text{cm}^3)$

(오른쪽 직육면체의 부피) = $3 \times 5 \times 5 = 75 \,(\text{m}^3)$

➡ $75000000 \,\text{cm}^3 = 75 \,\text{m}^3$

3 ・$30 \,\text{m}^3 = 30000000 \,\text{cm}^3$

・$3 \,\text{m}^3 = 3000000 \,\text{cm}^3$

・$0.3 \,\text{m}^3 = 300000 \,\text{cm}^3$

4 (한 모서리가 1 m인 정육면체의 부피) = $1 \,\text{m}^3$

➡ (한 모서리가 1 m인 정육면체 24개의 부피)

$= 24 \,\text{m}^3$

5 (직육면체의 부피) = $4 \times 3 \times 1.5 = 18 \,(\text{m}^3)$

6 $800 \,\text{cm} = 8 \,\text{m}$

➡ (정육면체의 부피) = $8 \times 8 \times 8 = 512 \,(\text{m}^3)$

7 $2.5 \,\text{m} = 250 \,\text{cm}$

(직육면체의 부피) = $640 \times 500 \times 250$

$= 80000000 \,(\text{cm}^3)$ ➡ $80 \,\text{m}^3$

[참고] 길이의 단위가 다른 경우에는 단위를 같게 나타내어 계산합니다.

8 ④ $25000000 \,\text{cm}^3 = 25 \,\text{m}^3$

9 ・가의 부피: $6 \times 6 \times 6 = 216 \,(\text{m}^3)$

・$8 \,\text{m} \, 50 \,\text{cm} = 8.5 \,\text{m}$

→ 나의 부피: $8.5 \times 4 \times 5.5 = 187 \,(\text{m}^3)$

➡ $216 \,\text{m}^3 > 187 \,\text{m}^3$이므로 부피가 더 큰 것은 가입니다.

10 $3 \times 5 \times □ = 30$, $15 \times □ = 30$, □ $= 30 \div 15 = 2$

11 (서랍장의 부피) = $640000 \,\text{cm}^3 = 0.64 \,\text{m}^3$

➡ (부피의 차) = $1.5 - 0.64 = 0.86 \,(\text{m}^3)$

12 ㉠ $9.1 \,\text{m}^3$

ⓒ $84000000 \,\text{cm}^3 = 84 \,\text{m}^3$

ⓒ $400 \,\text{cm} = 4 \,\text{m}$ → $4 \times 4 \times 4 = 64 \,(\text{m}^3)$

㉣ $30 \,\text{cm} = 0.3 \,\text{m}$ → $0.6 \times 7 \times 0.3 = 1.26 \,(\text{m}^3)$

➡ $84 \,\text{m}^3 > 64 \,\text{m}^3 > 9.1 \,\text{m}^3 > 1.26 \,\text{m}^3$이므로 부피가 큰 것부터 차례로 쓰면 ⓒ, ⓒ, ㉠, ㉣입니다.

13 $2 \,\text{m} \, 50 \,\text{cm} = 2.5 \,\text{m}$이므로 통에 들어 있는 물의 부피는 $3 \times 2.5 \times 3 = 22.5 \,(\text{m}^3)$입니다.

➡ 물을 모두 나누어 담으려면 부피가 $1 \,\text{m}^3$인 물통이 적어도 23개 필요합니다.

1 5, 5, 150   **2** $102\,cm^2$

3 $108\,cm^2$ **4** $864\,cm^2$

5 나, $2\,cm^2$

6 예
/ $54\,m^2$

7 예 합동인 면이 3쌍이므로 세 면의 넓이의 합을 구한 다음 2배를 해야 하는데 2배를 하지 않았습니다.
/ 예 $(9\times5+9\times2+5\times2)\times2=146\,(cm^2)$

8 4배   **9** $1324\,cm^2$

10 12   **11** $10\,cm$

12 $126\,cm^2$

2 (직육면체의 겉넓이)
$=(7\times3+7\times3+3\times3)\times2=102\,(cm^2)$

3 (직육면체의 겉넓이)
$=(6\times3)\times2+(3+6+3+6)\times4=108\,(cm^2)$

4 (한 모서리의 길이)$=48\div4=12\,(cm)$
➡ (정육면체의 겉넓이)$=12\times12\times6=864\,(cm^2)$

5 (가의 겉넓이)$=(5\times6+5\times7+6\times7)\times2$
$=214\,(cm^2)$
(나의 겉넓이)$=6\times6\times6=216\,(cm^2)$
➡ $214\,cm^2<216\,cm^2$이므로 나의 겉넓이가
$216-214=2\,(cm^2)$ 만큼 더 넓습니다.

6 (겉넓이)$=3\times3\times6=54\,(m^2)$

7 [평가 기준] 이유에서 '세 면의 넓이의 합에 2배 해야 한다.'는 표현을 쓰고, 식을 바르게 고쳤으면 정답으로 인정합니다.

8 (가의 겉넓이)$=20\times20\times6=2400\,(cm^2)$
(나의 겉넓이)$=10\times10\times6=600\,(cm^2)$
➡ $2400\div600=4$(배)

9 (포장지의 넓이)$=40\times40=1600\,(cm^2)$
(상자의 겉넓이)$=(10\times7+10\times4+7\times4)\times2$
$=276\,(cm^2)$
➡ (남는 포장지의 넓이)
$=1600-276=1324\,(cm^2)$

10 (직육면체의 겉넓이)
$=(13\times\square+13\times6+\square\times6)\times2=612\,(cm^2)$
➡ $13\times\square+78+\square\times6=612\div2=306$,
$13\times\square+\square\times6=306-78=228$,
$\square\times19=228$, $\square=228\div19=12$
참고 $13\times\square$는 $\square$를 13개 더한 것과 같고, $\square\times6$은 $\square$를 6개 더한 것과 같으므로 $13\times\square+\square\times6$은 $\square$를 $13+6=19$(개) 더한 것과 같습니다.
➡ $13\times\square+\square\times6=\square\times19$

11 (직육면체의 겉넓이)
$=(15\times10+15\times6+10\times6)\times2=600\,(cm^2)$
➡ 정육면체의 한 모서리의 길이를 $\square$ cm라고 하면 $\square\times\square\times6=600$, $\square\times\square=100$에서 $10\times10=100$이므로 $\square=10$입니다.

12 자른 나무토막의 겉넓이에서 처음 나무토막보다 늘어난 부분은 잘린 단면만큼입니다.
잘린 단면은 넓이가 $7\times9=63\,(cm^2)$인 직사각형 2개이므로 늘어난 겉넓이는 $63\times2=126\,(cm^2)$입니다.

1단계 $7\,cm$ 1·1 $356\,cm^2$

2단계 $478\,cm^2$ 1·2 $726\,cm^2$

1단계 직육면체의 높이를 $\square$ cm라 하면
$11\times9\times\square=693$입니다.
$99\times\square=693$, $\square=693\div99=7$
2단계 (직육면체의 겉넓이)
$=(11\times9+11\times7+9\times7)\times2=478\,(cm^2)$

1·1 직육면체의 밑면의 세로를 $\square$ cm라 하면
$14\times\square\times3=336$, $42\times\square=336$, $\square=8$입니다.
➡ (직육면체의 겉넓이)
$=(14\times8+14\times3+8\times3)\times2=356\,(cm^2)$

1·2 정육면체의 한 모서리의 길이를 $\square$ cm라 하면
$\square\times\square\times\square=1331$이고, $11\times11\times11=1331$이므로 정육면체의 한 모서리의 길이는 $11\,cm$입니다.
➡ (정육면체의 겉넓이)$=11\times11\times6=726\,(cm^2)$

153쪽 응용 학습 ❷

1단계	15개, 20개, 25개	2·1	4608개
2단계	7500개	2·2	나, 12개

1단계 1 m에는 20 cm를 5개 놓을 수 있으므로 한 모서리의 길이가 20 cm인 정육면체 모양의 상자를 3 m에는 15개, 4 m에는 20개, 5 m에는 25개 놓을 수 있습니다.

2단계 정육면체 모양의 상자를 모두
$15 \times 20 \times 25 = 7500$(개) 쌓을 수 있습니다.

2·1 1 m에는 25 cm를 4개 놓을 수 있으므로 한 모서리의 길이가 25 cm인 정육면체 모양의 상자를 6 m에는 24개, 3 m에는 12개, 4 m에는 16개 놓을 수 있습니다.
➡ 정육면체 모양의 상자를 모두
$24 \times 12 \times 16 = 4608$(개) 쌓을 수 있습니다.

2·2 가: 쌓기나무를 가로에 $30 \div 6 = 5$(개),
세로에 $48 \div 6 = 8$(개), 높이에 $36 \div 6 = 6$(개) 놓을 수 있습니다.
→ (넣을 수 있는 쌓기나무 수)
$= 5 \times 8 \times 6 = 240$(개)
나: 쌓기나무를 가로에 $54 \div 6 = 9$(개),
세로에 $42 \div 6 = 7$(개), 높이에 $24 \div 6 = 4$(개) 놓을 수 있습니다.
→ (넣을 수 있는 쌓기나무 수)
$= 9 \times 7 \times 4 = 252$(개)
➡ 240개<252개이므로 나 상자에 쌓기나무를 $252 - 240 = 12$(개) 더 많이 넣을 수 있습니다.

154쪽 응용 학습 ❸

1단계	1200 cm³	3·1	1800 cm³
2단계	1200 cm³	3·2	750 cm³

1단계 (늘어난 물의 부피)$= 20 \times 10 \times 6 = 1200$ (cm³)

2단계 돌의 부피는 늘어난 물의 부피와 같으므로 1200 cm³입니다.

3·1 (늘어난 물의 부피)$= 30 \times 15 \times 4 = 1800$ (cm³)
➡ 벽돌의 부피는 늘어난 물의 부피와 같으므로 1800 cm³입니다.

3·2 (늘어난 물의 높이)$= 20 - 15 = 5$ (cm)
(늘어난 물의 부피)$= 18 \times 25 \times 5 = 2250$ (cm³)
➡ 쇠구슬 3개의 부피의 합은 늘어난 물의 부피와 같으므로 쇠구슬 한 개의 부피는
$2250 \div 3 = 750$ (cm³)입니다.

155쪽 응용 학습 ❹

1단계	200 cm³, 1320 cm³	4·1	312 cm³
2단계	1520 cm³	4·2	29 m³

1단계 (직육면체 ㉠의 부피)$= 5 \times 5 \times 8 = 200$ (cm³)
(직육면체 ㉡의 부피)
$= (16 - 5) \times 15 \times 8$
$= 11 \times 15 \times 8 = 1320$ (cm³)

2단계 (입체도형의 부피)
$=$ (직육면체 ㉠의 부피)$+$(직육면체 ㉡의 부피)
$= 200 + 1320 = 1520$ (cm³)

4·1 (큰 직육면체의 부피)$= 12 \times 9 \times 3 = 324$ (cm³)
(작은 직육면체의 부피)$= 2 \times 2 \times 3 = 12$ (cm³)

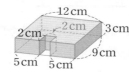

➡ (입체도형의 부피)
$=$ (큰 직육면체의 부피)
$-$ (작은 직육면체의 부피)
$= 324 - 12 = 312$ (cm³)

4·2 250 cm$= 2.5$ m, 400 cm$= 4$ m,
50 cm$= 0.5$ m
(큰 직육면체의 부피)$= 3 \times 4 \times 2.5 = 30$ (m³)
(작은 직육면체의 부피)$= 0.5 \times 4 \times (2.5 - 2)$
$= 0.5 \times 4 \times 0.5 = 1$ (m³)

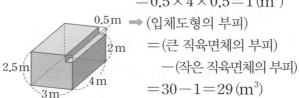

➡ (입체도형의 부피)
$=$ (큰 직육면체의 부피)
$-$ (작은 직육면체의 부피)
$= 30 - 1 = 29$ (m³)

156쪽 교과서 통합 핵심 개념

1	나 / 나	2	1000000
3	6, 210 / 3, 27	4	24, 2, 208 / 6, 96

BOOK ❶ 개념북

6 단원

157쪽~159쪽   단원 평가

1 가	**2** 28개, 28 cm³
3 210 cm³	**4** 136 cm²
5 6000000	**6** 8 cm³
7 729 m³	**8** 150 cm²

9 ②, ⑤

10 ❶ 두 상자에 담을 수 있는 주사위의 수는 각각 다음과 같습니다. ➡ 가: $3×5×2=30$(개), 나: $2×4×4=32$(개)
❷ 30개<32개이므로 부피가 더 큰 상자는 나입니다.
답 나

11 1.8 m³	**12** 가, 나
13 6 cm	**14** 다

15 ❶ (왼쪽 직육면체의 부피)=$5×3×4=60$(m³)
(오른쪽 직육면체의 부피)=48000000 cm³=48 m³
❷ (두 직육면체의 부피의 차)=$60-48=12$(m³)
답 12 m³

16 1728 cm³	**17** 8

18 ❶ 정육면체의 겉넓이는 $8×8×6=384$(cm²)입니다.
❷ 직육면체의 겉넓이는
$(□×4+□×12+4×12)×2=384$입니다.
➡ $(□×16+48)×2=384$, $□×16+48=192$,
$□×16=144$, $□=9$
답 9 cm

19 1040 cm³	**20** 3 cm

2 쌓기나무를 14개씩(가로 7개 × 세로 2개) 2층으로 쌓았으므로 $7×2×2=28$(개)입니다.
➡ (부피)=28 cm³

3 (직육면체의 부피)=$7×6×5=210$(cm³)

4 (직육면체의 겉넓이)
=$(4×8+4×3+8×3)×2=136$(cm²)

5 1 m³=1000000 cm³이므로
6 m³=6000000 cm³입니다.

7 (정육면체의 부피)=$9×9×9=729$(m³)

8 (정육면체의 겉넓이)=$5×5×6=150$(cm²)

9 1 m³=1000000 cm³임을 이용합니다.
② 6.5 m³=6500000 cm³
⑤ 1320000 cm³=1.32 m³

10
채점 기준	❶ 가와 나에 담을 수 있는 주사위의 수를 각각 구한 경우	3점	
	❷ 부피가 더 큰 상자를 구한 경우	2점	5점

11 60 cm=0.6 m
➡ (수족관의 부피)=$2×1.5×0.6=1.8$ (m³)

12 가로, 세로, 높이 중에서 두 종류의 길이가 같으면 직접 맞대어 부피를 비교할 수 있습니다.
➡ 가와 나는 7 cm, 9 cm인 변의 길이가 각각 같습니다.

13 직육면체의 높이를 □ cm라고 하면
$9×5×□=270$, $45×□=270$,
$□=270÷45=6$입니다.

14 • 가: $2×2×6=24$ (cm²)
• 나: $(4×2+4×1+2×1)×2=28$ (cm²)
• 다: $(8×1)×4+(1×1)×2=34$ (cm²)
➡ 24 cm²<28 cm²<34 cm²이므로 겉넓이가 가장 넓은 것은 다입니다.

15
채점 기준	❶ 두 직육면체의 부피를 m³로 구한 경우	3점	
	❷ 두 직육면체의 부피의 차를 구한 경우	2점	5점

16 늘인 정육면체의 한 모서리의 길이는
$6×2=12$ (cm)입니다.
➡ (늘인 정육면체의 부피)
=$12×12×12=1728$ (cm³)
다른 방법 가로, 세로, 높이를 모두 2배 하면 부피는
$2×2×2=8$(배)가 됩니다.
➡ (늘인 정육면체의 부피)=(처음 정육면체의 부피)×8
=$(6×6×6)×8$
=$216×8=1728$ (cm³)

17 $7×3×2+(3+7+3+7)×□=202$,
$42+20×□=202$, $20×□=160$
➡ $□=160÷20=8$

18
채점 기준	❶ 정육면체의 겉넓이를 구한 경우	2점	
	❷ 직육면체의 가로를 구한 경우	3점	5점

19
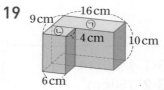
(직육면체 ㉠의 부피)=$16×(9-4)×10$
=$16×5×10=800$ (cm³)
(직육면체 ㉡의 부피)=$6×4×10=240$ (cm³)
➡ (입체도형의 부피)=$800+240=1040$ (cm³)

20 돌의 부피는 늘어난 물의 부피와 같습니다. 높아진 물의 높이를 □ cm라 하면 $18×13×□=702$, $234×□=702$, $□=3$입니다.

34쪽 쉬어가기

116쪽 쉬어가기

64쪽 쉬어가기

138쪽 쉬어가기

94쪽 쉬어가기

160쪽 쉬어가기

BOOK ❶ 개념북

6 단원

① 분수의 나눗셈

2쪽~4쪽　단원 평가 [기본]

1 $\dfrac{2}{3}$

2 4, 2

3 $\dfrac{13}{4} \div 5 = \dfrac{13}{4} \times \dfrac{1}{5} = \dfrac{13}{20}$

4 $\dfrac{1}{7}$, 9 / 9, 1, 2

5 예 / $\dfrac{2}{12}\left(=\dfrac{1}{6}\right)$

6 $\dfrac{14}{15}$

7 ❶ $4 > \dfrac{15}{16}$이므로 작은 수는 $\dfrac{15}{16}$, 큰 수는 4입니다.

❷ 따라서 작은 수를 큰 수로 나눈 몫은

$\dfrac{15}{16} \div 4 = \dfrac{15}{16} \times \dfrac{1}{4} = \dfrac{15}{64}$입니다.　답 $\dfrac{15}{64}$

8

9 <

10 $\dfrac{5}{7}$, $\dfrac{5}{56}$

11 $\dfrac{2}{5}$ kg

12 $\dfrac{9}{48}$ km $\left(=\dfrac{3}{16}$ km$\right)$

13 ❶ (직사각형의 넓이)=(가로)×(세로)이므로
(세로)=(직사각형의 넓이)÷(가로)입니다.

❷ 따라서 직사각형의 세로는

$\dfrac{49}{9} \div 7 = \dfrac{49}{9} \times \dfrac{1}{7} = \dfrac{49}{63}\left(=\dfrac{7}{9}\right)$(cm)입니다.

답 $\dfrac{49}{63}$ cm $\left(=\dfrac{7}{9}$ cm$\right)$

14 $\dfrac{29}{42}$

15 2개

16 가

17 ❶ 어떤 수를 □라 하여 잘못 계산한 식을 쓰면 □×8=56
이므로 □=56÷8=7입니다.

❷ 따라서 바르게 계산하면 $7 \div 8 = \dfrac{7}{8}$입니다.　답 $\dfrac{7}{8}$

18 $\dfrac{7}{8}$, 9$\left($또는 $\dfrac{7}{9}$, 8$\right)$ / $\dfrac{7}{72}$

19 $\dfrac{8}{42}$ cm $\left(=\dfrac{4}{21}$ cm$\right)$

20 $\dfrac{64}{90}$ kg $\left(=\dfrac{32}{45}$ kg$\right)$

---

7 | 채점 기준 | ❶ 작은 수와 큰 수를 각각 구한 경우 | 2점 | 5점 |
|---|---|---|---|
| | ❷ 작은 수를 큰 수로 나눈 몫을 구한 경우 | 3점 | |

11 (한 봉지에 담은 불고기의 양)$=2 \div 5 = \dfrac{2}{5}$ (kg)

12 (1분 동안 간 거리)

$= 1\dfrac{1}{8} \div 6 = \dfrac{9}{8} \div 6 = \dfrac{9}{8} \times \dfrac{1}{6} = \dfrac{9}{48}\left(=\dfrac{3}{16}\right)$ (km)

13 | 채점 기준 | ❶ 직사각형의 세로를 구하는 방법을 설명한 경우 | 2점 | 5점 |
|---|---|---|---|
| | ❷ 직사각형의 세로를 구한 경우 | 3점 | |

14 ■ $= 4\dfrac{1}{7} \div 6 = \dfrac{29}{7} \div 6 = \dfrac{29}{7} \times \dfrac{1}{6} = \dfrac{29}{42}$

15 $8\dfrac{4}{9} \div 4 = \dfrac{76}{9} \div 4 = \dfrac{76 \div 4}{9} = \dfrac{19}{9} = 2\dfrac{1}{9}$

$2\dfrac{1}{9} > \square$이므로 $\square$ 안에 들어갈 수 있는 자연수는

1, 2로 모두 2개입니다.

16 •(가에 담을 흙의 양)$= 10 \div 3 = \dfrac{10}{3}\left(=3\dfrac{1}{3}\right)$ (L)

•(나에 담을 흙의 양)$= 20 \div 7 = \dfrac{20}{7}\left(=2\dfrac{6}{7}\right)$ (L)

➡ $3\dfrac{1}{3} > 2\dfrac{6}{7}$이므로 가에 흙이 더 많습니다.

17 | 채점 기준 | ❶ 어떤 수를 구한 경우 | 3점 | 5점 |
|---|---|---|---|
| | ❷ 바르게 계산한 몫을 분수로 나타낸 경우 | 2점 | |

18 $\dfrac{7}{8} \div 9 = \dfrac{7}{8} \times \dfrac{1}{9} = \dfrac{7}{72}$ 또는 $\dfrac{7}{9} \div 8 = \dfrac{7}{9} \times \dfrac{1}{8} = \dfrac{7}{72}$

참고 $\dfrac{\blacktriangle}{\bullet} \div \blacksquare = \dfrac{\blacktriangle}{\bullet} \times \dfrac{1}{\blacksquare} = \dfrac{\blacktriangle}{\bullet \times \blacksquare}$이므로 몫이 가장 작으려면
분모인 $\bullet \times \blacksquare$가 커지도록 식을 만들어야 합니다.

19 (정사각형의 둘레)$= \dfrac{2}{7} \times 4 = \dfrac{8}{7}$ (cm)

➡ (정육각형의 한 변의 길이)

$= \dfrac{8}{7} \div 6 = \dfrac{8}{7} \times \dfrac{1}{6} = \dfrac{8}{42}\left(=\dfrac{4}{21}\right)$ (cm)

20 •(배 한 상자의 무게)

$= 13\dfrac{2}{5} \div 3 = \dfrac{67}{5} \div 3 = \dfrac{67}{5} \times \dfrac{1}{3} = \dfrac{67}{15}$ (kg)

•(배 6개의 무게)

$= \dfrac{67}{15} - \dfrac{1}{5} = \dfrac{67}{15} - \dfrac{3}{15} = \dfrac{64}{15}$ (kg)

➡ (배 한 개의 무게)

$= \dfrac{64}{15} \div 6 = \dfrac{64}{15} \times \dfrac{1}{6} = \dfrac{64}{90}\left(=\dfrac{32}{45}\right)$ (kg)

5쪽~7쪽 단원 평가 (심화)

1. 예 / $\frac{4}{5}$

2. 20, 20, 5

3. $\frac{4}{7}\div3=\frac{4}{7}\times\frac{1}{3}=\frac{4}{21}$

4. 예 $1\frac{8}{9}\div4=\frac{17}{9}\div4=\frac{17}{9}\times\frac{1}{4}=\frac{17}{36}$

5. $\frac{4}{18}\left(=\frac{2}{9}\right)$ 6. $\frac{2}{13}$ cm²

7. ❶ 나눗셈의 몫을 기약분수로 나타내면
$\frac{6}{17}\div8=\frac{6}{17}\times\frac{1}{8}=\frac{6}{136}=\frac{3}{68}$입니다.
❷ ㉠=3, ㉡=68이므로 ㉠+㉡=3+68=71입니다.
답 71

8. > 9. 준서

10. ❶ $2\frac{5}{8}$ L를 컵 7개에 똑같이 나누어 담았으므로
$2\frac{5}{8}\div7$을 계산합니다.
❷ $2\frac{5}{8}\div7=\frac{21}{8}\div7=\frac{21\div7}{8}=\frac{3}{8}$이므로
컵 한 개에 담은 음료수는 $\frac{3}{8}$ L입니다. 답 $\frac{3}{8}$ L

11. ㉡ 12. 3

13. $\frac{11}{96}$ 14. $\frac{40}{3}$ m²$\left(=13\frac{1}{3}$ m²$\right)$

15. 현호 16. 1, 2

17. $\frac{24}{63}$ kg$\left(=\frac{8}{21}$ kg$\right)$

18. ❶ 어떤 수를 □라 하여 잘못 계산한 식을 쓰면
□×5=$7\frac{1}{3}$이므로 □=$7\frac{1}{3}\div5=\frac{22}{3}\times\frac{1}{5}=\frac{22}{15}$입니다.
❷ 따라서 바르게 계산하면
$\frac{22}{15}\div5=\frac{22}{15}\times\frac{1}{5}=\frac{22}{75}$입니다. 답 $\frac{22}{75}$

19. $\frac{46}{9}$ cm$\left(=5\frac{1}{9}$ cm$\right)$

20. $\frac{2}{15}$ km

7. | 채점 기준 | ❶ 나눗셈의 몫을 기약분수로 나타낸 경우 | 3점 | 5점 |
| | ❷ ㉠과 ㉡의 합을 구한 경우 | 2점 | |

10. | 채점 기준 | ❶ 문제에 알맞은 나눗셈식을 세운 경우 | 2점 | 5점 |
| | ❷ 컵 한 개에 담은 음료수의 양을 구한 경우 | 3점 | |

11. ㉠ $\frac{3}{4}\div5=\frac{3}{4}\times\frac{1}{5}=\frac{3}{20}\left(=\frac{9}{60}\right)$

㉡ $\frac{16}{15}\div8=\frac{16\div8}{15}=\frac{2}{15}\left(=\frac{8}{60}\right)$

㉢ $2\frac{3}{5}\div4=\frac{13}{5}\div4=\frac{13}{5}\times\frac{1}{4}=\frac{13}{20}\left(=\frac{39}{60}\right)$

12. $13\div4=\frac{13}{4}=3\frac{1}{4}$이므로 □<$3\frac{1}{4}$에서 □ 안에 들어갈 수 있는 자연수는 1, 2, 3이고 그중 가장 큰 수는 3입니다.

13. $1\frac{3}{8}\div6\div㉠=2$, $\frac{11}{8}\times\frac{1}{6}\div㉠=2$, $\frac{11}{48}\div㉠=2$
➡ ㉠=$\frac{11}{48}\div2=\frac{11}{48}\times\frac{1}{2}=\frac{11}{96}$

14. (페인트 1통으로 칠할 수 있는 넓이)
=$10\frac{2}{3}\div4=\frac{32}{3}\times\frac{1}{4}=\frac{32}{12}\left(=\frac{8}{3}\right)$ (m²)
➡ (페인트 5통으로 칠할 수 있는 넓이)
=$\frac{8}{3}\times5=\frac{40}{3}\left(=13\frac{1}{3}\right)$ (m²)

15. ・현호: $\frac{17}{2}\div6=\frac{17}{2}\times\frac{1}{6}=\frac{17}{12}\left(=\frac{85}{60}\right)$ (cm)
・정민: $\frac{56}{5}\div8=\frac{56\div8}{5}=\frac{7}{5}\left(=\frac{84}{60}\right)$ (cm)

16. $1\frac{1}{2}\div4=\frac{3}{2}\div4=\frac{3}{2}\times\frac{1}{4}=\frac{3}{8}$이므로 $\frac{□}{8}<\frac{3}{8}$입니다. 따라서 □ 안에 들어갈 수 있는 자연수는 1, 2입니다.

17. (참외 9개의 무게)
=$4\frac{1}{7}-\frac{5}{7}=3\frac{8}{7}-\frac{5}{7}=3\frac{3}{7}$ (kg)
➡ (참외 한 개의 무게)
=$3\frac{3}{7}\div9=\frac{24}{7}\times\frac{1}{9}=\frac{24}{63}\left(=\frac{8}{21}\right)$ (kg)

18. | 채점 기준 | ❶ 어떤 수를 구한 경우 | 3점 | 5점 |
| | ❷ 바르게 계산한 몫을 구한 경우 | 2점 | |

19. (삼각형의 높이)
=(넓이)×2÷(밑변의 길이)
=$\frac{23}{3}\times2\div3=\frac{46}{3}\times\frac{1}{3}=\frac{46}{9}\left(=5\frac{1}{9}\right)$ (cm)

20. ・가: $10\frac{4}{5}\div9=\frac{54}{5}\div9=\frac{6}{5}\left(=\frac{18}{15}\right)$ (km)
・나: $6\frac{2}{3}\div5=\frac{20}{3}\div5=\frac{4}{3}\left(=\frac{20}{15}\right)$ (km)
➡ $\frac{4}{3}>\frac{6}{5}$이므로 1분 동안 달린 거리의 차는
$\frac{4}{3}-\frac{6}{5}=\frac{20}{15}-\frac{18}{15}=\frac{2}{15}$ (km)입니다.

| 8쪽 | 수행 평가 ❶회 |

1 (1) 예

$$/ \frac{1}{6}$$

(2) 예

$$/ \frac{2}{5}$$

2 $\frac{1}{3}$, 5 / 5, 1, 2 　　**3** 3, 3, 3 / 1, 3, 7

4 (1) $\frac{7}{12}$ 　(2) $\frac{23}{9}\left(=2\frac{5}{9}\right)$

5 $\frac{11}{8}$ m $\left(=1\frac{3}{8}$ m$\right)$

4 ▲ ÷ ● = $\dfrac{▲}{●}$

5 (통나무 한 도막의 길이)
= (전체 통나무의 길이) ÷ (도막의 수)
= $11 \div 8 = \dfrac{11}{8}\left(=1\dfrac{3}{8}\right)$ (m)

| 9쪽 | 수행 평가 ❷회 |

1 4, 2 　　　　　**2** (1) 12, 2　(2) 2, 7

3 (1) $\dfrac{3}{11}$ 　(2) $\dfrac{5}{13}$ 　　　**4** <

5 $\dfrac{2}{9}$ kg

2 분자가 자연수의 배수이므로 분수의 분자를 자연수로 나누어 계산합니다.

3 (1) $\dfrac{6}{11} \div 2 = \dfrac{6 \div 2}{11} = \dfrac{3}{11}$

(2) $\dfrac{15}{13} \div 3 = \dfrac{15 \div 3}{13} = \dfrac{5}{13}$

4 $\dfrac{35}{39} \div 5 = \dfrac{35 \div 5}{39} = \dfrac{7}{39}$

$\dfrac{44}{39} \div 4 = \dfrac{44 \div 4}{39} = \dfrac{11}{39}$ ⇒ $\dfrac{7}{39} < \dfrac{11}{39}$

5 (접시 한 개에 담은 사탕의 무게)
= $\dfrac{4}{9} \div 2 = \dfrac{4 \div 2}{9} = \dfrac{2}{9}$ (kg)

| 10쪽 | 수행 평가 ❸회 |

1 $\dfrac{1}{5}$, $\dfrac{2}{15}$

2 (1) 15, 15, 5 　(2) $\dfrac{1}{7}$, $\dfrac{9}{28}$

3 $\dfrac{7}{3} \div 6 = \dfrac{42}{18} \div 6 = \dfrac{42 \div 6}{18} = \dfrac{7}{18}$

4 (1) $\dfrac{5}{7} \div 2 = \dfrac{5}{7} \times \dfrac{1}{2} = \dfrac{5}{14}$

(2) $\dfrac{8}{3} \div 5 = \dfrac{8}{3} \times \dfrac{1}{5} = \dfrac{8}{15}$

5 $\dfrac{13}{33}$ km

3 보기 는 크기가 같은 분수 중에서 분자가 자연수의 배수인 수로 바꾸어 계산하는 방법입니다.

4 $\dfrac{▲}{■} ÷ ● = \dfrac{▲}{■} \times \dfrac{1}{●}$ 로 나타낼 수 있습니다.

5 (민정이가 자전거를 타고 1분 동안 간 거리)
= $\dfrac{13}{11} \div 3 = \dfrac{13}{11} \times \dfrac{1}{3} = \dfrac{13}{33}$ (km)

| 11쪽 | 수행 평가 ❹회 |

1 9, 3, 3

2 (1) 12, 4, 3　(2) 7, 7, $\dfrac{1}{2}$, $\dfrac{7}{12}$

3 (1) $\dfrac{11}{21}$ 　(2) $\dfrac{11}{12}$

4 > 　　　　　**5** $\dfrac{17}{35}$ L

3 (1) $1\dfrac{4}{7} \div 3 = \dfrac{11}{7} \div 3 = \dfrac{11}{7} \times \dfrac{1}{3} = \dfrac{11}{21}$

(2) $2\dfrac{2}{4} \div 3 = \dfrac{11}{4} \times \dfrac{1}{3} = \dfrac{11}{12}$

4 $8\dfrac{3}{8} \div 6 = \dfrac{67}{8} \times \dfrac{1}{6} = \dfrac{67}{48}$

$6\dfrac{4}{6} \div 5 = \dfrac{40}{6} \times \dfrac{1}{5} = \dfrac{40}{30} = \dfrac{4}{3} = \dfrac{64}{48}$

⇒ $\dfrac{67}{48} > \dfrac{4}{3}$

5 일주일은 7일이므로
(하루에 마신 식혜의 양)
= $3\dfrac{2}{5} \div 7 = \dfrac{17}{5} \div 7 = \dfrac{17}{5} \times \dfrac{1}{7} = \dfrac{17}{35}$ (L)입니다.

② 각기둥과 각뿔

1 가, 다, 바　　　**2** 나, 라

3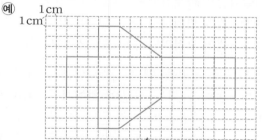

4 9 cm

5 사각뿔

6 면 ㄱㄴㄷ, 면 ㄱㄷㄹ, 면 ㄱㅁㄹ, 면 ㄱㄴㅁ

7

각뿔의 꼭짓점 ─ 　┌─ 모서리
높이 ─　　　　┌─ 옆면
밑면 ┘

8 예 서로 평행한 두 면이 합동이지만 다각형이 아니므로 각기둥이 아닙니다.

9 가, 나　　　　**10** 오각기둥

11 ②

12 예 밑면이 오각형으로 같습니다. / 예 옆면이 각각 직사각형과 삼각형으로 다릅니다.

13 (왼쪽에서부터) 6, 5, 9 / 7, 7, 12

14 선분 ㅇㅅ　　　**15** (위에서부터) 6, 9, 5

16 예

1 cm
1 cm

17 육각기둥　　　　**18** 19개

19 ❶ 각뿔의 밑면의 변의 수를 □라 하면 면의 수는 □+1이므로 □+1=6에서 □=6−1=5입니다.

❷ 밑면의 변이 5개이면 밑면이 오각형이므로 면이 6개인 각뿔의 이름은 오각뿔입니다.　　**답** 오각뿔

20 128 cm

---

6 밑면인 면 ㄴㄷㄹㅁ과 만나는 면을 모두 찾아 씁니다.

8

채점 기준	각기둥이 아닌 이유를 쓴 경우	5점

[평가 기준] '밑면이 다각형이 아니다.'라는 표현이 있으면 정답으로 인정합니다.

9 다: 전개도를 접었을 때 서로 겹쳐지는 면이 있으므로 사각기둥의 전개도가 아닙니다.

라: 옆면이 5개이므로 사각기둥의 전개도가 아닙니다.

---

10 전개도를 접으면 밑면이 오각형인 각기둥이 되므로 오각기둥의 전개도입니다.

11 ① 밑면은 1개입니다.

② 꼭짓점은 8+1=9(개)입니다.

③ 모서리는 8×2=16(개)입니다.

④ 밑면은 팔각형입니다.

⑤ 옆면은 삼각형입니다.

12

채점 기준	같은 점과 다른 점을 모두 쓴 경우	5점
	같은 점과 다른 점 중 1가지만 쓴 경우	3점

[평가 기준] 같은 점으로 '밑면의 모양', 다른 점으로 '밑면의 수', '옆면의 모양' 등을 이용하여 바르게 설명하면 정답으로 인정합니다.

14 전개도를 접었을 때 점 ㄹ은 점 ㅇ과 만나고, 점 ㅁ은 점 ㅅ과 만납니다. 따라서 선분 ㄹㅁ과 맞닿는 선분은 선분 ㅇㅅ입니다.

15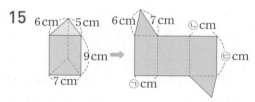

6 cm, 5 cm, 9 cm, 7 cm / 6 cm, 7 cm, ⓒ cm, ⓐ cm, ⓑ cm

• 삼각기둥의 한 밑면의 세 변의 길이는 각각 6 cm, 5 cm, 7 cm이므로 ㉠은 5 cm, ㉡은 6 cm입니다.

• ㉢은 삼각기둥의 높이와 같으므로 9 cm입니다.

16 잘린 모서리는 실선으로, 잘리지 않은 모서리는 점선으로 하여 접었을 때 서로 맞닿는 선분의 길이가 같게 그립니다.

17 두 밑면이 서로 평행하고 합동인 육각형이고, 옆면이 모두 직사각형이므로 육각기둥입니다.

18 ㉠ (팔각기둥의 모서리의 수)=8×3=24(개)

㉡ (사각뿔의 꼭짓점의 수)=4+1=5(개)

➡ 24−5=19(개)

19

채점 기준	❶ 각뿔의 밑면의 변의 수를 구한 경우	3점	
	❷ 각뿔의 이름은 무엇인지 구한 경우	2점	5점

20 옆면이 8개이므로 밑면의 변의 수는 8개이고, 옆면이 모두 합동인 이등변삼각형이므로 입체도형은 밑면의 여덟 변의 길이가 모두 같은 팔각뿔입니다.

11 cm / 5 cm

➡ (팔각뿔의 모든 모서리의 길이의 합)
=5×8+11×8=40+88=128 (cm)

15쪽~17쪽 단원 평가 심화

1 팔각기둥 **2** ④

3 꼭짓점 ㄱ

4 면 ㄴㄷㄹㅁㅂ / 면 ㄱㄴㄷ, 면 ㄱㄷㄹ, 면 ㄱㄹㅁ, 면 ㄱㅂㅁ, 면 ㄱㄴㅂ

5 가 **6** 나

7 15 cm **8** ③, ④

9 예 삼각기둥의 전개도에는 삼각형인 밑면이 2개 있어야 하는데 밑면이 1개뿐이므로 삼각기둥을 만들 수 없습니다.

10 ❶ ㉣ / ❷ 예 각뿔의 높이는 각뿔의 꼭짓점에서 밑면에 수직인 선분의 길이입니다.

11 오각기둥 **12** 10 cm

13 12, 8, 18

14 면 ㄱㄴㄷㅎ, 면 ㅎㄷㄹㅍ, 면 ㅍㄹㅅㅊ, 면 ㅊㅅㅇㅈ

15 예
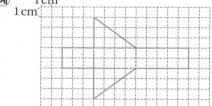

16 팔각뿔, 9, 9, 16 **17** 9 cm

18 ㉠, ㉢, ㉡

19 ❶ 각기둥의 한 밑면의 변의 수를 □라 하면 모서리의 수는 □×3이므로 □×3=15에서 □=15÷3=5입니다.
❷ 한 밑면의 변이 5개인 각기둥은 오각기둥이고, 오각기둥과 밑면의 모양이 같은 각뿔은 오각뿔입니다.
❸ (오각뿔의 꼭짓점의 수)=5+1=6(개) 답 6개

20 2 cm

---

1 밑면의 모양이 팔각형인 각기둥이므로 팔각기둥입니다.

2 ④ 면과 면이 만나는 선분이므로 모서리입니다.
참고 각기둥에서 높이는 두 밑면 사이의 거리입니다.

6 합동인 두 밑면이 사각형이고 옆면이 직사각형 4개로 이루어진 전개도는 나입니다.
참고 • 가: 두 밑면이 합동인 사각형이지만 옆면이 3개뿐이므로 사각기둥의 전개도가 아닙니다.
• 다: 두 밑면이 삼각형이므로 사각기둥의 전개도가 아닙니다.

8 ① 밑면은 2개입니다.
② 꼭짓점은 5×2=10(개)입니다.
③ 모서리는 5×3=15(개)입니다.
④ 밑면은 오각형입니다.
⑤ 옆면은 직사각형입니다.

9

채점 기준	삼각기둥을 만들 수 없는 이유를 쓴 경우	5점

[평가 기준] '밑면이 1개뿐이므로 만들 수 없다.'라는 표현이 있으면 정답으로 인정합니다.

10

채점 기준	❶ 각뿔에 대한 설명으로 잘못된 것을 찾아 기호를 쓴 경우	2점	5점
	❷ 바르게 고친 경우	3점	

11 2개의 밑면이 다각형이고, 옆면이 모두 직사각형이므로 각기둥입니다.
➡ 밑면의 모양이 오각형인 각기둥은 오각기둥입니다.

12 전개도를 접었을 때 선분 ㄱㄴ과 맞닿는 선분은 선분 ㅅㅂ입니다.
➡ (선분 ㄱㄴ)=(선분 ㅅㅂ)=10 cm

13 • (육각기둥의 꼭짓점의 수)=6×2=12(개)
• (육각기둥의 면의 수)=6+2=8(개)
• (육각기둥의 모서리의 수)=6×3=18(개)

14 면 ㄹㅁㅂㅅ은 밑면이므로 밑면에 수직인 면인 옆면을 모두 찾아 씁니다.

16 • (팔각뿔의 꼭짓점의 수)=8+1=9(개)
• (팔각뿔의 면의 수)=8+1=9(개)
• (팔각뿔의 모서리의 수)=8×2=16(개)

17 전개도를 접었을 때 맞닿는 선분의 길이는 같습니다. 높이가 되는 선분의 길이를 □ cm라 하면 4+3+5+5+3+4+□+6+5+3+3+5+6+□=70, 52+□×2=70, □×2=18, □=9입니다.

18 ㉠ (육각뿔의 모서리의 수)=6×2=12(개)
㉡ (육각기둥의 면의 수)=6+2=8(개)
㉢ (팔각뿔의 꼭짓점의 수)=8+1=9(개)

19

채점 기준	❶ 각기둥의 한 밑면의 변의 수를 구한 경우	2점	5점
	❷ 각뿔이 오각뿔임을 구한 경우	1점	
	❸ 오각뿔의 꼭짓점의 수를 구한 경우	2점	

20 각기둥의 옆면이 모두 합동이므로 각기둥의 밑면은 여섯 변의 길이가 모두 같은 육각형이고, 전개도를 접어서 만든 각기둥은 육각기둥입니다.
(두 밑면의 모서리의 길이의 합)
=54-5×6=24 (cm)
(한 밑면의 모서리의 길이의 합)=24÷2=12 (cm)
➡ (밑면의 한 변의 길이)=12÷6=2 (cm)

18쪽 수행 평가 ❶회

1 가, 다, 라, 마, 사 　　**2** 가, 마
3 (1) 　　　　(2)

4 (1) 6개 　(2) 4개
5 면 ㄱㄴㅂㅁ, 면 ㄴㅂㅅㄷ, 면 ㄷㅅㅇㄹ,
　　면 ㄱㅁㅇㄹ

1 오각형 나와 각을 나타낸 바는 평면도형입니다.

3 서로 평행하고 합동인 두 면을 찾아 색칠합니다.

4 (1) 각기둥에서 밑면에 수직인 면은 옆면이고 모두 6
　　개입니다.
　(2) 각기둥에서 밑면에 수직인 면은 옆면이고 옆면의
　　수는 한 밑면의 변의 수와 같으므로 4개입니다.

5 두 밑면과 만나는 면을 모두 찾아 쓰면 면 ㄱㄴㅂㅁ,
　면 ㄴㅂㅅㄷ, 면 ㄷㅅㅇㄹ, 면 ㄱㅁㅇㄹ입니다.

19쪽 수행 평가 ❷회

1 (1) 사각기둥 　　(2) 육각기둥
2 8, 6, 12 　　**3** (1) 5 cm 　(2) 7 cm
4 육각기둥 　　**5** 14개

1 (1) 밑면의 모양이 사각형이므로 사각기둥입니다.
　(2) 밑면의 모양이 육각형이므로 육각기둥입니다.

2 • (사각기둥의 꼭짓점의 수)=4×2=8(개)
　• (사각기둥의 면의 수)=4+2=6(개)
　• (사각기둥의 모서리의 수)=4×3=12(개)

4 밑면이 2개이면서 옆면이 모두 직사각형이고 밑면
　과 옆면이 서로 수직인 입체도형은 각기둥입니다.
　➡ 밑면의 모양이 육각형인 각기둥은 육각기둥입
　　니다.

5 삼각기둥은 한 밑면의 변이 3개이므로
　(면의 수)=3+2=5(개),
　(모서리의 수)=3×3=9(개)입니다.
　따라서 삼각기둥의 면의 수와 모서리의 수의 합은
　5+9=14(개)입니다.

20쪽 수행 평가 ❸회

1 사각기둥 　　　　**2** 선분 ㅈㅇ
3 (위에서부터) 4, 6, 5 　**4** 면 ㉣
5 예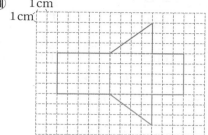

1 전개도를 접었을 때 밑면이 사각형이고 옆면이 직사
　각형이므로 사각기둥이 됩니다.

2 전개도를 접었을 때 점 ㄱ은 점 ㅈ과 만나고, 점 ㄴ은
　점 ㅇ과 만납니다. 따라서 전개도를 접었을 때 선분
　ㄱㄴ과 맞닿는 선분은 선분 ㅈㅇ입니다.

5 전개도를 접었을 때 서로 맞닿는 선분의 길이가 같게
　하여 나머지 두 옆면과 한 밑면을 그립니다.

21쪽 수행 평가 ❹회

1 2개 　　　　**2** 1개 / 7개
3 (1) 삼각뿔 　(2) 오각뿔
4 7, 7, 12 　　**5** ㉡, ㉠, ㉢

1 밑에 놓인 면이 다각형이고 옆으로 둘러싼 면이 모두
　삼각형인 입체도형은 가, 바로 2개입니다.

2 각뿔을 놓았을 때 바닥에 놓인 면은 밑면이므로 밑면
　은 1개이고, 밑면과 만나는 면은 옆면이므로 옆면은
　7개입니다.

3 (1) 밑면의 모양이 삼각형이므로 삼각뿔입니다.
　(2) 밑면의 모양이 오각형이므로 오각뿔입니다.

4 • (육각뿔의 꼭짓점의 수)=6+1=7(개)
　• (육각뿔의 면의 수)=6+1=7(개)
　• (육각뿔의 모서리의 수)=6×2=12(개)

5 ㉠ (삼각뿔의 모서리의 수)=3×2=6(개)
　㉡ (사각뿔의 꼭짓점의 수)=4+1=5(개)
　㉢ (육각뿔의 면의 수)=6+1=7(개)

3 소수의 나눗셈

22쪽~24쪽 단원 평가 기본

1 3668, 3668 / 524, 5.24

2 (위에서부터) $\frac{1}{100}$ / 243, 2.43 / $\frac{1}{100}$

3 1.07 　　　　　 **4** 0.45

5 $17 \div 50 = \frac{17}{50} = \frac{34}{100} = 0.34$

6

7 12.34 cm

8 □·

9 $1.89 \div 7 = 0.27$ / 0.27 kg

10 >

11 ❶ 예 나누어지는 수 2.25의 자연수 부분 2는 나누는 수 3보다 작으므로 몫의 일의 자리에 0을 쓰고 계산해야 하는데 0을 쓰지 않고 계산했습니다.

/ ❷

$$\begin{array}{r} 0.7\ 5 \\ 3\ )\overline{2.2\ 5} \\ \underline{2\ 1} \\ 1\ 5 \\ \underline{1\ 5} \\ 0 \end{array}$$

12 6.65 　　　　 **13** 2.95

14 ❶ (평행사변형의 넓이)=(밑변의 길이)×(높이)이므로 (밑변의 길이)=(평행사변형의 넓이)÷(높이)입니다.
❷ 따라서 (밑변의 길이)=58÷8=7.25 (m)입니다.
답 7.25 m

15 4.5분

16 ❶ (간격의 수)=(가로등의 수)−1=7−1=6(군데)
❷ 따라서 가로등 사이의 간격을 9.9÷6=1.65 (m)로 해야 합니다.
답 1.65 m

17 3.4 L 　　　　 **18** 9, 4, 2.25

19 1.04 m 　　　　 **20** 복숭아

6 $8.6 \div 5 = 1.72$, $6.48 \div 6 = 1.08$

7 (색칠된 부분의 길이)=49.36÷4=12.34 (cm)

8 81.2÷4에서 81.2를 반올림하여 일의 자리까지 나타내면 81입니다. 81÷4의 몫은 약 20이므로 20.3이 가장 적절합니다.

9 (운동화 한 켤레의 무게)
=(전체 운동화의 무게)÷(운동화의 수)
=1.89÷7=0.27 (kg)

10 $10.8 \div 5 = 2.16$, $16.24 \div 8 = 2.03$
➡ 2.16 > 2.03

11

채점 기준	❶ 잘못 계산한 이유를 바르게 쓴 경우	3점	5점
	❷ 바르게 계산한 경우	2점	

[평가 기준] 이유에서 '몫의 일의 자리에 0을 쓰지 않고 계산했다.'는 표현이 있으면 정답으로 인정합니다.

12 39.9 > 20.7 > 19 > 6이므로 가장 큰 수는 39.9, 가장 작은 수는 6입니다.
➡ 39.9÷6=6.65

13 ■×6=17.7 ➡ ■=17.7÷6=2.95

14

채점 기준	❶ 평행사변형의 밑변의 길이를 구하는 방법을 아는 경우	2점	5점
	❷ 평행사변형의 밑변의 길이를 구한 경우	3점	

15 2주일은 14일이므로
시계는 하루에 63÷14=4.5(분)씩 빨라집니다.

16

채점 기준	❶ 간격은 모두 몇 군데인지 구한 경우	2점	5점
	❷ 가로등 사이의 간격을 몇 m로 해야 하는지 구한 경우	3점	

17 (페인트를 칠한 벽의 넓이)=(가로)×(세로)
　　　　　　　　　　　　=4×2=8 (m²)
➡ (1 m²의 벽을 칠하는 데 사용한 페인트의 양)
=(전체 벽을 칠하는 데 사용한 페인트의 양)
÷(벽의 넓이)
=27.2÷8=3.4 (L)

18 나누어지는 수가 클수록, 나누는 수가 작을수록 나눗셈의 몫은 커집니다.
9 > 8 > 5 > 4이므로 가장 큰 수인 9를 나누어지는 수로, 가장 작은 수인 4를 나누는 수로 해야 합니다.
➡ 9÷4=2.25

19 삼각뿔은 밑면의 변이 3개이므로
모서리는 3×2=6(개)입니다.
➡ (한 모서리의 길이)
=(모서리의 길이의 합)÷(모서리의 수)
=6.24÷6=1.04 (m)

20 • (복숭아 4개의 무게)=1.08 kg
(복숭아 한 개의 무게)=1.08÷4=0.27 (kg)
• (토마토 5개의 무게)=1.15 kg
(토마토 한 개의 무게)=1.15÷5=0.23 (kg)
➡ 0.27 > 0.23이므로 복숭아 한 개가 더 무겁습니다.

25쪽~27쪽 **단원 평가** 심화

1 13.2, 1.32
2 192, 192 / 48, 0.48
3 2.25
4 1.58, 1.09
5 $0.72\,\text{m}^2$
6 $21\div15=1.4$ / $1.4\,\text{kg}$
7 0, 4, 3
8 ❶ 정오각형은 다섯 변의 길이가 모두 같습니다.
❷ 따라서 정오각형의 한 변의 길이는
$29.1\div5=5.82$ (cm)입니다. **답** 5.82 cm
9 15.26
10 $6.44\div7$, $4\div5$, $2.52\div3$
11 >
12 ❶ $.\square\square$ / ❷ 65.4를 버림하여 65로 바꾼 다음 8로 나누면 몫이 8이고 나머지가 1이므로 $65.4\div8$의 몫은 8보다 큰 수입니다. 따라서 8 뒤에 소수점을 찍습니다.
13 1, 2, 3, 4
14 ❶ 예 나누어지는 수 2는 나누는 수 8보다 작으므로 몫의 일의 자리에 0을 쓰고 소수점 아래에서 0을 내려 계산해야 하는데 몫의 일의 자리에 0을 쓰지 않고 계산했습니다.

/ ❷
```
      0. 2 5
  8 ) 2. 0 0
      1 6
        4 0
        4 0
          0
```
15 ㉣, ㉡, ㉠, ㉢
16 1.9 cm
17 0.26
18 6.55 cm
19 0.24 kg
20 1.29

4 $11.06\div7=1.58$, $6.54\div6=1.09$

5 (색칠된 부분의 넓이)$=6.48\div9=0.72$ (m^2)

6 (하루 동안 사용한 밀가루의 양)
$=$(사용한 전체 밀가루의 양)$\div$(사용한 날수)
$=21\div15=1.4$ (kg)

7 • $3\times1=$㉡이므로 ㉡$=3$
• 2에는 3이 들어갈 수 없으므로 몫의 소수 첫째 자리에 0을 쓰고 소수 둘째 자리 수를 내려 계산합니다.
➡ ㉠$=0$
• 소수 첫째 자리와 둘째 자리 수를 내린 수가 24이므로 ㉢$=4$

8
채점 기준	❶ 정오각형은 다섯 변의 길이가 같음을 아는 경우	2점	
	❷ 정오각형의 한 변의 길이를 구한 경우	3점	5점

9 나누는 수가 4로 같고 몫이 381.5에서 3.815로 $\dfrac{1}{100}$배가 되었으므로 나누어지는 수도 1526의 $\dfrac{1}{100}$배인 15.26이 되어야 합니다.

10 나누어지는 수가 나누는 수보다 작으면 몫이 1보다 작습니다.

11 $2.52\div3=0.84$, $3\div4=0.75$
➡ $0.84>0.75$

12
채점 기준	❶ 소수점을 알맞은 위치에 찍은 경우	2점	
	❷ 소수점을 찍은 이유를 쓴 경우	3점	5점

[평가 기준] 이유에서 '65.4를 어림하여 자연수로 나타낸 후 나눗셈을 하여 몫을 어림하는 과정'을 쓴 경우 정답으로 인정합니다.

13 $8.1\div2=4.05$
$4.05>\square$에서 $\square$ 안에 들어갈 수 있는 자연수는 1, 2, 3, 4입니다.

14
채점 기준	❶ 잘못 계산한 이유를 바르게 쓴 경우	3점	
	❷ 바르게 계산한 경우	2점	5점

[평가 기준] 이유에서 '몫의 일의 자리에 0을 쓰지 않고 계산했다.'는 표현이 있으면 정답으로 인정합니다.

15 ㉠ $9.66\div6=1.61$　㉡ $10\div8=1.25$
㉢ $8.9\div5=1.78$　㉣ $4.32\div4=1.08$
➡ $\underset{㉣}{1.08}<\underset{㉡}{1.25}<\underset{㉠}{1.61}<\underset{㉢}{1.78}$

16 (1분 동안 탄 길이)$=3.42\div9=0.38$ (cm)
➡ (5분 동안 탄 길이)$=0.38\times5=1.9$ (cm)

17 $2<3<4<9$이므로 3개의 수를 이용하여 만들 수 있는 가장 작은 소수 두 자리 수는 2.34이고 남는 수는 9입니다.
➡ $2.34\div9=0.26$

18 (삼각형의 넓이)$=$(밑변의 길이)$\times$(높이)$\div2$이므로
(높이)$=$(삼각형의 넓이)$\times2\div$(밑변의 길이)입니다.
➡ (높이)$=26.2\times2\div8=52.4\div8=6.55$ (cm)

19 (휴대 전화 5대의 무게)$=3.04-1.84=1.2$ (kg)
➡ (휴대 전화 한 대의 무게)$=1.2\div5=0.24$ (kg)

20 어떤 수를 $\square$라 하여 잘못 계산한 식을 쓰면
$\square\times8=82.56$이므로
$\square=82.56\div8=10.32$입니다.
따라서 바르게 계산하면 $10.32\div8=1.29$입니다.

BOOK ❷ 평가북

3 단원

1 (1) 113, 11.3 (2) 216, 2.16
2 1595, 1595, 319, 3.19
3 (위에서부터) 324, $\frac{1}{10}$, 32.4, $\frac{1}{100}$, 3.24
4 (1) 4.13 (2) 5.34 **5** 11.34 L

1 나누는 수가 같을 때 나누어지는 수가 $\frac{1}{10}$배, $\frac{1}{100}$배가 되면 몫도 $\frac{1}{10}$배, $\frac{1}{100}$배가 됩니다.

4 자연수의 나눗셈과 같은 방법으로 계산한 다음 나누어지는 수의 소수점 위치에 맞춰 몫에 소수점을 찍습니다.

5 (자동차가 1 km를 달리는 데 사용하는 휘발유의 양)
＝(사용한 전체 휘발유의 양)÷(달린 거리)
＝79.38÷7＝11.34 (L)

1 270, 270, 45, 0.45
2 (1) 0.76 / 56 / 48 (2) 1.66 / 30 / 30
3 0.94, 0.235 **4** ＞
5 0.34 m

1 2.7을 분모가 100인 분수로 바꾸어 분수의 나눗셈으로 계산합니다.

2 (1) 나누어지는 수 6.08의 자연수 부분 6은 나누는 수 8보다 작으므로 몫의 일의 자리에 0을 쓰고 계산합니다.
(2) 소수 첫째 자리에서 계산이 끝나지 않았으므로 8.3의 오른쪽 끝자리에 0이 있는 것으로 생각하여 계산합니다.

3 2.82÷3＝0.94, 0.94÷4＝0.235

4 3.32÷4＝0.83, 3.75÷5＝0.75
➡ 0.83＞0.75

5 (간격의 수)＝(장미의 수)－1＝10－1＝9(군데)
➡ (장미 사이의 간격)＝3.06÷9＝0.34 (m)

1 824, 824, 206, 2.06 **2** 107, 1.07
3 (1) 1.09 (2) 2.05
4 2.04 **5** 9.06 cm

1 8.24를 분모가 100인 분수로 바꾸어 분수의 나눗셈으로 계산합니다.

3 (1) 소수 첫째 자리 계산에서 4에는 5가 들어갈 수 없으므로 몫의 소수 첫째 자리에 0을 쓰고 5를 내려 계산합니다.
(2) 소수 첫째 자리 계산에서 1에는 3이 들어갈 수 없으므로 몫의 소수 첫째 자리에 0을 쓰고 5를 내려 계산합니다.

4 12.24＞10.62＞8＞6이므로
가장 큰 수는 12.24, 가장 작은 수는 6입니다.
➡ 12.24÷6＝2.04

5 (평행사변형의 넓이)＝(밑변의 길이)×(높이)
➡ (밑변의 길이)＝(평행사변형의 넓이)÷(높이)
＝81.54÷9＝9.06 (cm)

1 (1) 0.8 (2) 0.25
2 (1) 예 21, 3 / ⬚.⬚⬚ (2) 예 10, 2 / ⬚.⬚⬚⬚
3 4÷25＝$\frac{4}{25}$＝$\frac{16}{100}$＝0.16
4 15.12÷7＝2.16 **5** 0.2 L

1 나누는 수가 같을 때 나누어지는 수를 $\frac{1}{10}$배, $\frac{1}{100}$배 하면 몫도 $\frac{1}{10}$배, $\frac{1}{100}$배가 됩니다.

3 보기 는 몫을 분수로 나타낸 후 소수로 바꾸는 방법입니다.

4 15.12÷7에서 15.12를 반올림하여 일의 자리까지 나타내면 15입니다.
15÷7의 몫은 2보다 크고 3보다 작은 수이므로 올바른 식은 15.12÷7＝2.16입니다.

5 (한 명이 마시는 주스의 양)
＝(전체 주스의 양)÷(사람 수)
＝3÷15＝0.2(L)

④ 비와 비율

32쪽~34쪽 **단원 평가** 기본

1	2	**2**	$4:3$
3	11, 6	**4**	$\frac{3}{12}\left(=\frac{1}{4}\right)$, 0.25
5	43%	**6**	2%
7	>		
8	(위에서부터) 14, 15 / 11, 12 / 3살		
9	예	**10**	㉡

11 ❶ (안경을 쓰지 않은 학생 수)=23－10=13(명)
❷ 따라서 안경을 쓴 학생 수에 대한 안경을 쓰지 않은 학생 수의 비는 13 : 10입니다. **답** 13 : 10

12 ❶ 비 20 : 25의 비율을 분수로 나타내면 $\frac{20}{25}=\frac{4}{5}$ 입니다.
❷ 따라서 비 20 : 25의 비율을 분수로 잘못 나타낸 사람은 지혜입니다. **답** 지혜

13 $\frac{320}{4}(=80)$

14 (선 잇기)

15 $\frac{12}{30}\left(=\frac{2}{5}\right)$, 0.4

16 $\frac{10}{9}$, 120%

17 ❶ (두 사람이 마신 우유 양)=300＋250=550 (mL)
❷ 처음 우유 양에 대한 두 사람이 마신 우유 양의 비율이
$\frac{550}{1000}$이고, $\frac{550}{1000}\times100=55$이므로 55%입니다.
답 55%

18 1반

19 98, 95 / ㉮ 공연

20 125%

---

5 0.43×100=43이므로 43%입니다.

6 $\frac{1}{50}\times\overset{2}{100}=2$ ➡ 2%

7 $\frac{3}{4}\times\overset{25}{100}=75$이므로 75%입니다.
➡ 75%＞66%

8 13－10=3, 14－11=3, 15－12=3이므로 윤서는 항상 동생보다 3살 더 많습니다. 따라서 5년 후에도 윤서는 동생보다 3살 더 많습니다.

10 ㉡ 5에 대한 7의 비 ➡ 7 : 5

11
채점 기준	❶ 안경을 쓰지 않은 학생 수를 구한 경우	2점	5점
	❷ 안경을 쓴 학생 수에 대한 안경을 쓰지 않은 학생 수의 비를 구한 경우	3점	

12
채점 기준	❶ 비 20 : 25의 비율을 분수로 나타낸 경우	4점	5점
	❷ 분수로 잘못 나타낸 사람을 찾아 쓴 경우	1점	

13 (걸린 시간에 대한 간 거리의 비율)
$=\frac{(간\ 거리)}{(걸린\ 시간)}=\frac{320}{4}(=80)$

14 • 2 대 8 ➡ 2 : 8 ➡ $\frac{2}{8}=\frac{1}{4}=0.25$
• 11과 20의 비 ➡ 11 : 20 ➡ $\frac{11}{20}=\frac{55}{100}=0.55$
• 10에 대한 2의 비 ➡ 2 : 10 ➡ $\frac{2}{10}=\frac{1}{5}=0.2$

15 (주사위를 던진 횟수)=12＋18=30(번)
➡ $\frac{(짝수가\ 나온\ 횟수)}{(주사위를\ 던진\ 횟수)}=\frac{12}{30}=\frac{2}{5}=0.4$

16 (기준량)＜(비교하는 양)이면 비율은 1보다 높습니다.
• $\frac{10}{9}>1$ (○) • 0.72＜1 (×)
• 15% ➡ $\frac{15}{100}<1$ (×) • $\frac{2}{3}<1$ (×)
• 120% ➡ $\frac{120}{100}>1$ (○)

17
채점 기준	❶ 두 사람이 마신 우유 양을 구한 경우	2점	5점
	❷ 처음 우유 양에 대한 두 사람이 마신 우유 양의 비율은 몇 %인지 구한 경우	3점	

18 1반: $\frac{17}{25}\times\overset{4}{100}=68 \to 68\%$
➡ 68%＞65%이므로 1반의 참여율이 더 높습니다.

19 • ㉮ 공연: $\frac{7840}{8000}=\frac{49}{50}=\frac{98}{100}=0.98 \to 98\%$
• ㉯ 공연: $\frac{8645}{9100}=\frac{19}{20}=\frac{95}{100}=0.95 \to 95\%$
➡ 98%＞95%이므로 좌석 판매율이 더 높은 공연은 ㉮ 공연입니다.

20 (직사각형의 가로)=(넓이)÷(세로)
=500÷25=20 (cm)
➡ 가로에 대한 세로의 비율이 $\frac{25}{20}$이고,
$\frac{25}{20}\times\overset{5}{100}=125$이므로 125%입니다.

BOOK ② 평가북

4 단원

1 7, 5

2 (◯)
( )

3 예 5 대 8, 5와 8의 비

4 $\dfrac{4}{25}$

5 36 %

6 ❶ (위에서부터) 18, 4, 6
/ ❷ 예 모둠원 수는 항상 각도기 수의 3배입니다.

7 ③

8 14 : 11

9 $\dfrac{2}{5}$, 0.4

10 $\dfrac{18}{24}\left(=\dfrac{3}{4}\right)$, 0.75, 75 %

11 예 9 : 6은 6이 기준량, 9가 비교하는 양이고,
6 : 9는 9가 기준량, 6이 비교하는 양입니다.

12 $\dfrac{184}{8}(=23)$

13 0.33

14 35 %

15 25 %

16 ㉡

17 $\dfrac{1}{25000}$

18 재영

19 160 %

20 ❶ $\dfrac{2000}{50000}\times100=4$이므로 안심 은행의 이자율은 4 %이고

$\dfrac{2400}{80000}\times100=3$이므로 쑥쑥 은행의 이자율은 3 %입니다.

❷ 4 % > 3 %이므로 이자율이 높은 안심 은행에 저금하는
것이 더 좋습니다.   답 안심 은행

---

5 전체 25칸 중 색칠한 부분은 9칸입니다.

➡ $\dfrac{9}{25}\times\overset{4}{100}=36$이므로 36 %입니다.

6

채점기준	❶ 표를 바르게 완성한 경우	2점	5점
	❷ 두 수를 나눗셈으로 비교하여 쓴 경우	3점	

[평가 기준] '모둠원 수는 항상 각도기 수의 3배' 또는 '각도기 수는
항상 모둠원 수의 $\dfrac{1}{3}$배'라는 표현이 있으면 정답으로 인정합니다.

7 기호 : 의 오른쪽에 있는 수가 기준량입니다.
① 5 : 6 ② 5 : 11 ③ 8 : 5 ④ 5 : 7 ⑤ 5 : 9

8 (남자 신청자 수)=25-11=14(명)
➡ (남자 신청자 수) : (여자 신청자 수)=14 : 11

9 $\dfrac{\text{(학교에서 도서관까지 거리)}}{\text{(도서관에서 공원까지 거리)}}=\dfrac{2}{5}=\dfrac{4}{10}=0.4$

10 $\dfrac{\text{(높이)}}{\text{(밑변의 길이)}}=\dfrac{18}{24}=\dfrac{3}{4}=0.75$

0.75×100=75이므로 백분율은 75 %입니다.

11

채점기준	두 비를 비교하여 다른 점을 쓴 경우	5점

[평가 기준] '기준량과 비교하는 양'을 이용하여 다른 점을 적었으
면 정답으로 인정합니다.

12 (초록색 물감 양에 대한 흰색 물감 양의 비율)

$=\dfrac{\text{(흰색 물감 양)}}{\text{(초록색 물감 양)}}=\dfrac{184}{8}=23$

13 (비율)$=\dfrac{\text{(안타 수)}}{\text{(전체 타수)}}=\dfrac{66}{200}=\dfrac{33}{100}=0.33$

14 (전체 가축 수)=53+42+25=120(마리)

➡ $\dfrac{\overset{7}{42}}{\underset{\underset{1}{20}}{120}}\times\overset{5}{100}=35$이므로

오리 수는 전체 가축 수의 35 %입니다.

15 (할인 금액)=16000-12000=4000(원)

➡ $\dfrac{\overset{}{4000}}{\underset{\underset{1}{4}}{16000}}\times\overset{25}{100}=25$이므로 할인율은 25 %입니다.

16 ㉠ $\dfrac{3}{\underset{1}{20}}\times\overset{5}{100}=15 \rightarrow 15$ %

㉢ 0.5×100=50 → 50 %

➡ 50 % > 40 % > 15 %이므로 비율이 가장 높은
것은 ㉡입니다.

17 250 m=25000 cm이므로 지도에서 거리가 1 cm
일 때 실제 거리는 25000 cm입니다.
따라서 실제 거리에 대한 지도에서 거리의 비율은
$\dfrac{1}{25000}$입니다.

18 • 재영: $\dfrac{\text{(사과 원액 양)}}{\text{(사과 주스 양)}}=\dfrac{100}{250}=\dfrac{2}{5}=0.4$

• 태호: $\dfrac{\text{(사과 원액 양)}}{\text{(사과 주스 양)}}=\dfrac{140}{400}=\dfrac{7}{20}=0.35$

➡ 0.4 > 0.35이므로 더 진한 사과 주스를 만든 사람
은 재영입니다.

19 (인상 금액)=130-50=80(원)

➡ $\dfrac{80}{\underset{1}{50}}\times\overset{2}{100}=160$이므로 인상률은 160 %입니다.

20

채점기준	❶ 안심 은행과 쑥쑥 은행의 이자율을 각각 구한 경우	4점	5점
	❷ 어느 은행에 저금하는 것이 더 좋은지 구한 경우	1점	

38쪽 **수행 평가 ①회**

1 2, 6, 6 / 2, 4, 4   **2** 3, 3 / 3개
3 4, 2 / 2배
4 (위에서부터) 12, 15 / 12, 18, 24, 30
／ 예 모둠 수에 따라 색연필 수는 학생 수보다 각각
3, 6, 9, 12, 15 더 많습니다.
／ 예 색연필 수는 항상 학생 수의 2배입니다.

4 [평가 기준] 뺄셈에서 더 적은 수를 기준으로 '모둠 수에 따라 학생 수는 색연필 수보다 각각 3, 6, 9, 12, 15 더 적습니다.'로 쓰거나, 나눗셈에서 학생 수를 색연필 수로 나누면 몫이 모두 $\dfrac{1}{2}$이므로 '학생 수는 항상 색연필 수의 $\dfrac{1}{2}$배입니다.'라고 쓴 경우도 정답으로 인정합니다.

39쪽 **수행 평가 ②회**

1 (1) 5, 4   (2) 4, 5
2 (1) 7 / 5 / 5, 7 / 7, 5
　　(2) 12, 15 / 15, 12 / 12, 15 / 12, 15
3 (1) 9, 5   (2) 11, 4
4 3 : 7
5 11 : 16

4 쌀이 3컵, 물이 7컵입니다.
쌀의 양과 물의 양의 비는 물의 양이 기준이므로
3 : 7입니다.

5 (전체 바둑돌 수)=11+5=16(개)
전체 바둑돌 수에 대한 검은 바둑돌 수의 비는 전체
바둑돌 수가 기준이므로 11 : 16입니다.

40쪽 **수행 평가 ③회**

1 (1) 3, 0.6   (2) 7, 0.28
2 (위에서부터) 9, 12, $\dfrac{9}{12}\left(=\dfrac{3}{4}=0.75\right)$
　　／ 18, 6, $\dfrac{18}{6}(=3)$
3 $\dfrac{50}{10}(=5)$　　　　**4** $\dfrac{3}{10}$
5 나 지역

2 6에 대한 18의 비 ➡ 18 : 6 ➡ $\dfrac{18}{6}(=3)$

3 기준량은 걸린 시간, 비교하는 양은 달린 거리이므로
비율은 $\dfrac{(달린\ 거리)}{(걸린\ 시간)}=\dfrac{50}{10}(=5)$입니다.

4 (동전을 던진 횟수)=7+3=10(번)
동전을 던진 횟수에 대한 숫자 면이 나온 횟수의 비
➡ 3 : 10 ➡ $\dfrac{3}{10}$

5 가: $\dfrac{(인구)}{(넓이)}=\dfrac{75000}{15}=5000$
나: $\dfrac{(인구)}{(넓이)}=\dfrac{60000}{10}=6000$
5000<6000이므로 인구가 더 밀집한 지역은 나 지역입니다.

41쪽 **수행 평가 ④회**

1 (1) 33% (2) 75% (3) 65% (4) 130%
2 (1) 30   (2) 52   **3** ㉠, ㉢, ㉣, ㉡
4 70%   **5** 25%

2 (1) 전체 10칸 중 색칠한 부분은 3칸입니다.
　　➡ $\dfrac{3}{10}\times \overset{10}{100}=30$이므로 30%입니다.
　(2) 전체 25칸 중 색칠한 부분은 13칸입니다.
　　➡ $\dfrac{13}{25}\times \overset{4}{100}=52$이므로 52%입니다.

3 각각 백분율로 나타내어 비교합니다.
㉠ 5 : 4 ➡ $\dfrac{5}{4}\times \overset{25}{100}=125$이므로 125%
㉡ $\dfrac{9}{20}\times \overset{5}{100}=45$이므로 45%
㉢ 0.52×100=52이므로 52%
➡ $\underset{㉠}{125\%}>\underset{㉢}{52\%}>\underset{㉣}{47\%}>\underset{㉡}{45\%}$

4 $\dfrac{14}{20}\times \overset{5}{100}=70$이므로 정답률은 70%입니다.

5 영호가 할인받은 금액은 8000−6000=2000(원)입니다. $\dfrac{\overset{1}{2000}}{\underset{4}{8000}}\times \overset{25}{100}=25$이므로 영호는 입장료를 25% 할인받았습니다.

5 여러 가지 그래프

42쪽~44쪽 단원 평가 기본

1 25%

2 짬뽕

3 자장면, 탕수육

4
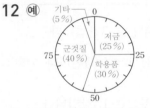

5 30%, 40%

6 100%

7 예
| | | | | | | | | | | |
|0|10|20|30|40|50|60|70|80|90|100(%)|

축구 (30%)	독서 (20%)	숙제 (40%)	

기타(10%)

8 24%

9 ❶ 영화관과 수영장에 다녀온 학생 수의 백분율은 각각 24%, 12%입니다.

❷ 24%는 12%의 2배이므로 영화관에 다녀온 학생 수는 수영장에 다녀온 학생 수의 2배입니다. **답** 2배

10 5명

11 (위에서부터) 16000 / 30, 40

12 예

13 군것질, 학용품, 저금

14 ❶ 전체 용돈의 합계는 변함이 없으므로 40000원이고, 군것질에 사용하는 금액은 16000-4000=12000(원)이 됩니다.

❷ $\frac{12000}{40000} \times 100 = 30$이므로 군것질에 사용하는 금액은 전체의 30%가 됩니다. **답** 30%

15 (위에서부터) 170, 110, 140, 80, 500 / 34, 22, 28, 16, 100

16 예
| | | | | | | | | | | |
|0|10|20|30|40|50|60|70|80|90|100(%)|

피아노 (34%)	첼로 (22%)	드럼 (28%)	트럼펫 (16%)

17 예 그림그래프는 그림의 크기와 수로 수량의 많고 적음을 한눈에 비교하기 쉽고, 띠그래프는 전체에 대한 각 부분의 비율을 한눈에 비교하기 쉽습니다.

18 8000, 3100, 4000, 1300

19

가	나	다	라

20 48명

---

8 (야구장에 다녀온 학생 수의 백분율)
$=100-30-24-12-10=24(\%)$

9

채점 기준	❶ 영화관과 수영장에 다녀온 학생 수의 백분율을 각각 구한 경우	2점	5점
	❷ 영화관에 다녀온 학생 수는 수영장에 다녀온 학생 수의 몇 배인지 구한 경우	3점	

10 기타에 속하는 학생 수는 공원에 다녀온 학생 수의 $\frac{1}{3}$배이므로 $15 \times \frac{1}{3} = 5$(명)입니다.

11 • (군것질에 사용한 금액)
$=40000-10000-12000-2000=16000(원)$

• 학용품: $\frac{\overset{3}{\cancel{12000}}}{\underset{1}{\underset{10}{\cancel{40000}}}} \times \overset{10}{\cancel{100}} = 30 \Rightarrow 30\%$

• 군것질: $\frac{\overset{4}{\cancel{16000}}}{\underset{1}{\underset{10}{\cancel{40000}}}} \times \overset{10}{\cancel{100}} = 40 \Rightarrow 40\%$

14

채점 기준	❶ 군것질에 사용하는 금액을 구한 경우	2점	5점
	❷ 군것질에 사용하는 금액의 백분율을 구한 경우	3점	

15 • 피아노: $\frac{\overset{34}{\cancel{170}}}{\underset{1}{\underset{5}{\cancel{500}}}} \times \overset{1}{\cancel{100}} = 34 \Rightarrow 34\%$

• 첼로: $\frac{\overset{22}{\cancel{110}}}{\underset{1}{\underset{5}{\cancel{500}}}} \times \overset{1}{\cancel{100}} = 22 \Rightarrow 22\%$

• 드럼: $\frac{\overset{28}{\cancel{140}}}{\underset{1}{\underset{5}{\cancel{500}}}} \times \overset{1}{\cancel{100}} = 28 \Rightarrow 28\%$

• 트럼펫: $\frac{\overset{16}{\cancel{80}}}{\underset{1}{\underset{5}{\cancel{500}}}} \times \overset{1}{\cancel{100}} = 16 \Rightarrow 16\%$

17

채점 기준	두 그래프의 차이점을 쓴 경우	5점

[평가 기준] 그림그래프와 띠그래프의 특징을 이유로 차이점을 바르게 쓰면 정답으로 인정합니다.

20 (형제, 자매가 2명 이상인 학생의 백분율)
$=20+12=32(\%)$

$\Rightarrow \overset{3}{\cancel{150}} \times \frac{\overset{16}{\cancel{32}}}{\underset{2}{\underset{1}{\cancel{100}}}} = 48(명)$

45쪽~47쪽　**단원 평가** 심화

1 꺾은선그래프　　**2** 띠그래프
3 20%　　　　　　**4** 2배
5 예 과학자, 의사, 경찰
6 (위에서부터) 8, 160 / 40, 35, 20, 5, 100
7 예

| 0 10 20 30 40 50 60 70 80 90 100(%) |

| 연예인 (40%) | 요리사 (35%) | 선생님 (20%) |

기타(5%)

8 예

9

10 광주 · 전라 권역
11 예 서울 · 인천 · 경기 권역의 논벼 생산량은 46만 t입니다.
12 프랑스　　　　**13** 54%
14 세탁기　　　　**15** 3배
16 22%　　　　　**17** 합주, 컵타
18 ❶ 컵타에 참가한 학생 수의 백분율은 4%이고, 연극에 참가한 학생 수의 백분율은 20%입니다.
❷ 컵타에 참가한 학생 수는 연극에 참가한 학생 수의 $\frac{1}{5}$배 이므로 $80 \times \frac{1}{5} = 16$(명)입니다.　　답 16명

19 ❶ (다섯 반의 전체 도서 수)=$30 \times 5 = 150$(권)
❷ 1반: 17권, 2반: 24권, 3반: 30권, 5반: 44권이므로
(4반의 비치 도서 수)=$150 - 17 - 24 - 30 - 44 = 35$(권)입니다. 따라서 큰 그림 3개, 작은 그림 5개를 그려 나타냅니다.

답

20 예

---

5 참고 자료의 항목이 너무 많을 때에는 다른 항목에 비해 자료의 수가 적은 것들을 모아서 기타에 넣을 수 있습니다.

6 • (기타)＝(과학자)＋(의사)＋(경찰)
　　　　＝$3 + 2 + 3 = 8$(명)
• (학생 수의 합계)＝$64 + 56 + 32 + 8 = 160$(명)
• 연예인: $\frac{64}{160} \times 100 = 40$ ➡ 40%
• 요리사: $\frac{56}{160} \times 100 = 35$ ➡ 35%
• 선생님: $\frac{32}{160} \times 100 = 20$ ➡ 20%
• 기타: $\frac{8}{160} \times 100 = 5$ ➡ 5%

9 (강원 권역의 논벼 생산량)
　＝$409 - 46 - 98 - 97 - 152 = 16$(만 t)
➡ 큰 그림 1개, 작은 그림 6개를 그려 나타냅니다.

10 큰 그림(🌾)이 가장 많은 광주 · 전라 권역의 논벼 생산량이 가장 많습니다.

11

| 채점 기준 | 그림그래프를 보고 더 알 수 있는 내용을 쓴 경우 | 5점 |

12 띠의 길이가 두 번째로 긴 나라는 프랑스입니다.

13 스위스의 백분율은 42%, 중국의 백분율은 12%이므로 스위스 또는 중국에 가고 싶은 학생 수는 전체의 $42 + 12 = 54$(%)입니다.

14 2020년에 비해 띠의 길이가 줄어든 제품은 세탁기입니다.

15 2021년의 텔레비전 판매량은 45%, 세탁기 판매량은 15%이므로 $45 \div 15 = 3$(배)입니다.

16 (합주)＋(합창)＝$100 - 43 - 20 - 4 = 33$(%)
합주에 참가한 학생 수의 백분율을 □%라고 하면
$□ + □ \times 2 = 33$, $□ \times 3 = 33$, $□ = 33 \div 3 = 11$ 입니다. 따라서 합창에 참가한 학생 수는 전체의 $11 \times 2 = 22$(%)입니다.

17 20% 미만은 20%보다 작아야 합니다.

18	채점 기준	① 컵타와 연극에 참가한 학생 수의 백분율을 각 각 구한 경우	2점	5점
		② 컵타에 참가한 학생은 몇 명인지 구한 경우	3점	

19	채점 기준	① 전체 도서 수를 구한 경우	2점	5점
		② 4반의 비치 도서 수를 구하여 그림그래프에 나 타낸 경우	3점	

20 (전체 풍선 수)＝9＋6＋5＝20(개)

- 빨강: $\dfrac{9}{\underset{1}{20}} \times \overset{5}{100} = 45 \Rightarrow 45\%$

- 파랑: $\dfrac{6}{\underset{1}{20}} \times \overset{5}{100} = 30 \Rightarrow 30\%$

- 초록: $\dfrac{5}{\underset{1}{20}} \times \overset{5}{100} = 25 \Rightarrow 25\%$

48쪽 **수행 평가 ❶회**

1 예 2가지

2

지역	수박 생산량
광주	🍉🍉🍉🍈
대구	🍉🍉🍉🍉🍈🍈🍈🍈🍈🍈
부여	🍉🍉🍉🍉🍉
함안	🍉🍉🍉🍉🍉🍈🍈🍈🍈🍈🍈

3 광주   **4** 함안
5 그림그래프

1 1000 t과 100 t의 2가지로 나타내는 것이 알맞습니
다.

3 큰 그림(🍉)이 가장 적은 광주의 수박 생산량이 가장
적습니다.

4 큰 그림(🍉)이 5개인 지역 중 작은 그림(🍈)이 6개로
가장 많은 함안의 수박 생산량이 가장 많습니다.

49쪽 **수행 평가 ❷회**

1 (위에서부터) 80 / 25, 20, 15

2 예

0 10 20 30 40 50 60 70 80 90 100(%)				
역사 (25%)	문학 (30%)	과학 (20%)	언어 (15%)	기타 (10%)

3 역사   **4** 역사, 문학
5 2배

---

1 (합계)＝20＋24＋16＋12＋8＝80(권)

- 역사: $\dfrac{\overset{1}{20}}{\underset{4}{80}} \times \overset{25}{100} = 25 \Rightarrow 25\%$

- 과학: $\dfrac{\overset{1}{16}}{\underset{1}{80}} \times \overset{10}{\underset{10}{100}} = 20 \Rightarrow 20\%$

- 언어: $\dfrac{\overset{3}{12}}{\underset{\underset{1}{20}}{80}} \times \overset{5}{100} = 15 \Rightarrow 15\%$

5 문학: 30%, 언어: 15% ➡ 30÷15＝2(배)

50쪽 **수행 평가 ❸회**

1 40%   **2** 팽이치기
3 35%   **4** 40명
5 25, 15, 10 / 예

1 눈금 한 칸은 5%를 나타내므로 5×8＝40(%)입니
다.

다른 방법 백분율의 합은 100%이므로 제기차기를 좋아하는 학
생 수는 전체의 100－20－15－20－5＝40(%)입니다.

4 팽이치기를 좋아하는 학생 수는 제기차기를 좋아하
는 학생 수의 $\dfrac{1}{2}$배이므로 $80 \times \dfrac{1}{2} = 40$(명)입니다.

51쪽 **수행 평가 ❹회**

1 막대그래프, 그림그래프, 원그래프
2 ㉢   **3** ㉠
4 꺾은선그래프   **5** 띠그래프

4 꺾은선그래프로 나타내면 온도의 변화하는 모습이나
정도를 쉽게 알 수 있습니다.

5 띠그래프로 나타내면 좋아하는 과일별 학생 수의 비
율을 알아보기 쉽습니다.

❻ 직육면체의 부피와 겉넓이

52쪽~54쪽 **단원 평가** 기본

1 ( )(○) **2** 12
3 $216\,cm^3$ **4** 3700000
5 24, 32, 12, 136 **6** 가
7 $8×8×8=512$ / $512\,m^3$
8 $1014\,cm^2$ **9** ㉡
10 ❶ · 필통: $8×16×3=384\,(cm^3)$
  · 액자: $12×12×2=288\,(cm^3)$
  · 큐브: $7×7×7=343\,(cm^3)$
  ❷ $384\,cm^3>343\,cm^3>288\,cm^3$이므로 부피가 가장 작은 물건은 액자입니다. 답 액자
11 $486\,cm^2$ **12** $147\,m^3$
13 ❶ (왼쪽 직육면체의 겉넓이)
  $=(4×15+4×4+15×4)×2$
  $=(60+16+60)×2=272\,(cm^2)$
  ❷ (오른쪽 직육면체의 겉넓이)$=6×6×6=216\,(cm^2)$
  ❸ $272-216=56\,(cm^2)$ 답 $56\,cm^2$
14 7 cm **15** $125\,cm^3$
16 11 **17** 5
18 11 m
19 ❶ 직육면체의 높이를 □cm라 하면 부피는
  $9×4×□=180\,(cm^3)$이므로 $36×□=180$, □$=5$입니다.
  ❷ (직육면체의 겉넓이)
  $=(9×4+9×5+4×5)×2=202\,(cm^2)$
  답 $202\,cm^2$
20 $160\,cm^2$

2 (쌓기나무의 수)$=3×2×2=12(개)$
  ➡ (부피)$=12\,cm^3$

3 (직육면체의 부피)$=6×9×4=216\,(cm^3)$

4 $1\,m^3=1000000\,cm^3$ ➡ $3.7\,m^3=3700000\,cm^3$

5 (직육면체의 겉넓이)
  $=$(한 꼭짓점에서 만나는 세 면의 넓이의 합)$×2$
  $=(8×3+8×4+3×4)×2$
  $=(24+32+12)×2=136\,(cm^2)$

6 · 가: $3×2×3=18(개)$
  · 나: $4×2×2=16(개)$
  ➡ 18개>16개이므로 부피가 더 큰 상자는 가입니다.

7 (정육면체의 부피)$=8×8×8=512\,(m^3)$

8 (정육면체의 겉넓이)$=13×13×6=1014\,(cm^2)$

9 ㉡ $1000000\,cm^3=1\,m^3$
  ➡ $630000\,cm^3=0.63\,m^3$

10
채점 기준		
❶ 세 물건의 부피를 각각 구한 경우	3점	5점
❷ 부피가 가장 작은 물건을 찾아 쓴 경우	2점	

11 (직육면체의 겉넓이)
  $=(18×9+18×3+9×3)×2$
  $=(162+54+27)×2=486\,(cm^2)$

12 $420\,cm=4.2\,m$
  ➡ (직육면체의 부피)$=7×4.2×5=147\,(m^3)$

13
채점 기준		
❶ 왼쪽 직육면체의 겉넓이를 구한 경우	2점	5점
❷ 오른쪽 직육면체의 겉넓이를 구한 경우	2점	
❸ 두 겉넓이의 차를 구한 경우	1점	

14 직육면체의 가로를 □cm라 하면 부피는
  □$×8×4=224\,(cm^3)$입니다.
  ➡ □$×32=224$, □$=224÷32=7$

15 떡을 잘라서 가장 큰 정육면체를 만들려면 정육면체의 한 모서리의 길이를 떡의 가장 짧은 모서리의 길이인 5 cm로 해야 합니다.
  ➡ (만들 수 있는 가장 큰 정육면체 모양의 부피)
  $=5×5×5=125\,(cm^3)$

16 (정육면체의 겉넓이)$=$□$×$□$×6=726\,(cm^2)$
  ➡ □$×$□$=726÷6=121$, $11×11=121$이므로 □$=11$입니다.

17 (직육면체의 겉넓이)
  $=(8+4+8+4)×$□$+(4×8)×2$
  $=24×$□$+64=184\,(cm^2)$
  ➡ $24×$□$=184-64=120$, □$=120÷24=5$

18 $1287000000\,cm^3=1287\,m^3$
  (직육면체의 부피)$=$(한 밑면의 넓이)$×$(높이)
  $=117×$(높이)$=1287\,(m^3)$
  ➡ (높이)$=1287÷117=11\,(m)$

19
채점 기준		
❶ 직육면체의 높이를 구한 경우	3점	5점
❷ 직육면체의 겉넓이를 구한 경우	2점	

20 두부를 똑같이 4조각으로 자르면 처음 두부의 겉넓이보다 $5×4=20\,(cm^2)$인 면이 8개 더 늘어납니다.
  ➡ 두부 4조각의 겉넓이의 합은 처음 두부의 겉넓이보다 $(5×4)×8=160\,(cm^2)$만큼 더 늘어납니다.

BOOK ❷ 평가북
6 단원

55쪽~57쪽 단원 평가 심화

1	다, 가, 나	**2**	9, 9, 9, 729
3	70	**4**	$60\,cm^3$
5	$150\,cm^2$	**6**	$184\,cm^2$
7	가, $4\,cm^3$	**8**	$432\,cm^3$
9	122.5, 122500000		
10	$210\,m^2$	**11**	$271\,cm^3$

12 가, 라 / 나, 다

13 ❶ 정육면체는 모든 모서리의 길이가 같으므로
(한 모서리의 길이)$=24\div3=8\,(cm)$입니다.
❷ (상자의 겉넓이)$=8\times8\times6=384\,(cm^2)$

답 $384\,cm^2$

14 ㉢, ㉠, ㉡

15 ❶ (가의 겉넓이)$=(63+35+45)\times2=286\,(cm^2)$
❷ (나의 겉넓이)$=(80+20+16)\times2=232\,(cm^2)$
❸ 따라서 $286\,cm^2>232\,cm^2$이므로 포장지가 더 많이 필요한 상자는 겉넓이가 더 넓은 가입니다. 답 가

16 10   **17** 10 cm

18 9000개

19 ❶ (큰 직육면체의 부피)$=9\times10\times2=180\,(cm^3)$
(작은 직육면체의 세로)$=10-3-3=4\,(cm)$이므로
(작은 직육면체의 부피)$=5\times4\times2=40\,(cm^3)$입니다.
❷ (입체도형의 부피)$=180-40=140\,(cm^3)$

답 $140\,cm^3$

20 $972\,cm^3$

---

2 (정육면체의 부피)$=9\times9\times9=729\,(m^3)$

3 $1000000\,cm^3=1\,m^3$ ➡ $70000000\,cm^3=70\,m^3$

4 (직육면체의 부피)$=15\times4=60\,(cm^3)$

5 (정육면체의 겉넓이)$=5\times5\times6=150\,(cm^2)$

6 (직육면체의 겉넓이)
$=(8\times4+8\times5+4\times5)\times2$
$=(32+40+20)\times2=184\,(cm^2)$

8 (카스텔라의 부피)$=18\times6\times4=432\,(cm^3)$

9 $350\,cm=3.5\,m$
(직육면체의 부피)$=5\times3.5\times7=122.5\,(m^3)$
➡ $122.5\,m^3=122500000\,cm^3$

10 (직육면체의 겉넓이)
$=$(옆면의 넓이)$+$(한 밑면의 넓이)$\times2$
$=20\times8+25\times2$
$=160+50=210\,(m^2)$
참고 직육면체의 전개도를 생각해 보면 직육면체의 한 밑면의 둘레가 옆면의 가로가 됩니다.

---

11 (왼쪽 정육면체의 부피)$=10\times10\times10$
$=1000\,(cm^3)$
(오른쪽 정육면체의 부피)$=9\times9\times9=729\,(cm^3)$
➡ $1000-729=271\,(cm^3)$

13

채점기준			
	❶ 상자의 한 모서리의 길이를 구한 경우	2점	5점
	❷ 상자의 겉넓이를 구한 경우	3점	

14 부피를 모두 m^3로 나타내면
㉠ $7.5\,m^3$, ㉡ $890000\,cm^3=0.89\,m^3$,
㉢ $1.2\times2\times3.5=8.4\,(m^3)$입니다.
➡ ㉢ $8.4\,m^3>$ ㉠ $7.5\,m^3>$ ㉡ $0.89\,m^3$

15

채점기준			
	❶ 가의 겉넓이를 구한 경우	2점	5점
	❷ 나의 겉넓이를 구한 경우	2점	
	❸ 포장지가 더 많이 필요한 상자를 구한 경우	1점	

16 $21\times\square\times8=1680$, $\square\times168=1680$,
$\square=1680\div168=10$

17 (직육면체의 겉넓이)
$=(6\times10+6\times15+10\times15)\times2=600\,(cm^2)$
겉넓이가 $600\,cm^2$인 정육면체의 한 모서리의 길이를
$\square\,cm$라 하면 $\square\times\square\times6=600$, $\square\times\square=100$이고
$10\times10=100$이므로 $\square=10$입니다.

18 $1\,m$에는 $20\,cm$를 5개 놓을 수 있으므로 가로에는
$6\times5=30$(개), 세로에는 $4\times5=20$(개), 높이에는
$3\times5=15$(개) 쌓을 수 있습니다.
➡ 창고에 쌓을 수 있는 상자는 모두
$30\times20\times15=9000$(개)입니다.

19

채점기준			
	❶ 큰 직육면체와 작은 직육면체의 부피를 각각 구한 경우	3점	5점
	❷ 입체도형의 부피는 몇 cm^3인지 구한 경우	2점	

20 직육면체의 겉넓이는 쌓기나무 한 면이
$(4\times3+4\times3+3\times3)\times2=66$(개)인 것과 같습니다.
• (직육면체의 겉넓이)
$=$(쌓기나무 한 면의 넓이)$\times66=594\,(cm^2)$이므로 (쌓기나무 한 면의 넓이)$=594\div66=9\,(cm^2)$입니다.
➡ $3\times3=9$이므로 쌓기나무의 한 모서리의 길이는 $3\,cm$입니다.
(쌓기나무 한 개의 부피)$=3\times3\times3=27\,(cm^3)$이고 쌓기나무 36개로 만든 모양이므로
(직육면체의 부피)$=27\times36=972\,(cm^3)$입니다.

58쪽 수행 평가 **①**회

1 가, 가   **2** <
3 다   **4** 다, 가, 나

3 세 직육면체는 가로와 높이는 같고 세로가 다릅니다. 따라서 세로가 가장 긴 것이 부피가 크므로 부피가 가장 큰 직육면체는 다입니다.

4 상자에 담을 수 있는 각설탕의 수는 각각 다음과 같습니다.
- 가: $2 \times 5 \times 4 = 40$(개)
- 나: $3 \times 4 \times 3 = 36$(개)
- 다: $5 \times 5 \times 2 = 50$(개)

➡ 50개＞40개＞36개이므로 부피가 큰 상자부터 차례로 쓰면 다, 가, 나입니다.

59쪽 수행 평가 **②**회

1 (1) $96\,cm^3$ (2) $216\,cm^3$
2 $560\,cm^3$ **3** 가
4 $3\,cm$ **5** $208\,cm^3$

1 (1) (직육면체의 부피) $= 4 \times 8 \times 3 = 96\,(cm^3)$
(2) (직육면체의 부피) $= 6 \times 6 \times 6 = 216\,(cm^3)$

2 (직육면체의 부피) $= 7 \times 20 \times 4 = 560\,(cm^3)$

3 (가의 부피) $= 4 \times 6 \times 9 = 216\,(cm^3)$
(나의 부피) $= 8 \times 8 \times 3 = 192\,(cm^3)$
➡ $216\,cm^3 ＞ 192\,cm^3$이므로 가의 부피가 더 큽니다.

4 직육면체의 높이를 $\square\,cm$라 하면 부피는
$8 \times 7 \times \square = 168\,(cm^3)$입니다.
➡ $56 \times \square = 168$, $\square = 168 \div 56 = 3$

5
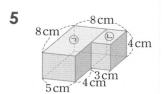

(㉠의 부피) $= 5 \times 8 \times 4 = 160\,(cm^3)$
(㉡의 부피) $= 3 \times (8-4) \times 4 = 48\,(cm^3)$
➡ (입체도형의 부피) $= 160 + 48 = 208\,(cm^3)$

60쪽 수행 평가 **③**회

1 (1) 6000000   (2) 7100000
2 ㉡   **3** 24000000, 24
4 (1) $9\,m^3$ (2) $8\,m^3$ **5** ㉢, ㉠, ㉡

3 (직육면체의 부피)
$= 200 \times 400 \times 300 = 24000000\,(cm^3)$
➡ $24000000\,cm^3 = 24\,m^3$

4 (1) $200\,cm = 2\,m$, $150\,cm = 1.5\,m$, $300\,cm = 3\,m$
➡ (직육면체의 부피) $= 2 \times 1.5 \times 3 = 9\,(m^3)$
(2) $200\,cm = 2\,m$
➡ (직육면체의 부피) $= 2 \times 2 \times 2 = 8\,(m^3)$

5 부피를 모두 m^3로 나타내면 다음과 같습니다.
㉠ $5.4\,m^3$
㉡ $980000\,cm^3 = 0.98\,m^3$
㉢ $300\,cm = 3\,m \rightarrow 3 \times 3 \times 3 = 27\,(m^3)$
➡ $\underset{㉢}{27\,m^3} ＞ \underset{㉠}{5.4\,m^3} ＞ \underset{㉡}{0.98\,m^3}$

61쪽 수행 평가 **④**회

1 150, 54, 258
2 (1) $184\,cm^2$ (2) $294\,cm^2$
3 나   **4** $4\,cm$

2 (1) (직육면체의 겉넓이)
$= (5 \times 8 + 5 \times 4 + 8 \times 4) \times 2$
$= (40 + 20 + 32) \times 2 = 184\,(cm^2)$
(2) (정육면체의 겉넓이) $= 7 \times 7 \times 6 = 294\,(cm^2)$

3 (가의 겉넓이) $= (15 \times 13 + 15 \times 6 + 13 \times 6) \times 2$
$= (195 + 90 + 78) \times 2 = 726\,(cm^2)$
(나의 겉넓이) $= 12 \times 12 \times 6 = 864\,(cm^2)$
➡ $726\,cm^2 ＜ 864\,cm^2$이므로 겉넓이가 더 넓은 과자 상자는 나입니다.

4 (정육면체의 겉넓이) $=$ (한 면의 넓이) $\times 6$이므로
(한 면의 넓이) $= 96 \div 6 = 16\,(cm^2)$입니다.
$4 \times 4 = 16$이므로 정육면체의 한 모서리의 길이는 $4\,cm$입니다.

1 (예)   / $\dfrac{2}{5}$

2 $\dfrac{9}{48}\left(=\dfrac{3}{16}\right)$

3 $\dfrac{15}{42}\,\mathrm{cm}^2\left(=\dfrac{5}{14}\,\mathrm{cm}^2\right)$

4 오각기둥

5 면 ㄴㄷㄹㅁ

6 ❶ (각뿔의 모서리의 수)=(밑면의 변의 수)×2

  ❷ 따라서 (팔각뿔의 모서리의 수)=8×2=16(개)입니다.

  답 16개

7 (왼쪽에서부터) 3, 4, 7

8 0.68

9 <

10 ❶ 어떤 소수를 □라 하면 □×25=17입니다.

  ❷ □=17÷25=0.68이므로 어떤 소수는 0.68입니다.

  답 0.68

11 0.57 kg

12 3 : 5

13

14 20 %

15 영어

16 40명

17 (예) 독서 토론을 신청한 학생 수와 바둑을 신청한 학생 수는 같습니다. / (예) 컴퓨터를 신청한 학생 수가 가장 많습니다.

18 2.4 m³

19 202 cm²

20 9 cm

---

2 $\dfrac{9}{16}\div 3=\dfrac{9}{16}\times\dfrac{1}{3}=\dfrac{9}{48}\left(=\dfrac{3}{16}\right)$

3 (색칠한 부분의 넓이)

$$=2\dfrac{1}{7}\div 6=\dfrac{15}{7}\div 6$$

$$=\dfrac{15}{7}\times\dfrac{1}{6}=\dfrac{15}{42}\left(=\dfrac{5}{14}\right)(\mathrm{cm}^2)$$

4 밑면의 모양이 오각형인 각기둥이므로 오각기둥입니다.

5 각뿔에서 밑에 놓인 면은 면 ㄴㄷㄹㅁ입니다.

6

채점 기준	❶ 각뿔의 모서리의 수와 밑면의 변의 수의 관계를 쓴 경우	2점	5점
	❷ 팔각뿔의 모서리는 몇 개인지 구한 경우	3점	

8
```
      0.6 8
  6 ) 4.0 8
      3 6
      ─────
        4 8
        4 8
      ─────
          0
```

---

9 10.6÷4=2.65, 9.15÷3=3.05 ➡ 2.65<3.05

10

채점 기준	❶ 어떤 소수를 □라 하여 식을 세운 경우	2점	5점
	❷ 어떤 소수를 구한 경우	3점	

11 (복숭아 5개의 무게)

  =(복숭아 5개가 담긴 바구니의 무게)

    −(빈 바구니의 무게)

  =3.15−0.3=2.85(kg)

  ➡ (복숭아 한 개의 무게)=2.85÷5=0.57(kg)

12 티셔츠 수는 3, 바지 수는 5입니다.

  티셔츠 수와 바지 수의 비는 바지 수가 기준이므로 3 : 5입니다.

13 • 4 : 10 ➡ $\dfrac{4}{10}=\dfrac{2}{5}=0.4$

  • 20에 대한 11의 비

    ➡ 11 : 20 ➡ $\dfrac{11}{20}=\dfrac{55}{100}=0.55$

  • 3의 4에 대한 비 ➡ 3 : 4 ➡ $\dfrac{3}{4}=\dfrac{75}{100}=0.75$

14 (할인받은 금액)=15000−12000=3000(원)

  ➡ $\dfrac{3000}{15000}\times 100=20(\%)$ 할인받았습니다.

15 원그래프에서 차지하는 부분이 가장 넓은 외국어를 찾으면 영어입니다.

16 기타에 속하는 학생 수는 중국어를 배우고 싶은 학생 수의 $\dfrac{1}{2}$배이므로 $80\times\dfrac{1}{2}=40$(명)입니다.

17

채점 기준	알 수 있는 내용을 두 가지 모두 쓴 경우	5점
	알 수 있는 내용을 한 가지만 쓴 경우	3점

18 80 cm=0.8 m

  ➡ (직육면체의 부피)=2×1.5×0.8=2.4(m³)

19 (직육면체의 겉넓이)

  =(한 꼭짓점에서 만나는 세 면의 넓이의 합)×2

  =(36+20+45)×2=202(cm²)

20 (정육면체의 부피)=12×12×12=1728(cm³)

  (직육면체의 부피)=16×12×(높이)

      =192×(높이)=1728(cm³)

  ➡ (높이)=1728÷192=9(cm)

탄탄한 개념의 시작 큐브수학!

새 교과서 개념을 쉽게

반복 학습으로 탄탄하게

무료 강의로 빠짐없이

큐브 수학 개념

새 교과서 완벽 반영 NEW

수학 1등 되는 큐브수학

동아출판

수학 1등 되는 **큐브수학**

연산
1~6학년 1, 2학기

개념
1~6학년 1, 2학기

개념응용
3~6학년 1, 2학기

실력
1~6학년 1, 2학기

심화
3~6학년 1, 2학기

동아출판

친절한 해설북

초등학교   학년   반   번   이름